彩图 2-1　纪录片大师 **Robert Cahen** 作品《搭登山火车逛冰河路线》片段

彩图 2-2　人类学纪录片《丽哉勐僚》片段

彩图 2-3　冷也夫导演的《油菜花开》片段

彩图 2-4　纪录片《难以忽视的真相》片段

彩图 2-5　纪录片《微观世界》片段

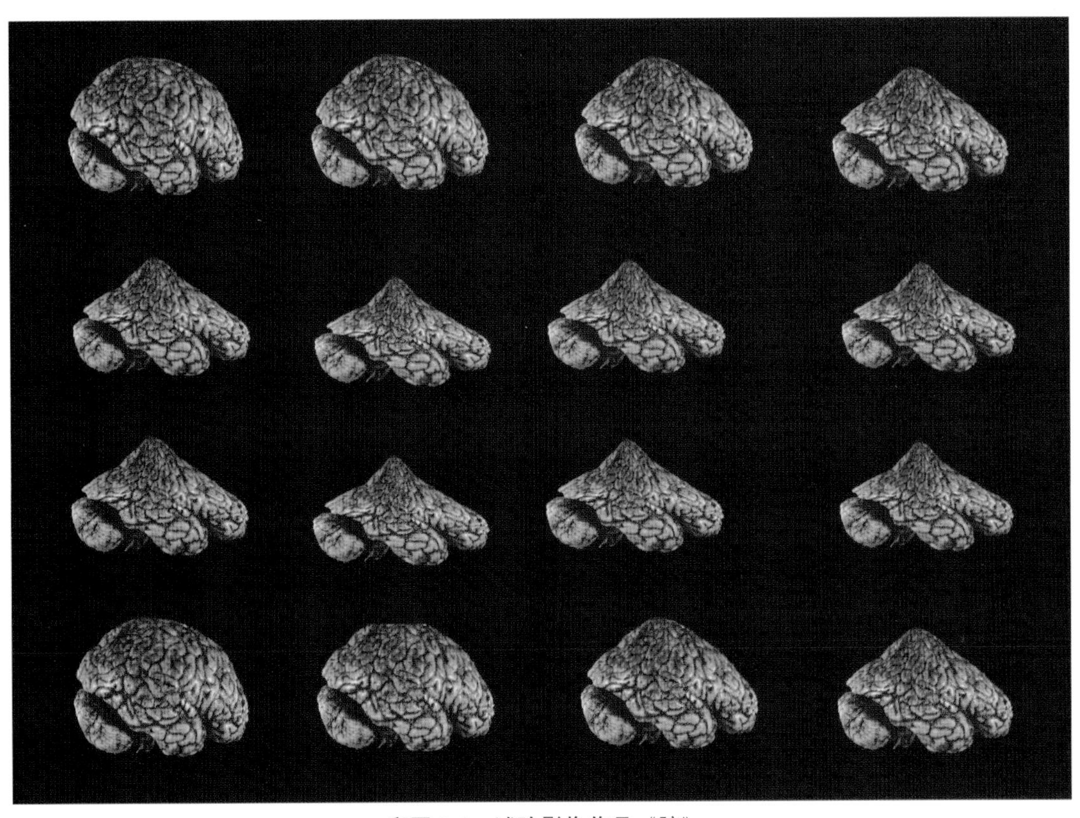

彩图 2-6　试验影像作品《脑》

彩图 3-1　使用 **Canon 5D Mark II** 拍摄荷花的短片，前景的荷叶被虚化为优美的绿雾

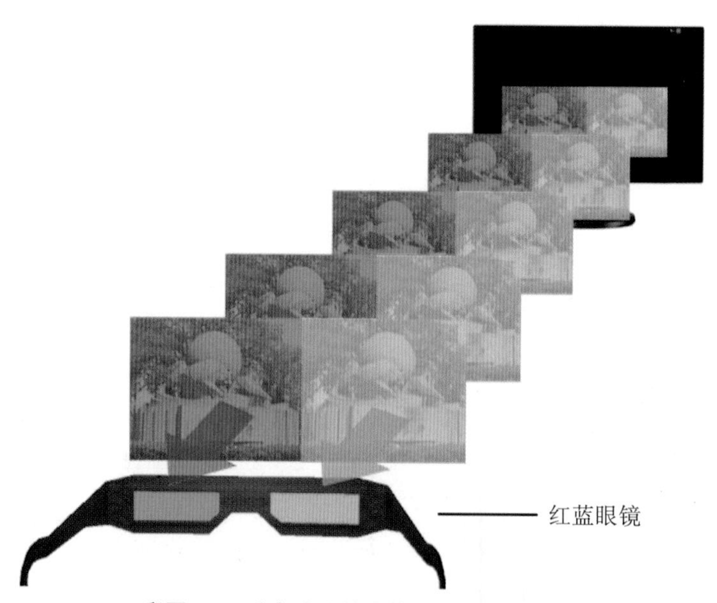

彩图 5-1　分色式立体影像的分色技术原理

彩图 5-2　观看分色立体影像的红蓝立体眼镜、红绿立体眼镜和棕蓝立体眼镜

彩图 5-3　红蓝分色式立体影片《鸵鸟》

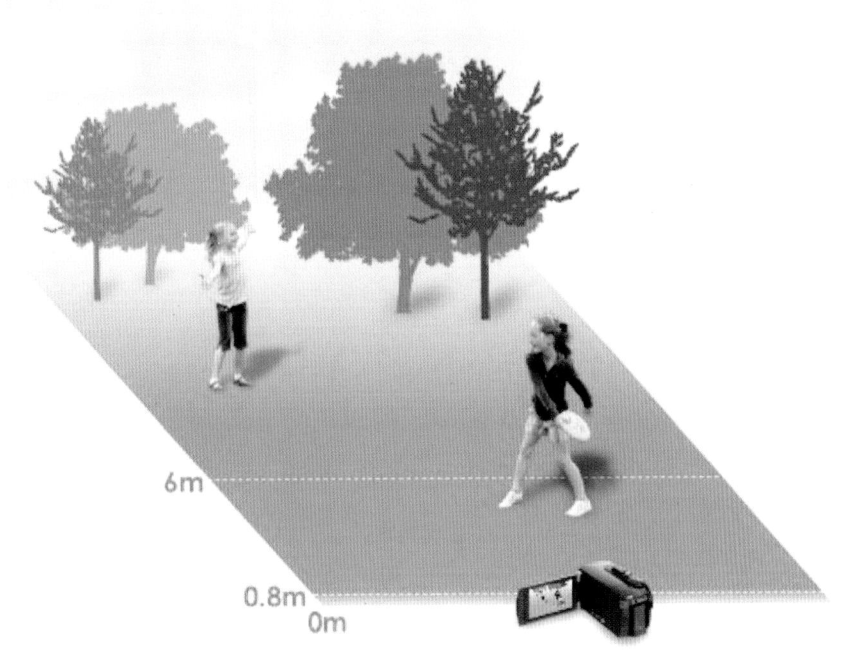

彩图 5-4　立体摄像机 Sony TD10E 广角端最佳拍摄距离推荐为 0.8～6 米，图中蓝色实心区域表示突出的 3D 效果，半透明区域表示较柔和的 3D 效果，灰色区域代表拍摄对象不能正常形成 3D 影像的距离

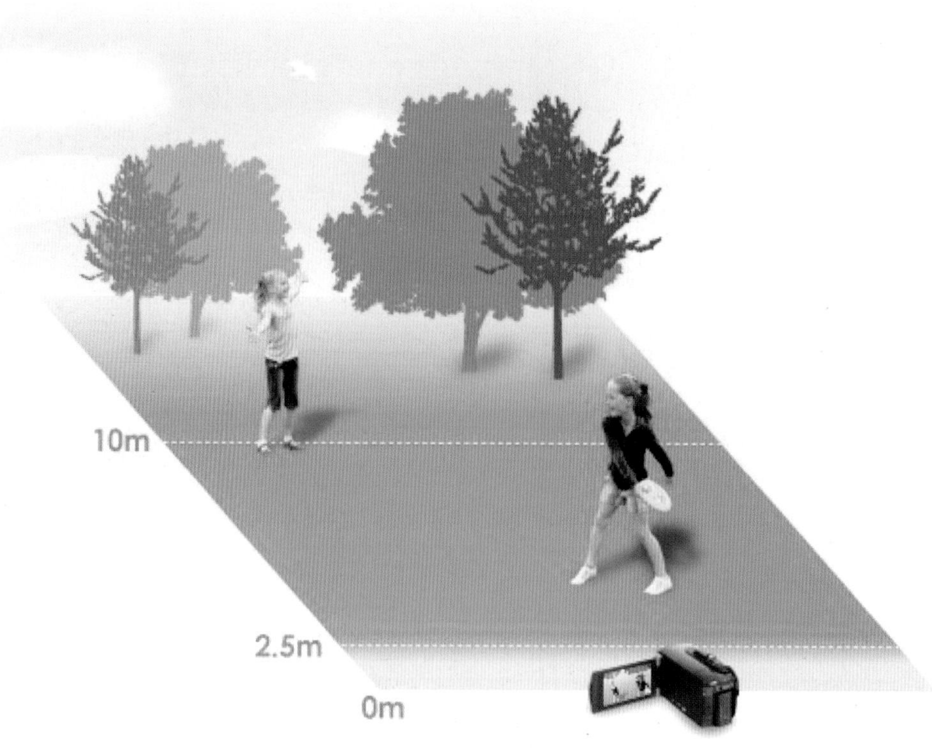

彩图 5-5　立体摄像机 Sony TD10E 在 3×变焦时最佳拍摄距离推荐为 2.5～10 米

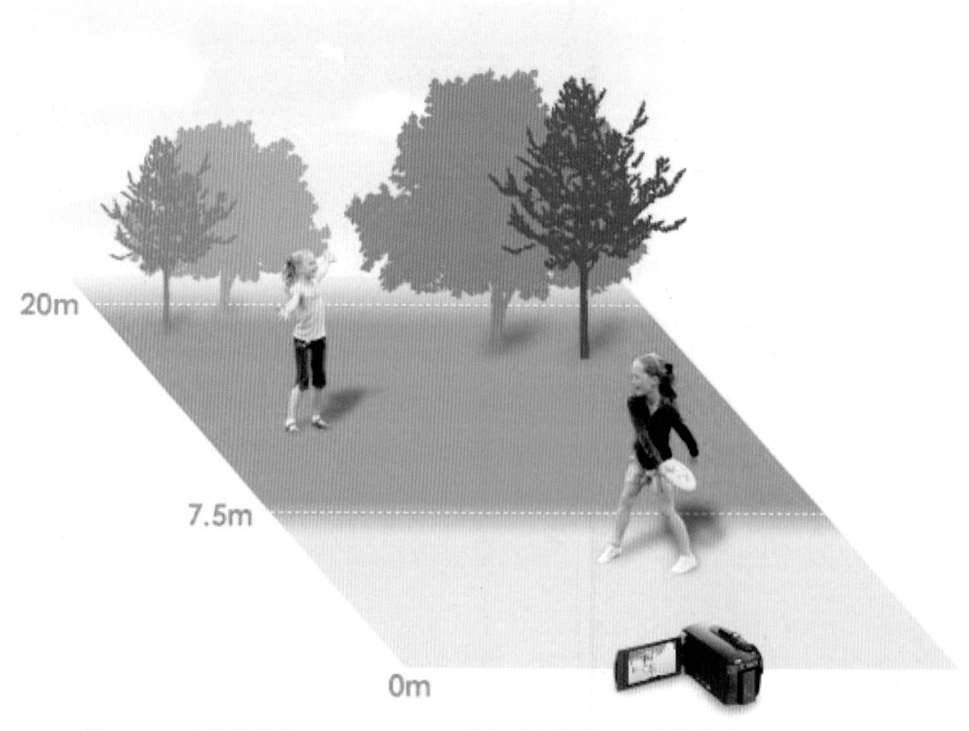

彩图 5-6　立体摄像机 Sony TD10E 在长焦端最佳拍摄距离推荐为 7.5～20 米

彩图 5-7　红蓝分色式立体影像《木雕》

彩图 5-8　红蓝分色式立体影像《骆驼》（双机同步拍摄）

彩图 5-9　红蓝分色式立体影像《阳朔・大榕树》

彩图 5-10　红蓝分色式立体影像《桂林溶洞・石麒麟》

彩图 **5-11** 《亨利摩尔雕塑》抠像前与抠像后的对比

彩图 **6-1** 色调应用案例：电影《英雄》画面

彩图 **6-2** 色彩应用案例：《辛德勒的名单》画面

彩图 6-3　色调应用案例：《积木之屋》画面

彩图 6-4　拍摄技巧案例：使用深色的背景布遮挡在花卉后面并且逆光拍摄的樱花

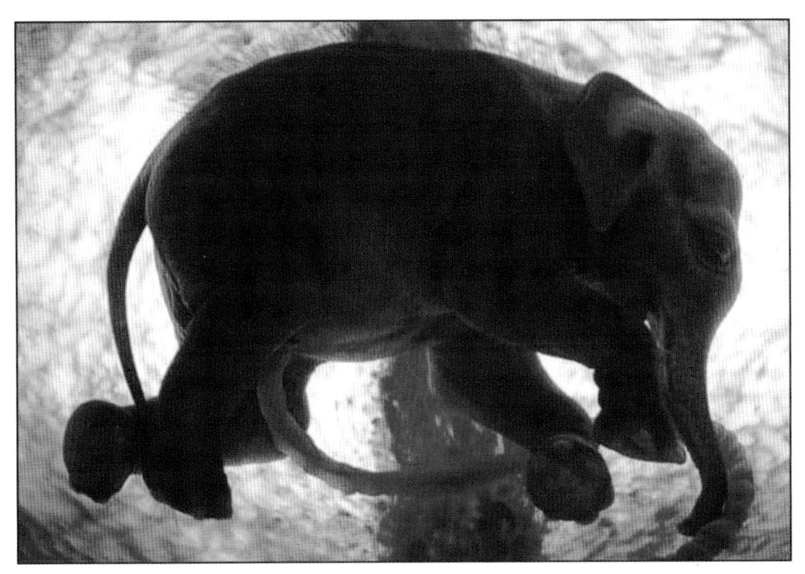

彩图 **6-5** 纪录片《子宫内日记》中独特的视角：子宫内的小象

彩图 **6-6** 高反差场景案例

彩图 7-1　排比修辞手法应用案例：**Metteo Pellegrini** 作品《**Home to Home**》

彩图 **8-1**　**8mm** 鱼眼成像效果

彩图 **8-2**　**15mm** 鱼眼成像效果

彩图 **8-3**　作品《孤岛》

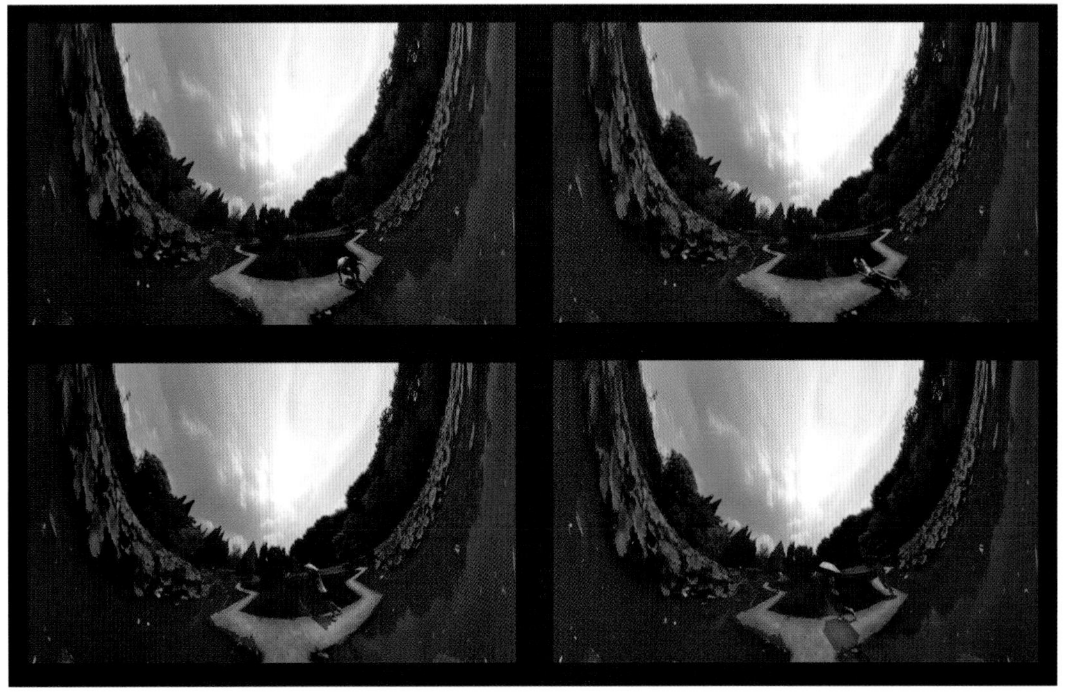

彩图 **8-4**　作品《夏》

彩图 8-5　**Anthony Atanasio** 导演的《**Sous La Route Des Hommes**》营造了一种新奇的视角：整部短片仿佛是从完全透明的街道的地下往上拍摄的

彩图 8-6　《**Sous La Route Des Hommes**》幕后

彩图 8-7　纪录片大师 **Robert Cahen** 作品《**Marseille -La Vieille Chante**》片段

彩图 8-8　**Sprint** 手机广告使用慢速摄影手段记录光线运动的痕迹

彩图 8-9　单反视频作品《国庆》

彩图 8-10　毛线定格动画《Zero》的制作场景及成片效果

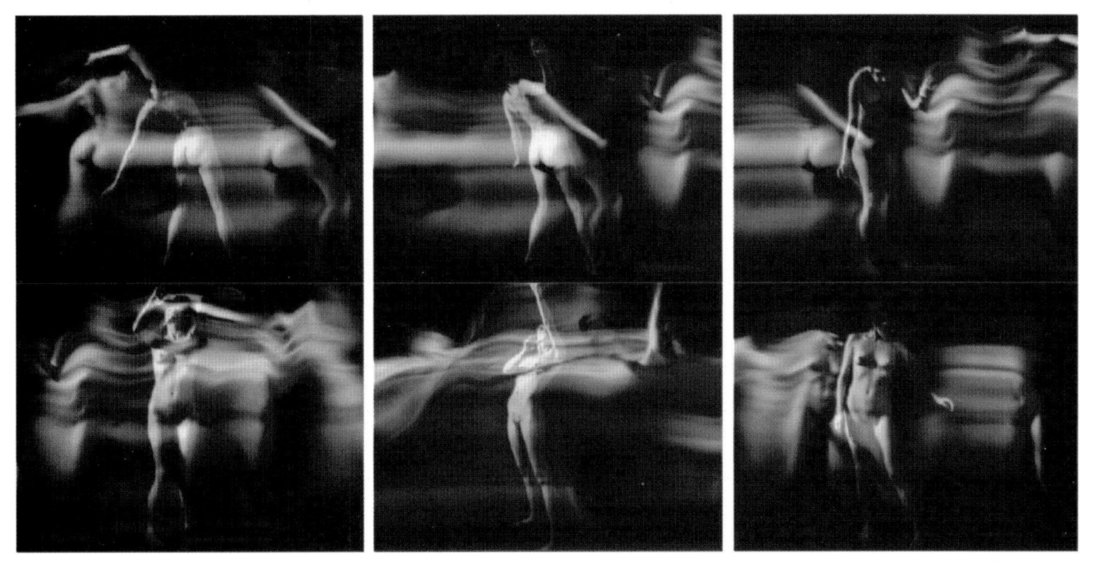

彩图 8-11 《Unfold》作品画面

彩图 8-12 《Tango》作品画面

彩图 9-1　**Mitch Staten** 导演的作品《**Time Sculpture**》中，整个表演在时间的线性前进的过程中又有片段性的非线性时间倒流，形成奇异的时间流动效果

彩图 **9-2**　移动素材（对应正文中图 **9-18**）

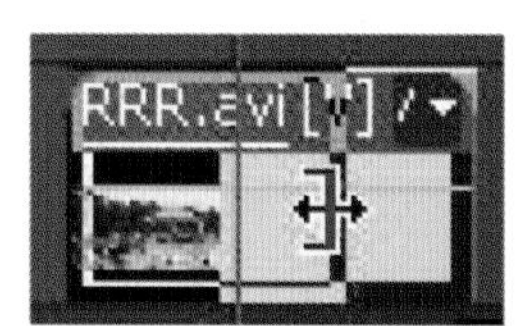

彩图 **9-3**　控制素材的长度（对应正文中图 **9-19**）

彩图 **9-4**　使用 **Darken** 混合模式去除抠像合成中产生的白色光晕

彩图 9-5　**Terry Palka** 作品，类似的效果可以使用正片叠底模式合成，除白色以外的其他区域都会使底层图像变暗

彩图 9-6　**Uelsmann** 暗房合成照片，类似的效果可以使用正片叠底模式合成

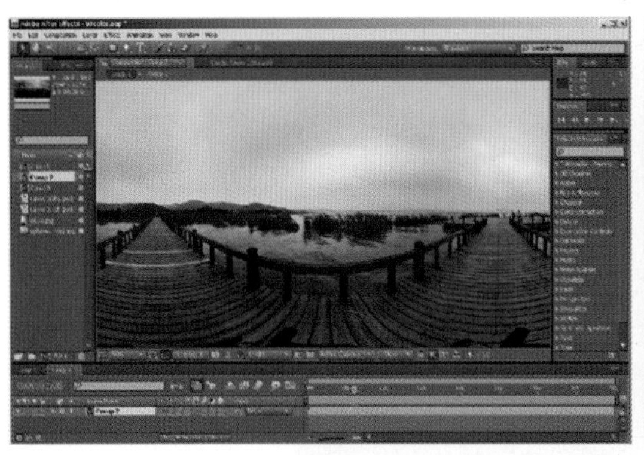
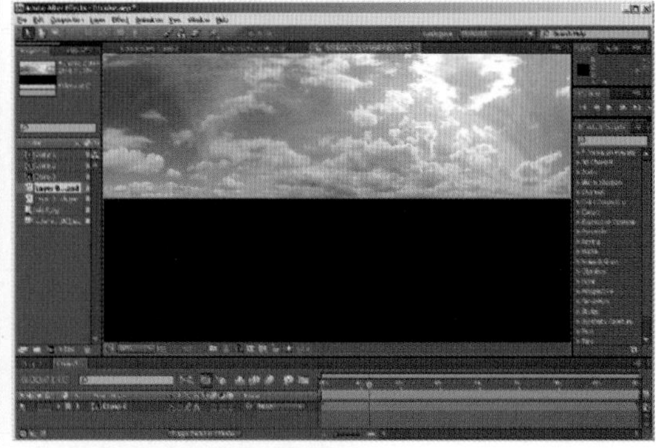

彩图 9-7　打开原始视频素材以及比较漂亮的天空素材

彩图 9-8　使用 **Multiply** 混合模式对原始视频及天空素材进行合成之后的效果

彩图 9-9　**Screen** 模式混合效果，保留亮部辉光

彩图 9-10　**Overlay** 混合模式合成效果，使照片仿佛是从电视机屏幕里播出一样

彩图 9-11　**Soft Light** 混合模式合成效果

彩图 9-12　《**TIMELINE**》作品画面

彩图 9-13　电影《魔戒》中蓝幕抠像合成前/后效果

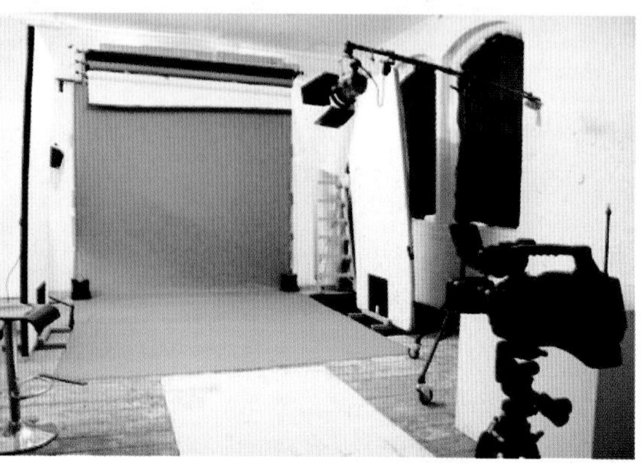

彩图 9-14　抠像用绿幕背板以及从墙上一直拖到地面的绿幕幕布

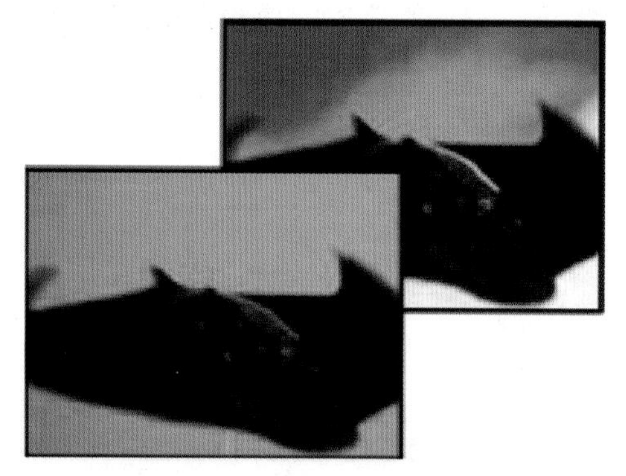

彩图 9-15　**Color Difference Key** 抠像合成效果

彩图 9-16　**Color Key** 抠像合成效果

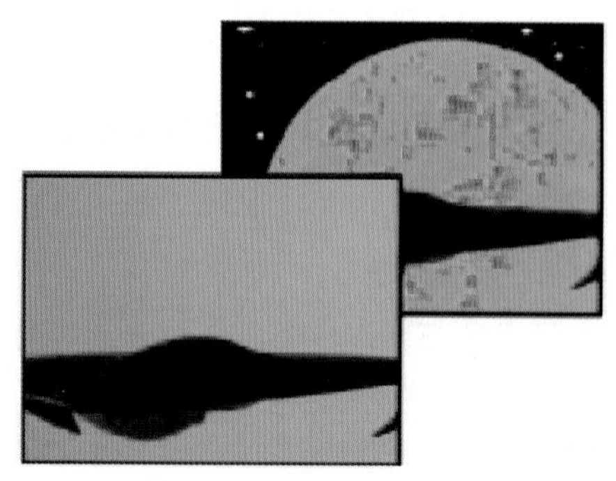

彩图 9-17　**Color Range** 抠像合成效果

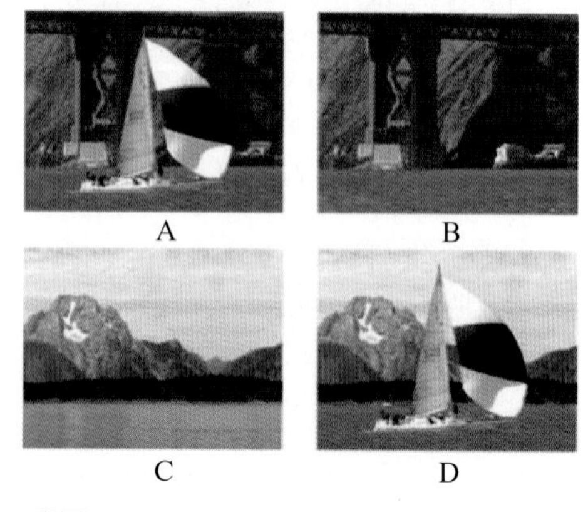

彩图 9-18　**Difference Matte** 抠像合成效果

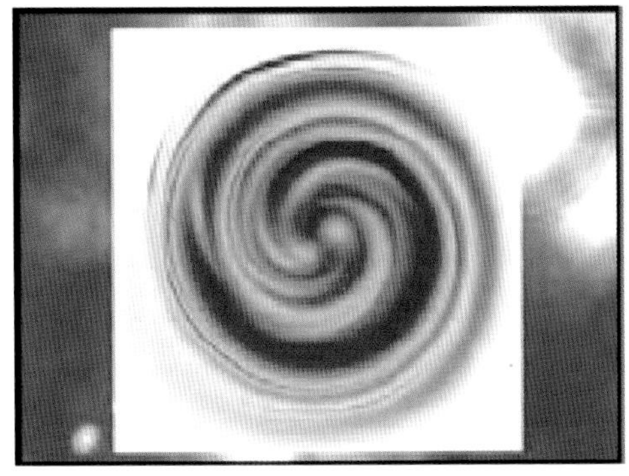

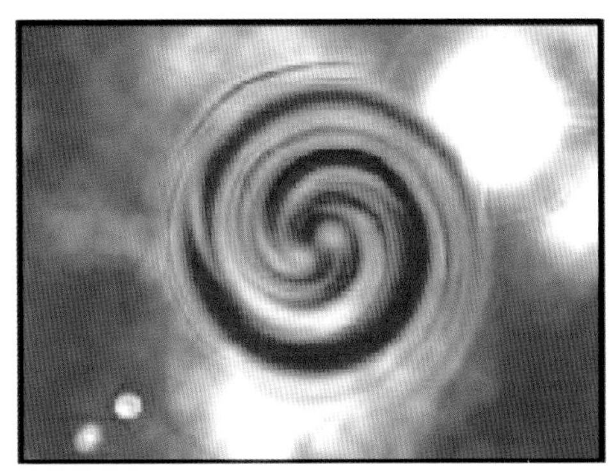

彩图 9-19　**Luma Key** 插件抠像合成效果

彩图 9-20　使用 **Keylight** 插件对背景色进行取样

彩图 9-21　抠像合成结果

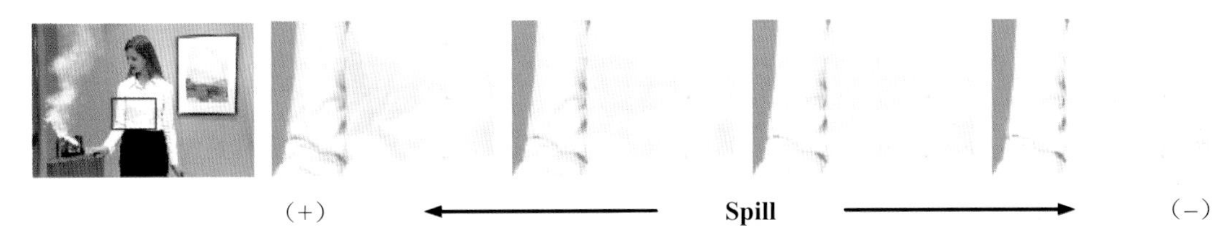

彩图 9-22　**Primatte** 抠像合成的效果控制：使用 **Spill**（+）与 **Spill**（−）模式连续取样后的效果对比

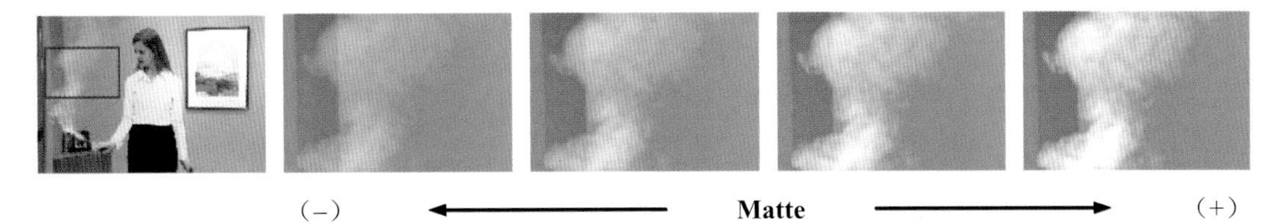

彩图 9-23　**Primatte** 抠像合成的效果控制：从 **Matte**（−）到 **Matte**（+）烟雾部分的稠度变化

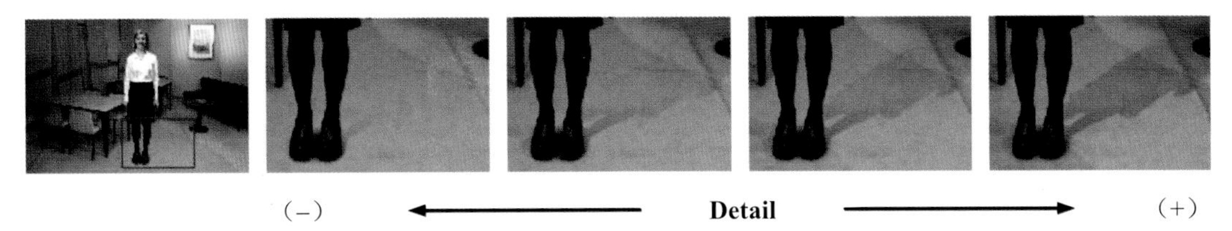

彩图 9-24　**Primatte** 抠像合成的效果控制：从 **Detail**（−）到 Detail（+）阴影部分的细节变化

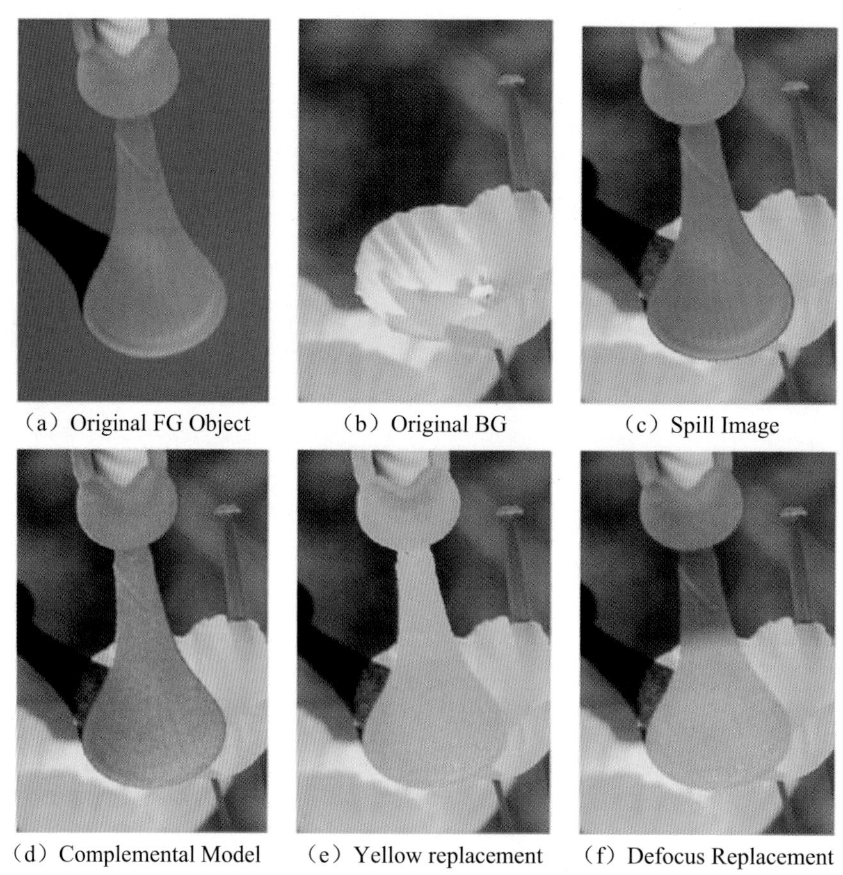

（a）Original FG Object　（b）Original BG　（c）Spill Image

（d）Complemental Model　（e）Yellow replacement　（f）Defocus Replacement

彩图 9-25　Primatte 溢色替换模式，半透明物体抠像合成几种模式的效果对比

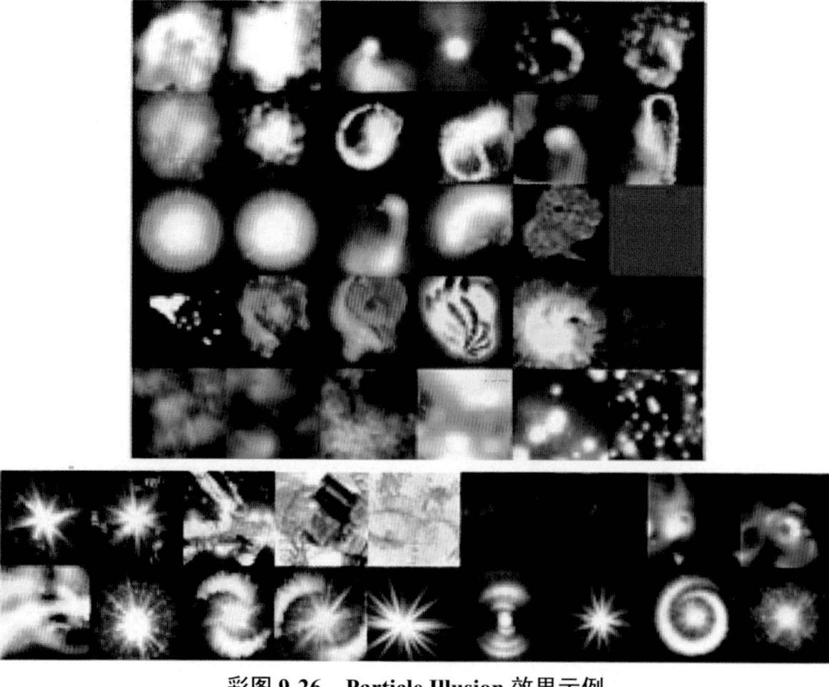

彩图 9-26　**Particle Illusion** 效果示例

DV影像创作宝典：从技术到艺术

张燕翔 等 著

清华大学出版社
北京

内 容 简 介

本书系统地介绍了DV影像创作相关的各种技术，并且通过大量经典作品案例较为深入地剖析了DV艺术的各种表现形态和创意思维，为读者开启一条DV艺术创作的成功之道。本书适合DV爱好者进行入门学习，对于已经熟悉DV相关基础并迫切需要提高的读者来说也极具参考价值。

图书在版编目（CIP）数据

DV影像创作宝典：从技术到艺术 / 张燕翔等著. —北京：清华大学出版社，2012（2020.1重印）
ISBN 978-7-302-29221-0

Ⅰ. ①D… Ⅱ. ①张… Ⅲ. ①数字控制摄像机 – 基本知识 Ⅳ. ①TN948.41

中国版本图书馆CIP数据核字（2012）第143358号

责任编辑：王峰松 张为民
封面设计：常雪影
责任校对：徐俊伟
责任印制：沈 露

出版发行：清华大学出版社
网 址：http://www.tup.com.cn, http://www.wqbook.com
地 址：北京清华大学学研大厦A座 邮 编：100084
社 总 机：010-62770175 邮 购：010-62786544
投稿与读者服务：010-62776969，c-service@tup.tsinghua.edu.cn
质 量 反 馈：010-62772015，zhiliang@tup.tsinghua.edu.cn
印 装 者：三河市铭诚印务有限公司
经 销：全国新华书店
开 本：185mm×260mm **印 张**：25 **插页**：12 **字 数**：656千字
版 次：2013年1月第1版 **印 次**：2020年1月第5次印刷
定 价：49.80元

产品编号：039307-01

序

张燕翔老师是中国科技大学科技传播系的副教授，他在新媒体影像的创作方面进行了大量的尝试，并且有多部作品获得国内国际奖项，他的作品不仅体现了高超的技术，也有着独特的创意。

这次很高兴看到他将自己多年创作的实践体会，汇集了一本著作，可以说这本书系统地介绍了 DV 影像创作相关的各个方面的技术和技巧，同时又通过 DV 艺术作品的各种类型的大量经典案例，深入剖析了 DV 影像艺术的表现形态，无论从技术层面还是从艺术层面，本书对于 DV 影像创作者都将有实际的指导意义。

DV 的出现，意味着民间影像时代的开始，视频影像拍摄工具不再是高高在上的高端设备，每个人都有可能使用 DV 表达自己对身边世界的理解及感受。可以说，人类正在进入一个读图时代，让我们拿起 DV，为这个时代的到来推波助澜！

冷冶夫

中央电视台高级编辑

中国国际影视文化交流协会会长

前　言

DV 的出现，使得原本只属于少数高端创作者的昂贵的影视手段能够被更多普通人所使用。DV 的普及和流行，使得人与人之间的沟通和交流进入一个全新的影像时代。

当前，DV 影像已经被广泛应用于生活工作场景的记录，同时越来越多的影像艺术家开始借助 DV 进行叙事与表达，DV 相关创作技术的发展极大地丰富了影像艺术表现的形态空间，一些新潮的艺术家对作为一种视觉艺术的 DV 进行了深入的探索，创作了许多颇具启发性的佳作。

本书通过大量精彩的案例，对 DV 的相关技术及艺术表现的各种形态进行了深入的解析，引导读者一步步学习掌握 DV 创作的相关知识技巧。

本书第 1 章由熊驰畅、马欢撰写，第 4 章由汪梅子撰写，第 6 章由马丽亚撰写，第 2、3、5 章和第 7～10 章由张燕翔撰写，另外，丁敏为本书提出了许多宝贵的修改意见。

由于时间仓促及作者水平有限，本书不足之处请读者朋友不吝赐教。

作者

2012 年 6 月

目　　录

第1章　DV创作快速入门

本章简明扼要地介绍DV机、DV创作的一般流程及拍摄方法，DV剧本编写及后期制作等方面的内容，使读者能够尽快对DV创作有一个大概的认识，以便快速上手。

1.1　DV机入门

1.1.1　DV的定义

DV（Digital Video，数字视频）是由索尼、东芝等多家家电公司联合制定的一种数码视频格式。通常所说的DV，多数时候指的是DV机，也叫DV摄录机、数码摄像机，指能够拍摄DV这种动态影像的机器。

1.1.2　DV机的分类

根据不同的分类方式，可将DV机分为不同的种类。较常见的分类标准是根据使用用途，将DV机分为广播级、专业级和家用级三类。广播级DV机，顾名思义，即指应用于广播电视这一专业领域的DV机。此类机型体积大、价格高，一般需人民币几十万甚至上百万元，图像质量也好。

专业级DV机一般应用在除广播电视以外的其他专业电视领域，如文化宣传、电化教育和医疗等领域。其拍摄图像质量仅次于广播级DV机，并且在近几年，随着专业级DV机各项性能指标的提高，有的性能已经可以与广播级DV机媲美。价格一般在人民币几万到十几万元之间，如松下AG-DVC180BMC（见图1-1）。

图1-1　松下AG-DVC180BMC摄像机

家用级DV机用于家庭或者个人摄影。因为其体积小、重量轻且价格不高，为众多个人用户所青睐。有时候在一些体育比赛场合，因为大型DV机不好携带，会采用家用级DV机进行拍摄，如摩托车特技比赛等。此类型DV机价格一般在几千到上万元人民币。按照感光器件不同，可将DV机分为CCD摄像机和CMOS摄像机。按照存储介质不同，DV机可分为磁带式、光盘式、硬盘式和存储卡式。磁带式和光盘式DV机由于介质成本较高，而且后期处理时有诸多不便，现在逐步被硬盘式或存储卡式DV机取代。硬盘式DV机采用硬盘作为存储介质，如松下HS60（见图1-2）。

1.1.3 DV 机的一些基本概念

1．CCD

图 1-2 松下 HS60 硬盘摄像机

CCD（Charge Coupled Device，电荷耦合器件），是摄像机的感光器件，类似于人的眼睛，是衡量 DV 机好坏的重要因素。大部分数码摄像机都采用 CCD 作为感光器件。一般情况下，CCD 单元越多，DV 机成像效果越好，画面色彩越均匀平衡。接近专业级的数码摄像机的感光器件多为 3CCD。当然，DV 机成像效果还与镜头等有关，而不单单是由 CCD 决定的。

2．CMOS

CMOS（Complementary Metal Oxide Semiconductor，互补金属氧化物半导体）是摄像机的另一类感光器件。几年前，一般低端数码照相机使用 CMOS 作为感光器件比较多，随着 CMOS 技术的发展，其成像质量提升显著，现在的专业型单反相机里多用 CMOS 作为感光器，而一些专业型的数码摄像机也会使用 CMOS 作为感光器件。

3．像素

Pixel（像素），由 Picture 和 Element 两词组合而来，是构成数码影像的最小单位。对于数码摄像机来说，像素一般指 CCD 的总像素，如 80 万像素级的 DV 是指该数码摄像机采用了总像素为 80 万的 CCD 成像。

（1）有效像素：因为 CCD 边缘照不到光线，因此有一部分总像素拍摄时用不到，用总像素减去这部分像素是真正参与感光成像的像素，即有效像素。

（2）动态像素：指 DV 在拍摄动态影像时可以达到的像素值，对于 DV 来说是最重要的指标之一。动态有效像素一般为 40 万即可（因为 DV 机所获得的影像在屏幕上播放时为每帧画面约 40 万个像素），超过的部分对于实际拍摄只能起到防抖和增加清晰度的作用。

（3）静态像素：指 DV 进行静态照片拍摄时可以达到的像素值。静态像素值一般比动态像素值要高。一般情况下，使用 DV 机没有必要用很高的静态有效像素，除非用 DV 来专门拍摄静态图片。

4．清晰度

在摄像机领域，清晰度被定义为“分解被摄景物细节”的能力。摄像机的清晰度与像素关系不大，而与 CCD 的尺寸及单个感光单元的面积有关。

5．光学变焦倍数

光学变焦即通过改变变焦镜头中各镜片的相对位置来改变镜头的焦距。内部的镜片和感光器移动空间越大，光学变焦倍数越大。如今数码摄像机的光学变焦倍数大多在 20～25 倍，三星、松下和佳能的部分摄像机也有 32 倍的光学变焦。

6. 数字变焦倍数

数字变焦是通过数码摄像机内的处理器把图片内的每个像素面积增大，从而达到放大目的，相当于在计算机上将一张图片放大，如此视觉上就会让用户只看见景物的局部。数字变焦实质上并未改变摄像机的焦距。拍摄的景物放大了，但它的清晰度会有一定程度的下降，所以数码变焦并没有太大的实际意义。

7. 裁切式变焦

裁切式变焦是大幅面感光器能够提供的一种特殊的变焦技术，它不同于普通数字变焦直接将图像进行插值放大的技术，而是利用感光器充足的像素来保证变焦的过程中始终使用的是实际像素。当然，有些机器在裁切式变焦的同时会降低画面的分辨率。

8. 镜头口径大小

镜头口径表示镜头的最大进光量。常见的镜头口径有 72mm、58mm 和 43mm 等。口径越大，光通量就越大，对光线的接受和控制就会更好，成像质量也就越好。

9. HDV

HDV 是由佳能、夏普、索尼和 JVC 这 4 大数码产品厂商于 2003 年推出的应用于数码摄像机领域的高清标准，以推动开发准专业小型高清摄像机和家用便携式高清摄像机。

1.1.4　如何选择 DV 机

选择 DV 机要参考不同的零部件配置。首先看感光器件（CCD 或 CMOS），3CCD 或 3CMOS 的摄像机具有更好的色彩还原效果，同时 CCD 或 CMOS 的面积越大，成像质量越高，并且能够在光弱的环境下拍摄，同时大幅面的感光器更容易产生迷人的前景深效果（也就是背景虚化效果）；其次看 DV 机的镜头，采用了非球面镜以及低色散镜片的镜头能够更好地还原色彩；最后看图像处理器芯片，它是摄像机的“大脑”，就像计算机中代表其计算能力的 CPU。以上三者是影响数码摄像机拍摄质量最重要的部件。它们的配置越高，当然 DV 机的拍摄质量越高，价格相对也会更高。因此，个人在选择 DV 机时，应当根据自己所需要的拍摄质量，选择一款性价比适中的机器，只要 DV 机的配置性能达到了自己的要求即可。

1.2　DV 创作的一般流程

1.2.1　剧本的编写

将故事大纲整理出来，修改成文学剧本。文学剧本有多种多样的形式，如画面式、小说式等。分清楚拍摄场景，如地点和内景、外景；也分清楚拍摄时间，如日景、夜景、黎明、傍晚、雨景。这样，人物的动作、表情和对话也一目了然。在文学剧本的基础上再改写出分镜头稿本。所谓分镜头，就是把文学剧本的内容全部改写成镜头，用镜头的细节描述出来。因而，在现场拍摄的时候，就不用对着文学剧本临时来想怎么拍摄，而只用查阅分镜头稿本，依照它的指示拍摄就可以了。

Final Draft 是一个为影视导演和编剧编写的软件。因为导演和编剧写电影脚本、电视情节和舞台戏剧，必须有一个简单的、格式化的文本编辑器来满足这一切。不需要知道正规的脚本格式，Final Draft 会自动地将用户写的东西整理成为标准的格式。

1.2.2 执导与拍摄

拍摄过程中需要导演把握对影片的艺术构想，比如色彩风格、摄影风格和表演风格等。在艺术创作上对摄影、演员等提出要求，从艺术高度控制着影片的整体风格。导演应该了解摄影、灯光等技术细节，可以指示摄影师：

（1）选择景别，即用全景、中景、近景还是用特写。

（2）选择拍摄技巧，即推、拉、摇、移、升、降、甩、跟。

（3）选择画面构图以及其他，即控制景深、选择变焦倍数等。

导演安排摄像机的位置以及指明演员的位置和运动的路线。在每个镜头的开头，用摄像机拍摄下标有“X 场 X 景 X 号镜头”的纸板或木板的内容，这对后期制作中区分镜头有很大的帮助。

导演应该了解电影镜头的经典组接方法，什么时候应该从一个大全景切换为一个特写，什么时候应该从一个中景切为一个近景，什么时候该变换机位。

1.2.3 整理素材

素材是用于视频制作的各种原始视频、音频、图片和动画等的电子文件，包括：从摄像机、录像机或其他可捕获数字视频的仪器上捕获到的视频文件；各种应用软件建立的 Windows 视频或 Quick Time 视频；各种图像格式的文件，如.bmp、.tif 和.gif 等文件；数字音频、各种数字化的声音、电子合成音乐以及音乐等；各种动画文件，如.fli 和.fic 等文件。

1.2.4 确定编辑点和镜头切换的方式

编辑时，选择需要编辑的视频和音频文件，对它们设置合适的编辑点，从而改变素材的时间长度和删除不必要的素材。镜头的切换是指把两个镜头衔接在一起，使一个镜头结束时，下一个镜头立即开始。在影视制作上，这既指胶片的实际物理接合（接片），又指人为创作的银幕效果。非线性编辑可以对素材中的镜头进行切换，实际上是软件提供的过渡效果，素材被放在时间线视窗中分离的几个轨道中，然后将过渡效果视窗中选择的过渡效果放到过渡轨道中即可。

1.2.5　制作编辑点记录表

视频编辑离不开对镜头进行搜索和挑选。编辑点实际上就是指某一特定的帧画面相对应的显示出来的数字编码。操纵录像机寻找帧画面时，数码计数器上都会显示出一个相应变化的数字，一旦把该数字确定下来，它所对应的帧画面也就确定了，就可以认为确定了一个编辑点。编辑点分切入点和切出点。当剪辑方案确定，将所有要进行编辑的视频片段的编号都登记在记录卡上。使用计算机编制编辑点记录表的工作和剪辑师作记录卡的工作一样。编辑素材后，编制一个编辑点记录表，记录对素材进行的所有编辑，一方面，有利于在合成视频和音频时使两种素材的片段对上号，使片段的声音和画面同步播放；另一方面，做一个编辑点记录表有助于识别和编排视频和音频的每个片段。制作大型影片而要编辑大量的素材时，编辑点记录表的优势就更为明显了。

1.2.6　素材剪辑合成

将实拍到的分镜头按照导演和影片的剧情需要组接剪辑，要选准编辑点，才能使影片在播放时不出现闪烁。可按照指定的播放次序将不同的素材组接成整个片段。素材精准地衔接可以通过在时间线上精确到帧的操作来实现。

从整体上把握影片的结构，这个整体可以是整个影片的结构，也可以是某个段落的结构。蒙太奇是镜头与镜头之间、段落与段落之间排列组合的方法。蒙太奇可以分成多种，基本可以分为叙事性蒙太奇和表现性蒙太奇。

叙事性蒙太奇用于叙述故事和交代情节，是蒙太奇中最简明和直接的表现形式。叙事性蒙太奇通常包括：连续式蒙太奇，这是运用最多的一种形式，按照电影的叙事顺序和情节结构的发展，让影片条理分明、层次井然地发展下去；平行式蒙太奇，即把发生在同一时间段内不同场合发生的事件平行地叙述出来；交叉式蒙太奇，把同一时间、不同地点的平行动作或场面交替叙述，使之相互加强，造成惊心动魄的印象；积累式蒙太奇，把一连串性质相近、说明同一内容的镜头组接起来，造成视觉印象的叠加；复现式蒙太奇，让影片前面已经出现的场面重复出现，产生前后呼应的效果；颠倒式蒙太奇，把剧情由现在转到过去，又从过去转到现在，造成倒叙或插叙的效果。

表现性蒙太奇用于加强情绪的渲染力度，追求镜头间的对应和契合，以获得别致的艺术效果。表现性蒙太奇通常包括：象征式蒙太奇，即用某一具体事物和另一事物并列，用以表现这一事物的某种意义；隐喻式蒙太奇，即将外表相同而实质不同的事物加以并列，产生类比的效果；对比式蒙太奇，即把不同内容、不同画面现象的镜头组接起来，造成强烈的对比关系；抒情式蒙太奇，这是电影创造诗意的一种手法。

剪辑还需要考虑画面的特性，包括镜头画面的分类以及镜头画面的方向。镜头画面的分类包括镜头景距的变化、运动的变化、角度的变化、速度的变化和技巧的变化；镜头画面的方向则包括画面的方向、视觉的方向、事物运动的方向、地形的方向以及镜头轴线的方向。除此之外，还需要考虑画面剪辑的原则，即画面组接的剪辑点正确，包括画面本身和声音剪辑点正确、画面组接的逻辑性正确、画面组接的时间和空间正确、主体动作的连贯、画面造型（包括光影变化和色彩过渡、形象对列和构图对位）衔接正确。最后，还必须注重剪辑的节奏，适当的节奏可以舒缓或加快情节发展的速度。

1.2.7 在节目中叠加标题字幕和图形

在影片中使用适当的字幕可以使观众更准确地获取声音信号或画面所表述的内容，从而更好地掌握影片的内容。而标题的运用可以展示制作者的艺术创作与想象力的空间。

1.2.8 声音效果处理

声音效果是影片中极为重要的组成部分，对影片气氛的烘托起着重要的作用。一般来说，先把视频剪接好，最后才进行音频的剪接。

声画关系有三种：声画同步，即画面的内容就是发声体本身；声画分立，即画面内容不是发声体本身，但表现的是和发声体相对应的人或物，如两个人谈话时画面不是讲话的人，而是倾听的人（反应镜头）；声画对位，即画面和声音相互对立，产生特殊的效果，如反讽等，例如两个人争吵，声音渐渐变成了犬吠。出其不意的声画组合常常使剪辑达到更高的艺术效果。

1.2.9 影片包装

影片包装包括包装影片的片头和片尾。片头相当重要的作用是交代一个具有悬念的片段，吸引观众的注意。片尾则可以是影片的精彩片段、演职人员现场工作实况，甚至主题歌的 MTV。可以制作一个短小的宣传片花，这个片花通常可以包括影片的“动作主题”，即讲述是怎样一个故事，以及介绍编导摄录人员的名字。片头通常用于叠加演职人员的字幕。

1.3 DV 拍摄技巧

画面稳定是 DV 摄像的最基本要素。对于 DV 拍摄初学者来说，稳定是 DV 拍摄入门的第一课。缺少这个条件，即使构图或题材再怎么完美，DV 作品的质量也会大打折扣。

下面介绍如何利用适当的工具或正确的姿势拍出稳定的画面。

1. 尽量利用身边工具或正确手持法来平稳拍摄

保持 DV 机稳定的最好方法是使用三脚架。采用三脚架拍摄很多画面都会有效减少抖动，对于上下或左右摇移也会稳定平滑。对于在一些场合的固定拍摄任务，一定要运用三脚架：尽量选择稳固、平坦的地面支撑三脚架，如果地面不平坦，要调整三脚架的支脚来使其上面的摄像机保持水平。当然，除了三脚架之外，还有更易携带的独脚架、胸架和豆袋等，也能起到平衡稳定摄像机的作用。

在选择三脚架的时候，脚架的关节越少越好，关节越多，越影响稳定性，可以优先考虑普通的摇臂三脚架。而在专业的拍摄中，出于拍摄视角灵活性的考虑，还往往会选用专业的摇臂三脚架，如图 1-3 所示。

（a）普通的摇臂三脚架　　（b）专业的摇臂三脚架

图 1-3　摇臂三脚架

利用支撑平台充当支架。如果身边没有三脚架，而又需要拍摄很稳定的画面，此时就可以看看周围有没有平坦、扎实的平台来代替三脚架。甚至可以通过在平台上放上自己的物品来调整摄像机的高度或者角度，以求达到自己的拍摄要求。

普通的摇臂三脚架灵活性非常好，但是在拍摄一个固定的目标时会有轻微的颤动，有一点点锁不牢靠的感觉。

专业的摇臂三脚架稳定性非常好，但是灵活性不如普通的摇臂三脚架，用于在固定地点拍摄鸟飞行时，可以大大提高拍摄的成功率。

正确的手持拍摄方法才能拍出稳定的画面。拍摄 DV 作品时为了画面的稳定，应尽量不手持拍摄。但是在一些需要跟拍但又没有大型轨道可以借用的情况下，只能手持拍摄，此时就要注意一些原则了。在站立手持拍摄时，肩膀要放松，双腿要自然分立，相距与肩同宽，脚尖向外略微分开。右手掌托住摄像机，右手肘同时紧靠体侧，左手辅助右手稳定摄像机，右手手指此时控制摄像机开关。同时，拍摄时应尽量寻找墙壁、树干和桌椅等固定面倚靠，以增加拍摄稳定性。

2. 利用数码摄影机的一些特点来平稳拍摄

（1）固定拍摄时开启数码摄像机的图像稳定功能。多数数码摄像机都具有图像稳定功能，开启后可以适当减少拍摄过程中的晃动。但要注意，晃动一旦较大，图像稳定功能就不奏效了。而且在移动拍摄或者摇摄时的晃动，该功能的作用也不大。

（2）尽量使用广角镜头。镜头的长焦端在放大画面时也会将画面中的晃动放大，因此不是特殊需要，尽量不要放大画面，避免抖动。

（3）拍摄时不要闭眼，以防特殊状况。很多人可能都会觉得，拍摄 DV 时为了清晰视物，应当闭上一只眼睛。这种方式是不对的，拍摄时应当同时使用双眼，以便观察拍摄对象的动向，并留心周围发生的事，以防变化导致画面拍摄发生意外。

1.4 画面拍摄技巧

1.4.1 构图

在 DV 拍摄过程中，构图也是很重要的因素。构图是指拍摄画面中组成部分及其相互的位置关系。构图的基本原则是平衡，意思是画面构图要自然顺畅，并能够突出主题。要做到良好构图，可以从以下几点做起：

（1）画面的背景要选好，不宜太过杂乱，以致混乱主题。

（2）确定如何在画面中放置主体和周围景物，使得构图平衡，主旨明确。

可采用如表 1-1 所示的几种构图方式。

表 1-1 几种构图方式

构图方式	特　点	画面结构	运　用
对称式构图	给画面带来一种庄重、肃穆的气氛，具有平衡、稳定、相对的特点，比较符合大众的审美习惯，缺点是画面显得呆板		常用于表现对称物体、建筑物以及特殊风格的物体
平衡式构图	传达一种满足的感觉，其画面结构完美		常用于月夜、水面、夜景和新闻等题材
变化式构图	构图时，给整体画面留有一定的空白，留给人想象的空间，能帮助作者表达感情色彩，让人思考，富于韵味和情趣		常用于山水小景、体育运动、艺术摄影和幽默摄影等
对角线构图	将主体安排在对角线上，从而使陪体与主体发生直接关系，这种构图可将欣赏者的目光直接引向某事物，导向性极强		常用于富于动感、活泼的画面

续表

构图方式	特　　点	画面结构	运　　用
交叉线构图	充分利用画面空间，把欣赏者的视线引向交叉中心或是画面以外，也可让读者从多方向沿着交叉斜线欣赏画面，具有活泼轻松、舒展含蓄的特点，其基本思想是提供一条视觉引导线，较为理想的引导线是某两个边角之间的连线		常用于建筑、大桥、公路、田野等题材
“井”字构图	在画面大致三等分的位置设置虚拟的位置线，在拍摄时设法将景物中主要拍摄对象的关键轴线安排在这些位置，该构图方式较符合人们的视觉习惯，使主体自然成为视觉中心，具有突出主体，并使画面趋向均衡的特点		适用于多种情形下的构图

1.4.2　角度

DV 拍摄的初学者大都会选择平摄，即水平方向的拍摄。然而，如果整部 DV 影片都使用平摄这一个角度，难免会太过乏味，构图上也会太过重复。因此，这里介绍几种其他的拍摄角度，运用到作品中可以使其更加富有内涵，更加有趣。

1. 水平方向的拍摄

大多数画面是摄像机采用水平方向拍摄的，这样的画面平和、稳定，符合人们的视觉习惯。在拍摄时，如果被摄主体与摄像者身高相当，摄像者可采用常规的站姿拍摄。如果被拍摄物体高于或低于摄像者的主体时，可以借用外部的物品，如站在或坐在椅子上，以取得合适的拍摄角度。例如，拍摄农民收稻子，就应采用半蹲的拍摄方式，使摄像机与被摄者始终处于同一水平线上。拍摄小动物则要采取伏地拍摄或全蹲，如图 1-4 所示。

图 1-4　伏地拍摄或全蹲视角

2. 由下往上的拍摄

苏轼在《题西林壁》中写道：“横看成岭侧成峰，远近高低各不同。”同一件事物，因为观看的角度不同，就会产生不同的心理感受。在拍摄电视剧时，对于高大的英雄人物用的就是从下往上的仰拍，这样就能凸显人物的高大勇猛。在拍摄高楼大厦时，用仰拍可以显得建筑物更为高大雄伟。拍摄中可采取跪姿拍摄，右手握机，左手扶住液晶屏，并可根据拍摄的角度变换液晶屏的角度。

3．由上往下的拍摄

由上往下拍摄就是俯拍，是指 DV 机高于被拍摄的主体，镜头偏向下方拍摄。关于拍摄角度的选择上有一句口诀“敌俯我仰”，指的就是拍摄敌人或反面角色时采取俯拍的角度，使观众对画面中的人物产生居高临下的优越感。拍摄人群较多的地方，而又无法接近被摄主体时，也可采用这种方法，越过人群的头顶，找到要拍摄的主体内容。如果是从较高的地方向下俯拍，可以拍摄近景到远景的变化，产生辽阔、宽广的感受。

4．特殊视角的拍摄

这种特殊视角还有一个别名叫猫视角，便于理解，即以猫的视角来观察画面。拍摄时，将 DV 机贴近地面，如图 1-5 所示，这种角度的画面给人一种特殊的视觉效果。

图 1-5　猫视角

1.5　选择 DV 拍摄的题材

广告设计需要广告策划书，活动项目的举行需要项目策划书，现在要拍摄一部 DV，肯定有一个思考的过程作基础。

目的是指引行动的灯塔，没有目的的盲目拍摄，不仅会浪费时间，同时还浪费内存。在拍摄之前，首先要弄清楚为什么要拍摄这部纪录片，拍摄的主体是什么，怎样展开一步一步的拍摄，弄清楚之后，就可以进行拍摄作品题材的选择和策划。

1.5.1　选材的重要性

若拍摄家庭生活、旅游或婚庆录像，仅仅是用影像记录家人的生活，那么题材的选择就可随意一些。但若是拍摄专业的纪录片或是独立制作电影，选材就有很多方面的限制和要求。理论上，电影艺术的表现力足以囊括社会生活的各个阶段、方面和层面，它应该是不存在题材范围的限制。但在实际创作中，剧组技术能力、经济实力是对电影题材的一大限制，同时主流媒体所注重的社会政治、经济、文化、时代和大众审美情趣等方面也是对 DV 创作题材的极大约束。没有主流媒体的肯定和播出，拍出的片子也只能在小范围内传阅，作者想要表达的思想也得不到充分表达。因此选材是一个决定作品成败的关键，要十分重视。这里有几点建议：在策划选题的同时，大概估计一下需要的开支，花费承受得起的选题是可以被接受的；选题既不能过于大众化，也不能过于边缘化，要找准一个度，可以和电视台多沟通，不断完善选题；选题策划人应当努力拓展自己的生活范畴和知识领域，注意积累创作素材，不断扩大它的涉及面和库存量。

1.5.2　选材的法则

（1）尽量选择与自己生活贴近的题材。生活是一切灵感的源泉，一切好的创意离开了生活就会缺乏真实感和亲切感。选择与自己生活体验相近的题材来创作，更能使作品发挥出独特的魅力。

（2）选择自己感兴趣的题材是作品成功的重要契机。兴趣产生热情、激情。饱含激情的写作对作者来说是一种享受，缺乏激情的写作却是一种毫无意义的折磨。完成一部作品不是一步登天，这个过程是漫长而艰苦的，如果没有足够的兴趣和热情，很可能半途而废。

（3）选择力所能及的题材。这里所说的力所能及是指作者资金、技术、可用的资源是否有可能完成所想题材。不能脱离实际，好的点子的确很多，关键是哪些点子是能用的。

1.5.3　策划选题

下面以一个例子来说明策划选题包含哪些内容。

DV 拍摄策划方案（草写）

缘起

一个女生从西校区转到东校区，从一个充满欢声笑语的校区到另一个寂静的校区，有点不适应生活。到底为什么同一个学校的学生，只不过在不同校区，也会有不同。

拍摄目的

该片不是想用视频的堆砌或文字的说明把拍片者的观点强加给看片人，我们只想用我们拍摄的东西，用你们的思想去诠释这部影片。东区和西区，这两个相隔一个专科院校的姊妹校区，在几十年的发展中，各具风格，各自演绎着各自的生活。

内容和主题

该片包含内容广泛，有反映东西区学生的宿舍文化，有其各自的生活理念，还有东西区学生的不同理想和抱负，展现中科大丰富多彩的学习氛围和学与玩的融合。

拍摄镜头（先拍东区，再拍西区，再补拍一些镜头）

开头：采访东西区人是如何认知对方的，对各自的印象是怎样的。从而引出我们将要拍摄的主题，揭秘答案。

东区七点以后寂静校园的场景，从西门到一教、二教的路上几乎空无一人，昏暗的路灯下偶尔只能看见一两个老者散步的情景。

东区女生楼十一点半熄灯之后，楼道里某女生读英语的场景以及十二点之后基本上大部分人都入睡了，走廊里回荡着猫叫的声音。对比西区女生宿舍楼十二点之后走廊里回响的是某寝室女生开夜谈会的嬉笑声，偶尔会传来：某男竟然跟我打招呼，小P好像喜欢小S，但小S却觉得小P一点都不配她。

一教、二教自习室人满为患的场景，当某人推开门，走进自习室，没有人去张望，每个人都忙忙碌碌地在写自己的东西。对比西区自习室，走进来一个人，在自习的人就抬头望一下。

是否要有一个采访？采访东区某宿舍，问：你认识旁边宿舍的人吗？你认识楼上的人吗？平时会不会串门啊？平时的日常活动是什么？住了一年的邻居，东区同学可能都还不知道旁边宿舍有什么人，但西区是楼上楼下随时串门，活跃分子很多，有时候三楼的人看一个电视剧，四楼的人马上就知道了。

东区人麦当劳通宵的场景。对比西区人课外活动丰富，篮球场，足球场上随时都有很多人，早上都有人。

西区的上课气氛活跃，东区的上课气氛相对沉闷。

日程安排

第八周拍东区，第九周拍西区，第十周补拍一些插序，第十一二周剪辑、后期处理。

拍摄分工

策划：马欢。拍摄：姜晖。剪辑：杨凯。演员：宋建鹏等。

纪录片的策划文案其实就是将之前拍摄目的的思考、题材选择的思考写成一个文案，再加上剧本和解说词等内容。当然，剧本是计划安排的前提。策划案的基本元素有拍摄目的、影片拍摄结构、主要剧情（拍摄镜头）、日程安排、分工、预算、拍摄注意事项和解说词。当然，还包括预想拍摄过程中可能遇到的问题及其解决办法、道具、拍摄地点的预约等。

日程安排很重要，这个也应该和预算放在一起做，而且最好当天的任务当天完成。日程安排应该是全组成员人手一份。

总之，能在事前把很多事情计划得尽量周全一些，拍摄过程就只是一个技术过程，而没有其他后顾之忧。

下面详细罗列了策划文案包含的东西，读者可以方便快捷地套用。

纪录片策划文案

一、选题

1. 来源：网络、媒体、其他
2. 打动你的地方、兴奋点
3. 核心内容、事、人、现象
4. 思维程度、启迪、诉求
5. 背景（社会、人文、历史）
6. 把握度
7. 题材基本定位（边缘、平民）

二、人物

1. 主角背景、材料（经历、家庭、外表、细小动作、价值观）
2. 人物——困难——呈现真相
3. 配角——戏分配、传递、推动
4. 配角——隐喻什么？主角挖掘、空间

三、拍摄中可行性

1. 场景表、发生事件
2. 发生事件可能性、把握度
3. 发生意外可能性、把握度
4. 意外——象征性意义

四、情节考虑

1. 情节转折
2. 主要抗争点、矛盾
3. 如何平衡关系？态度？
4. 拍摄可行性

1.6　构思 DV 拍摄剧本

很多人在有了故事之后都喜欢直接拍摄，许多电影导演也是如此，那么是不是说拍摄 DV 剧就不需要剧本了呢？答案是否定的。剧本是制作人和其他参与人员的一个很好的沟通交流工具。影视作品能否吸引观众关键在于剧本是否精彩，好的剧本给人以情感触碰的同时，给人以启迪，发人深省。在确定拍摄主题后，找一个文字功底好的人将具体的剧情形成文字剧本，将要表达的剧情写得淋漓尽致，有着充分的情节冲突，将人物塑造得有血有肉，以便顺利地进行拍摄。

1.6.1　剧本的分类及编写

通常所说的剧本包括文学剧本和分镜头剧本。文学剧本被称为“一剧之本”，充分表明了它在电影创作中的重要地位。电影虽然会和剧本有场景和某些情节上的不同，但其基础和框架都不会变。文学剧本包含基本的故事情节和人物关系，明确了电影的主题、情节、人物性格和风格样式，是电影这个“建筑”的“施工蓝图”。

1. 标题

每个场景都要有一个标题，即场景标题。它主要是用来叙述场景的时间、地点和内外景。

2. 场景描述

剧本中的“描述”包括人物动作及其发展变化、人物情绪、场景中的布置等。“描述”其实就是把我们在日常生活中在完成一件事时的一些细节景象，用一组画面去传达完成整件事的过程。

3. 对话

虽然电影是用一幅幅的画面描述故事，但必不可少的对话有助于表达人物内心情感，表现人物与环境之间的关系，并推动故事情节的发展。但同时对话不能太多，太多给人的感觉就像是在听读剧本一样。电影语言不同于文学语言，追求的是画面感和冲击力。

1.6.2　DV 剧本与小说的区别

剧本写作和小说写作是两样完全不同的事，要知道写剧本的目的是要用文字去表达一连串的画面，所以要让看剧本的人见到文字而又能够实时联想到一幅图画，将他们带到画面的世界里。小说就不同了，除了写出画面外，更包括抒情句子、修辞手法和角色内心世界的描述，这些在剧本里是不应该有的。

举一个简单的例子，在小说里有这样的句子：

“今天会考成绩将公布，同学们都很紧张地等待结果，陈小明告别过父母后，便去学校领取成绩通知书。老师派发成绩单，陈小明心里想：如果这次不合格就不好了。

他十分担心，害怕考试失败后不知如何面对家人……”

如果要用剧本去表达同样的意思，就只有写成如下：

“在教室里面，学生都坐在座位上，脸上带着紧张的表情，看着站在外面的老师。老师手上拿着一叠成绩通知书，她看了看头一张，叫道：‘陈大雄！’陈大雄立刻走出去领取成绩单。陈小明在教室的一角，两只手不停地搓来搓去。他看出教室外面，画面渐渐返回当日早上时的情景。陈小明的父母一早就坐在大厅上，陈小明穿好校服，准备出门，看了

看父亲，又看了看母亲，见到他们严肃的脸孔，不知该说些什么。陈小明的父亲说：‘会合格吗？’陈小明说：‘会……会的。’

‘陈小明！’老师宏亮的声音把陈小明从回忆中带回现实。老师手上拿着陈小明的成绩单看着他，陈小明呆了一会，才快步走过去领取……”

1.6.3　分镜头剧本及举例说明

1. 定义

分镜头剧本简单地说就是导演将文学剧本分切成一系列可摄制的镜头，其主要内容包括镜头编号、景别、摄法、画面内容、对话或旁白、音效、音乐和镜头长度等项目，是导演对影片全面设计和构思的蓝图。表 1-2 是一个分镜头剧本的例子。

表 1-2　分镜头剧本的例子

编号	景别	镜　头	旁　白
1	中	中国科学技术大学的校门口	字幕：2009 年 6 月××日……
2	近	大礼堂前毕业的横幅	
3	近	校长宣布 05 级毕业	
4	近	学生的表情（欢笑、鼓掌等）	
5	近	校长为学生扶正流苏	
6	中	学生在校园内照相留念	盛夏六月，科大又送走了一批学子，为了追寻梦想，他们即将踏上另一段人生征程
7	中	定镜头：毕业班级的集体照（由远及近地推进）	

2. 分镜头脚本的编写

根据文学剧本提供的思想与形象，总体构思，以分镜头的形式展现未来影片中准备塑造的声音和画面结合的荧幕形象。依据观众的视觉特点来分场、分景，再结合文字将文学剧本形象化、影视化。使读者看了分镜头剧本后，仿佛有一幅幅画面涌现出来，就像放电影一样。

3. 分镜头脚本的作用

分镜头脚本可以成为前期拍摄的脚本和后期制作的依据，并且可以作为片子长度和经费预算的参考。

1.7　DV 拍摄后期制作

电影大片的特效制作以及音效的配合一定令读者羡慕不已。下面循序渐进地介绍 DV 后期制作中从视频的剪辑到输出。

1.7.1 视频编辑软件 Premiere 和“会声会影”简介

Premiere 出自 Adobe 公司，是一种非线性音视频编辑软件。它有许多版本，其中既包括适合普通消费者使用的基本版本，也包括供专业人士使用的 pro 版，还有一些为准专业级板卡做配套的 OEM 版本。它应用广泛，可以在多种平台和硬件下使用，非常适合影视工作室、中小电视台和家庭使用。利用 Premiere 可以非常方便地完成影片剪辑、音效合成等工作，并可输出为多种格式的动态影像。

1. Premiere能做什么

（1）从摄像机或视频设备中采集视频。
（2）从麦克风或音频设备中采集音频。
（3）导入视频和音频文件。
（4）编辑整合视频、音频和图形素材。
（5）为视频作品添加字幕、转场和特效。
（6）以多种格式输出文件。
（7）将文件输出到录像带或 DVD 中。

2. Premiere的界面

运行 Premiere 程序后，选择“新建项目”项，弹出“新建项目”对话框，在“位置”下拉列表中选择要保存项目的位置，在“名称”文本框内填入项目的名称。由于我国采用的是 PAL 制电视制式，因此在接下来弹出的“新建序列”对话框中，有效预置选择“DV-PAL/标准 48kHz”，其余选项采用默认设置即可。图 1-6～图 1-9 是启动 Premiere 的相关画面。

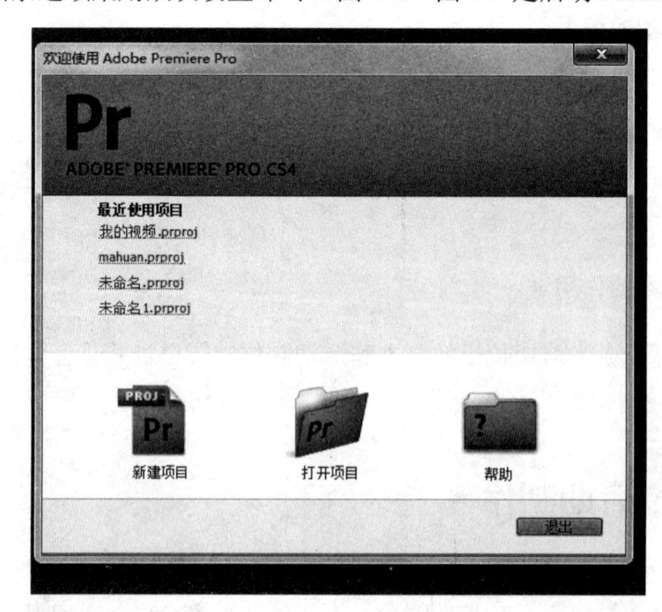

图 1-6 启动界面

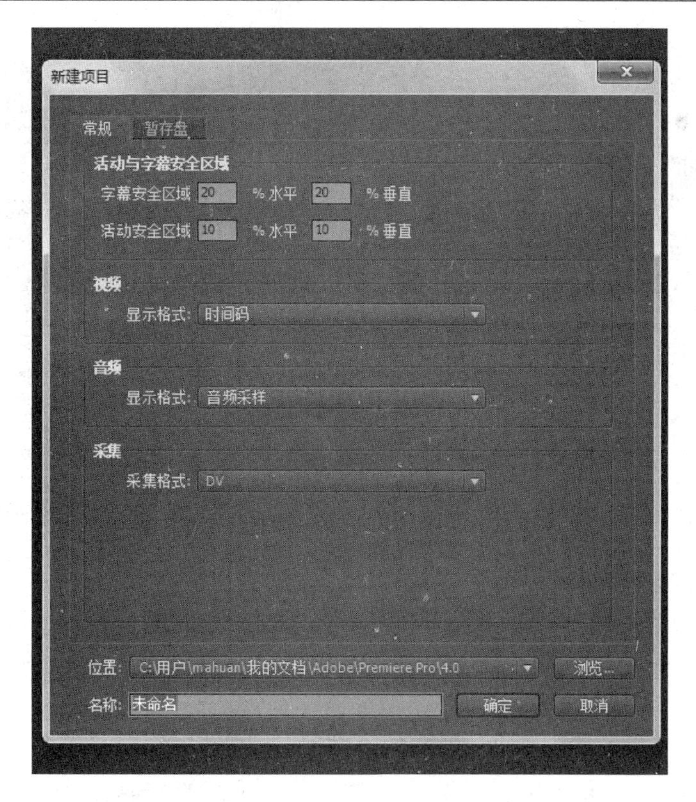

图 1-7　输入项目名称

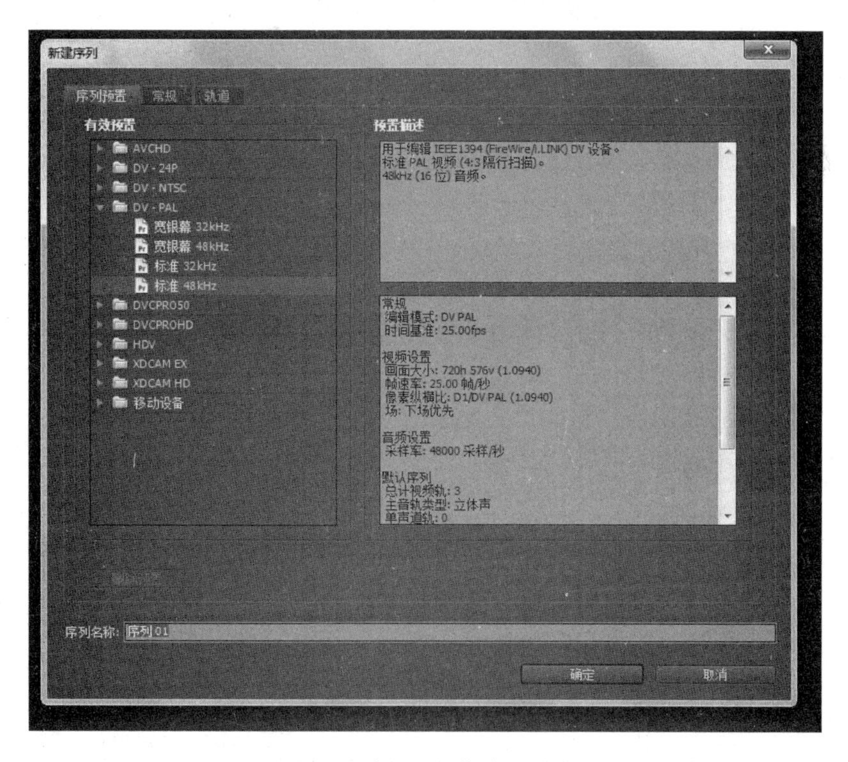

图 1-8　选择视频格式和制式

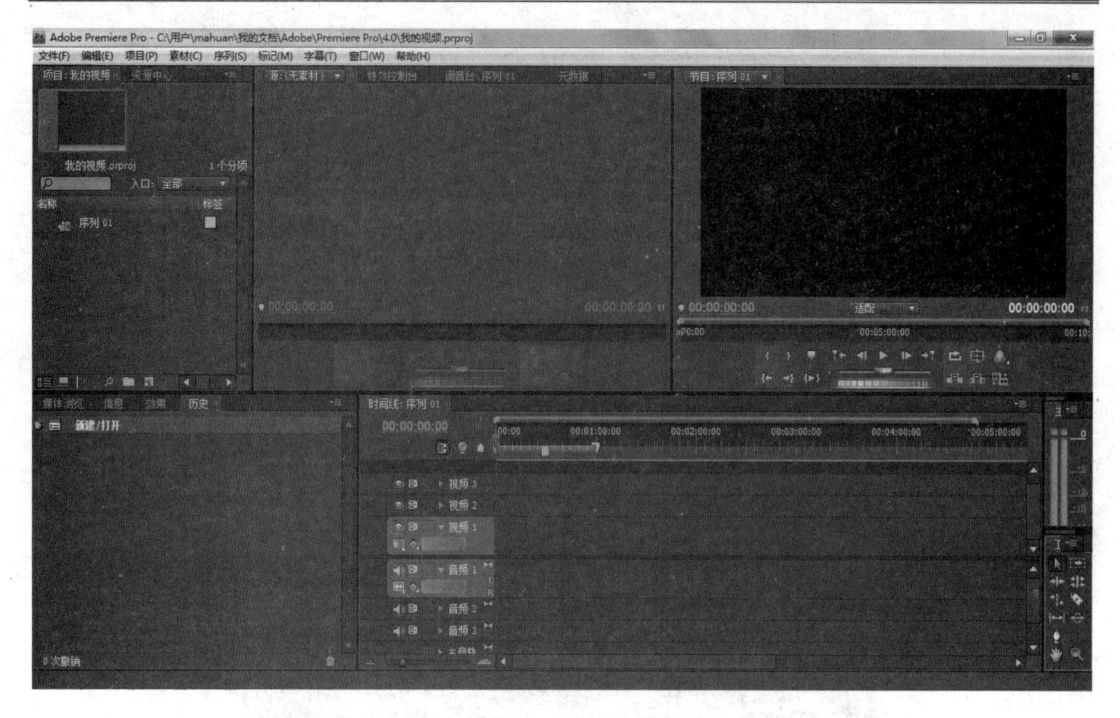

图 1-9　工作界面

在图 1-9 中，Premiere 界面主要由三部分构成：“项目”面板、“时间线”面板和“监视器”面板。下面分别介绍这三个面板的功能。

1）“项目”面板

“项目”面板如图 1-10 所示，主要由预览区、素材列表框和工具栏组成。导入素材后，单击素材，素材的缩略图和基本信息将显示在预览区。在素材列表框中将显示素材的名称、类型、帧速率、长度和大小等信息。工具栏包括列表视图、图表视图、查找素材、新建文件夹、新建分项和删除素材等工具，如表 1-3 所示。

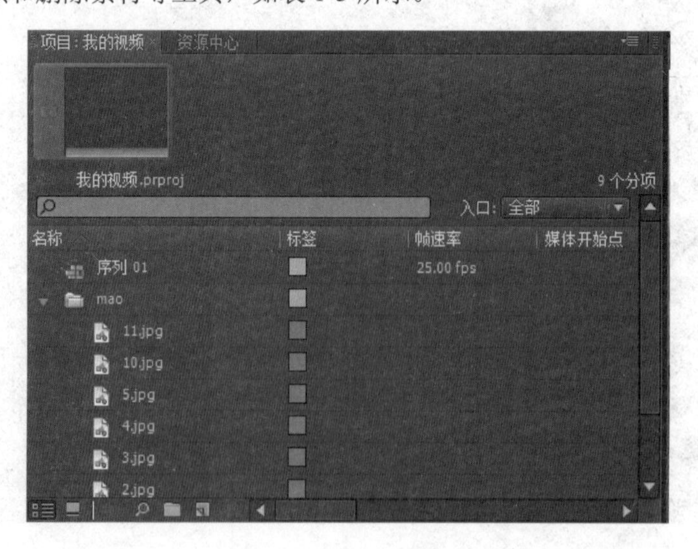

图 1-10　“项目”面板

表 1-3　“项目”面板中工具名称及作用

工 具 名 称	图 标 形 状	作　　用
列表视图		将素材以列表样式显示
图标视图		将素材以图标样式显示
自动匹配到序列	00:00:00:00　00:00:00:00	将加入的素材放置在“时间线”面板中的编辑片段中
查找		查找指定素材
新建文件夹		用文件夹形式以便对素材进行分类
新建分项		用于新建素材
删除		用于删除项目中不需要的素材

2）“时间线”面板

这是整个软件的核心面板，所有素材文件的编辑、处理都是在这个面板中完成的。“时间线”面板中常用图标的含义和功能如表 1-4 所示。

表 1-4　“时间线”面板中常用图标的含义与功能

图 标 名 称	图 标 形 状	功　　能
时间码	00:00:00:00	用于设置当前编辑点的时间位置
标尺缩放条	00:00　00:00:05:00　00:00:1	控制标尺精度
吸附按钮		使素材与素材或素材与时间指示器自动吸附在一起
工作区控制条		用于指定工作区域及输出的范围
轨道锁定开关		开启或锁定视频轨道
显示关键帧		显示或隐藏视频素材中的关键帧

音频中同类图标的作用和视频轨道中的一样。

3）“监视器”面板

编辑过程中所有素材文件内容的预览及各种效果的预览都是在监视器中观看。“监视器”面板分为两部分：一个是“素材源”监视器面板，另一个是“节目”监视器面板。“素材源”监视器用于播放“项目”面板中一个一个的素材，“节目”监视器用于预演编辑过程中的视频，其下方的工具栏主要用于影片的播放控制和剪辑。

3. “会声会影”简介

“会声会影”是一套操作简单的 DV、HDV 影片剪辑软件，具有成批转换功能与捕获格式完整的特点。在使用“会声会影”影片向导进行视频捕获时，捕获的方法相对简单，对参数的设置没有很多的要求，一般采用默认的捕获设置即可。

1.7.2　采集、剪辑和压缩输出

我们都喜欢用 DV 记录身边的事、身边的人，然后用视频处理软件把视频导入到计算

机中，再用各种软件对视频进行编辑排序，可能增加一些字幕或者特效，或是增加一些背景音乐等，最后将做好的视频输出，保存起来。归纳来说，视频制作的基本流程就是采集、编辑到输出。下面用 Premiere 深入介绍一下这个流程。

1．采集——将录制好的DV视频传输到计算机中

在确保 PC 装有采集卡的情况下，用数据线连接数码摄像机的 DV 口和 PC 的 1394 口，打开摄像机，并将摄像机设置在 VCR 档（播放模式）。然后在 Premiere 主界面中选择“文件”→“采集”命令，弹出“采集”对话框，如图 1-11 所示。对话框的左侧有“播放”、“录制”等遥控按钮，可以实时控制摄像机中 DV 带的播放和录制。

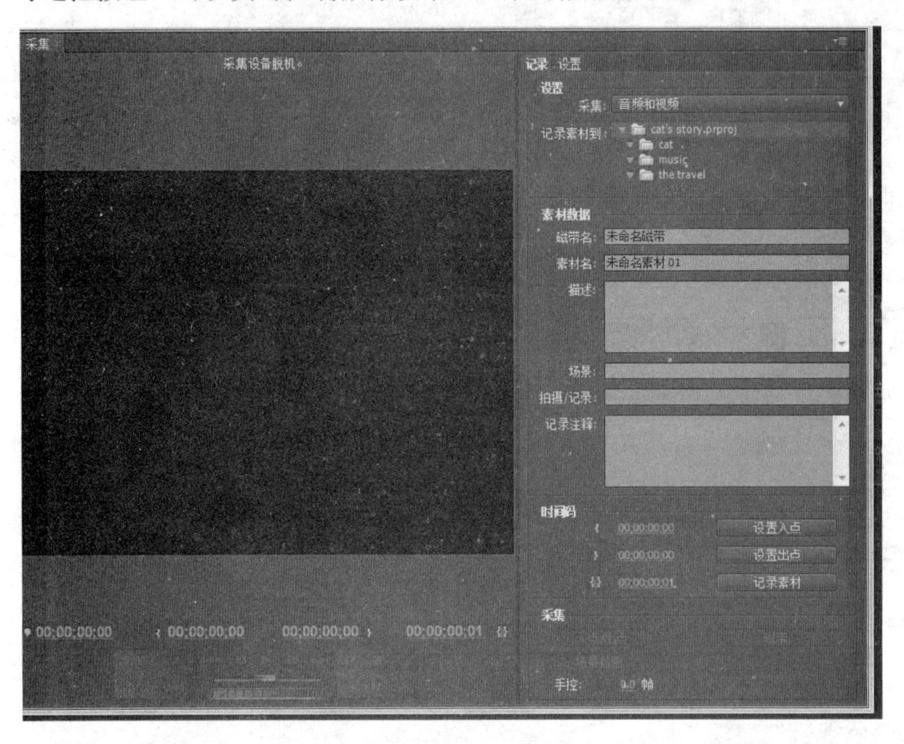

图 1-11 “采集”对话框

注意：可保持默认设置，但记得要选中“因丢帧而中断采集”复选框，这样如果采集过程中有丢帧现象就自动中断采集。

常用的采集软件有“会声会影”系列、Premiere 系列等，推荐给初学者的是 Moviemaker，这是 Windows XP 自带的软件，比较简单易用，适合初学者选用。

除了采集素材外，存储在硬盘中的各类多媒体素材或项目文件可以直接导入到素材窗口。执行“文件”→“导入”命令，在打开的对话框中选择需要导入的文件，将其添加到素材窗口中。可导入的文件类型不仅可以是视频，还可以是图片、音频和动画等。

2．剪辑——将采集到的视频进行编辑

视频采集完成后，依照剧情发展和结构的要求，可能有些不要的画面或片段，可以把它们切掉，把素材重新按照需要的次序排列，将各个镜头的画面和声音经过选择、整理和

剪裁，然后按照顺序组接起来，成为一部结构完整、内容连贯、含义明确并具有艺术感染力的影片。

采集下来的素材还可以添加字幕、添加特技、插入声音和音乐等，家庭用户一般使用的视频编辑软件有 Premiere、“会声会影”等。这里通过实例介绍几个常用的操作。

（1）将“项目”面板中的素材如音频放置在时间线的第 0 秒处，将要使用的图片按照需要拖到时间线各时间点，如图 1-12 所示。

（a）在项目窗口选中需要的图片素材

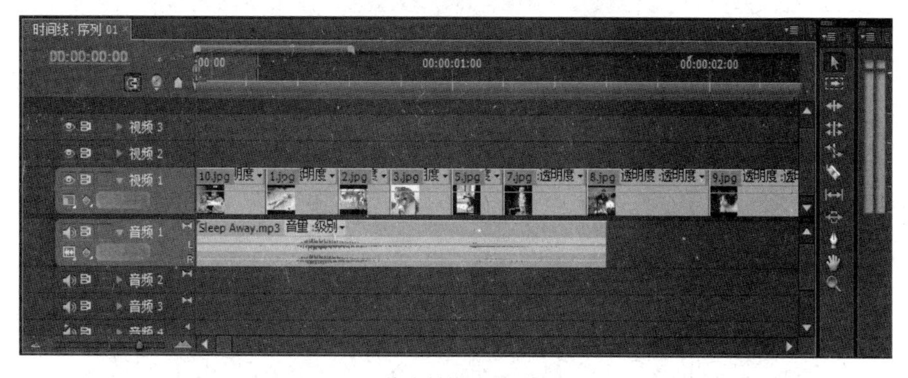

（b）将素材拖动到时间线

图 1-12　将要使用的图片按照需要拖到时间线各时间点

（2）将素材“攀越”拖到时间线视频轨道 2 上第 0 秒处，可见其长度远超过其他轨道上的文件，可用工具箱中的“剃刀”工具选中时间点，然后用鼠标单击一下，就将视频文件剪切成两部分，再用“选择”工具选中后面一部分，按 Delete 键将其删除，如图 1-13 所示。

（3）选中视频轨道 1 中的 7.jpg，选择“窗口”→“效果控制”命令，打开效果控制面板，单击“运动”选项组左边的三角形按钮将其展开，取消对“等比缩放”复选框的勾选。当鼠标指针移动到“缩放高度”或“缩放宽度”时，指针变为带有指向左右方向箭头的图标，拖动图标即可调整其大小比例，如图 1-14 所示。其预览效果如图 1-15 所示。

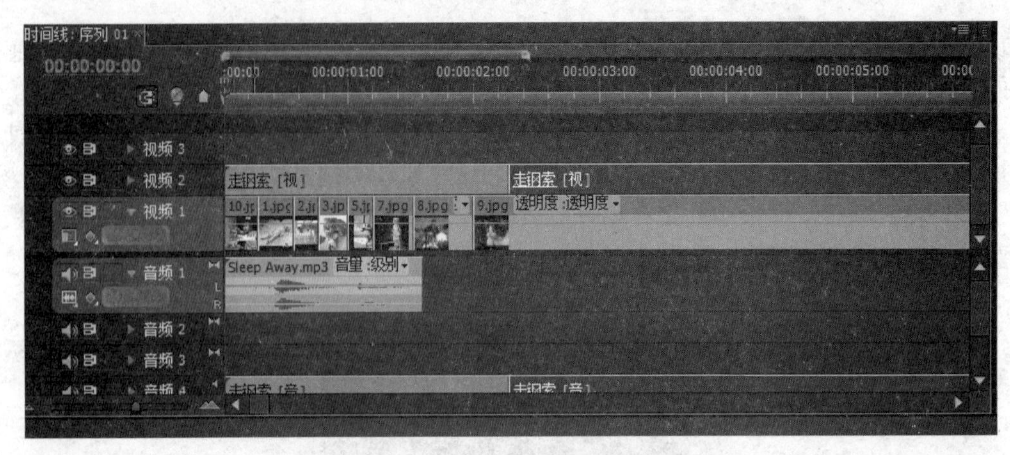

（a）使用剃刀工具在相应视频轨道的时间点单击

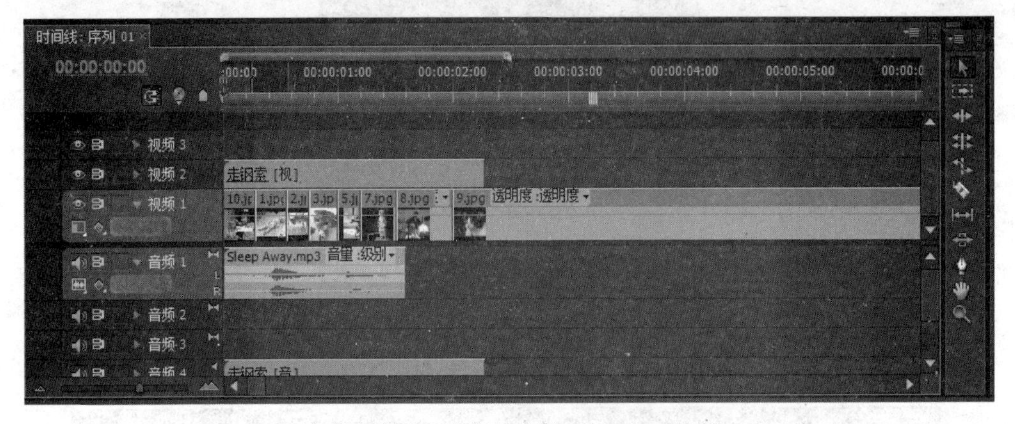

（b）选中裁切后要删除的片段，按 Delete 键删除

图 1-13 “剃刀”工具的使用

图 1-14 调整视频大小

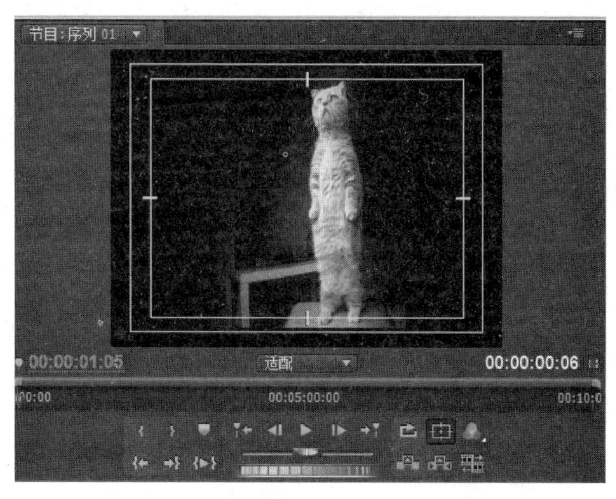

图 1-15　“效果控制”的预览效果

3．制作转场效果

在两个镜头的转换过程中，有时会需要添加一个转场效果，使得两个镜头的衔接更加自然。执行“窗口”→“效果”命令，切换到“效果”界面，展开“视频切换”菜单，如图 1-16 所示。下面有多种视频转场特效的选择，可以从中挑选自己满意的效果，按住鼠标左键，将其拖动到视频轨道的两个图片素材之间，就完成了转场切换，并且素材之间会出现一个特效图标。将鼠标放在图标的左右边缘时，鼠标发生改变，此时左右移动鼠标可以改变转场时间的长短。

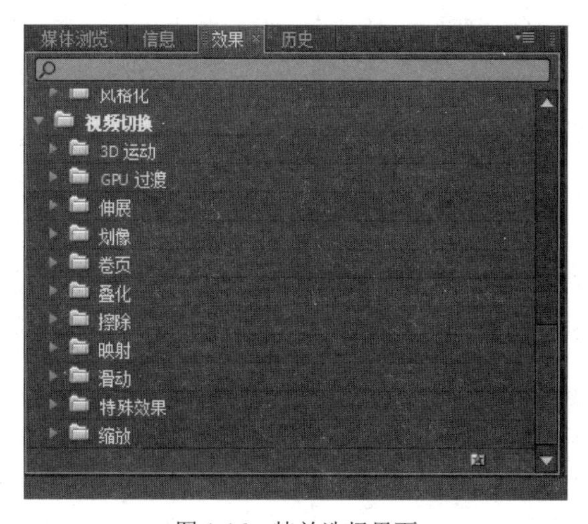

图 1-16　特效选择界面

4．添加字幕

字幕是 DV 作品中常用的信息表现元素，尤其在不同文化之间传递作品相关信息时尤为重要，也是说明作品信息的一种途径。建立字幕的方法很多，但常用的有两种：一是利用 Photoshop、CorelDRAW 和 AE 等软件制作，然后导入 Premiere 中；二是直接在 Premiere 中完成。

第 2 章　DV 创作策划与选题

本章从影视表现的传统题材到偏重当代艺术的试验影像题材两个方面介绍 DV 影像创作策划与选题的各种形态，并且配以典型案例，供读者学习参考。

2.1　拍什么：题材的挖掘

DV 的创作题材根据其内容的类型可以有历史、新闻、人类学、社会现实和自然科技等。

艺术来源于生活，只有通过了解生活（包括别人的生活）、体验生活、感悟生活、反思生活，才能挖掘出有价值的拍摄题材和素材。

2.1.1　发现寻常中的永恒

法国的卢米埃兄弟（Auguste Marie Louis Nicholas，1862—1954；Louis Jean，1864—1948）是电影和电影放映机的发明人。他们利用最早的电影机拍摄了许多很有魅力的短片，在最有名的作品《火车到站》（见图 2-1）中，先让人们看到空无一人的车站，然后一个搬运工人推着行李车出现在月台上，紧接着在地平线上有一个黑点在飞速变大，原来是火车头，只见火车头迅速向着观众冲来，然后人们上车下车，这些貌似平凡的生活场景被以生动、朴素的影像画面记录下来，而这正好是那个时代人们生活的真实写照，尤其从今天的眼光来看，在火车经过多年的发展之后，当年的蒸汽机车早已退出历史舞台，当年的这份影像资料更显得尤为珍贵。

1．诗意地看平凡的生活

纪录片大师 Robert Cahen 的作品更多地将镜头指向平凡生活中诗意的片刻。如他的《搭登山火车逛冰河路线》（Montenvers et Mer de Glace），作品以一种普通游客的视角记录了人们对待火车，上了火车之后消磨时光，到达目的地之后合影留念这样一些寻常的画面，所有的镜头都是貌似平凡的生活片刻。

（1）一开始，人们焦急地在站台的一侧等待火车，作者用了全景、中景和特写几种镜头来表现这种等待，如图 2-2 所示。

图 2-1　《火车到站》

图 2-2 《搭登山火车逛冰河路线》片段之一

（2）这时似乎有人认为应该在站台的另外一侧上车，于是人们纷纷穿过铁轨，来到站台的另外一侧，如图 2-3 所示。

图 2-3 《搭登山火车逛冰河路线》片段之二

（3）而戏剧性的是，似乎有人发现了这是错误的，于是人们又重新回到原先的站台，如图 2-4 所示。

图 2-4 《搭登山火车逛冰河路线》片段之三

（4）火车终于来到，此时并没有具体交代人们登上火车的过程，而是采用了火车驶离之后站台空空如也的镜头，如图 2-5 所示。

图 2-5　《搭登山火车逛冰河路线》片段之四

（5）之后则是人们在火车上聊天、观景以及无聊地等待，如图 2-6 所示。

图 2-6　《搭登山火车逛冰河路线》片段之五

（6）最后，火车到达目的地，人们下车，采用各种姿势及位置与风景合影，此处还用了一个有趣的镜头：实景中的人物与相机取景器里的倒影形成对比，如图 2-7 所示。

图 2-7 《搭登山火车逛冰河路线》片段之六

2．异域文化的视觉体验

以下为 Robert Cahen 拍摄的一段关于中国的作品《七景观》。

（1）中国乡村的一切对于这个外国艺术家来说都充满新奇的文化气息，虽然对于一个在中国土生土长的人来说，这一切可能熟悉不过，如图 2-8 所示。

图 2-8 《七景观》片段之一

（2）有趣的是 Robert Cahen 貌似“客观”地记录着陌生的文化景观，实际上在对于异域文化的想象和叙事中行使着观看者的权力的时候，殊不知 Robert Cahen 和他自己的摄像机也成为了被观察的对象，如图 2-9 所示。

图 2-9 《七景观》片段之二

2.1.2 探索独特的文化

被称为“中国唯一的一部少数民族影视族群志”的壮族文化探秘电视纪录片《丽哉勐僚》如图 2-10 所示，内容涉及壮族文化中宗教、铜鼓、生态、耕作、饮食、村寨、服饰、医药、节日和礼俗等诸多方面。该系列片以历史的厚重感展现了一个历史悠久、文化灿烂、非常古老的壮族，在长期历史发展过程中所创造并积淀的“壮锦”、青铜、人与自然等一系列独具特色而又丰富完备的物质文化和精神文化。同时，也展示了由于历史、经济、社会发展相对滞后和地理相对封闭的原因，壮族文化在云南尤其是文山州的壮族社会中的印记，以及保留于人文生活中最为鲜明、多样的原生态素材，片中的文山壮族文化具有独特魅力和神韵风采。该片由戴光禄总策划、总撰稿、总制片、总监制，云南电视台资深编导谭乐水担任总编导、总摄像。

图 2-10 电视纪录片《丽哉勐僚》

2.1.3 感悟生命

1. 《在夜里》

Christian E. Christiansen 导演的《在夜里》，描述了 3 个不满 20 岁的被诊断患有癌症的年轻女孩在圣诞节和新年之际积极地面对人生的现状，并且感谢相互的陪伴。

（1）莎拉的颈椎患有肿瘤，不做手术的话只能存活有限的时间，做手术的话也许有死在手术台上的危险，她面临着艰难的抉择，如图 2-11 所示。

（2）在做检查的时候，美蒂的脑海里浮现出父亲的音容笑貌，但是她自知时日无多，每次假装吃药，实际上却将药片藏了起来，如图 2-12 所示。

图 2-11 《在夜里》片段之一

图 2-12 《在夜里》片段之二

（3）身体极度虚弱的女孩们坐在轮椅上玩用脚转痰盂的游戏，如图 2-13 所示。

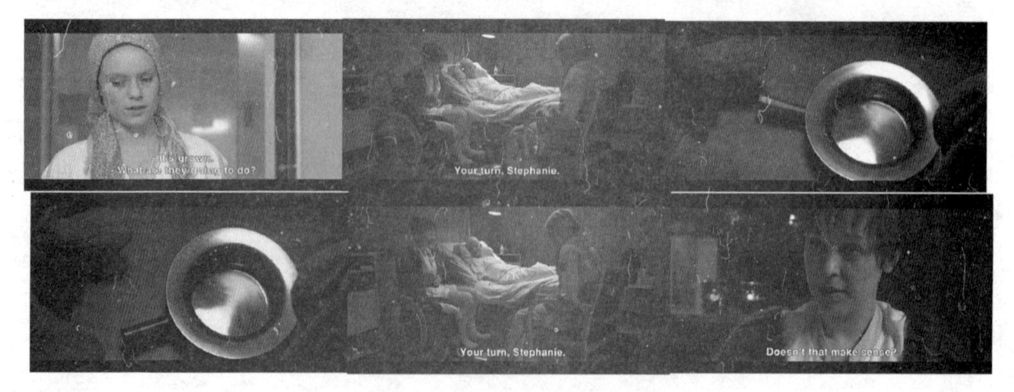

图 2-13 《在夜里》片段之三

（4）莎拉的父亲离开病房，却没有回家，而是久久地坐在病房下的车站里，如图 2-14 所示。

图 2-14 《在夜里》片段之四

（5）史蒂芬妮跟病友说起她跟家人已经很久不联系了，家人也不知道她身患绝症，如图 2-15 所示。

图 2-15 《在夜里》片段之五

（6）3 个女孩在圣诞来临之前举行了一个小型的庆祝仪式，然而这已经是她们一起度过的最后一个节日，如图 2-16 所示。

（7）史蒂芬妮深夜拿走了美蒂藏了很久的药品，试图自杀，美蒂发现了，她不顾极度虚弱的身体来到史蒂芬妮门口，试图阻止她的行为，如图 2-17 所示。

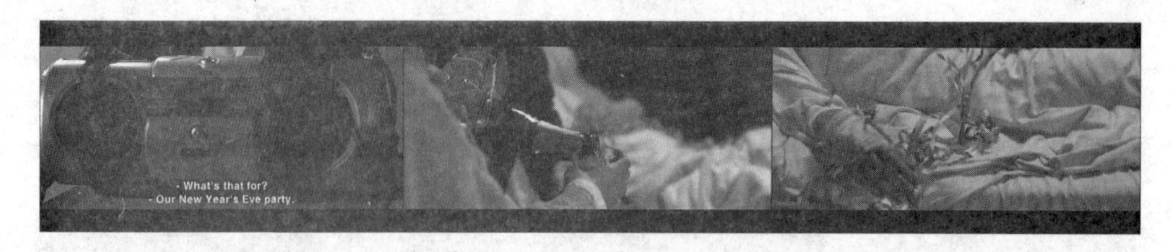

图 2-16　《在夜里》片段之六

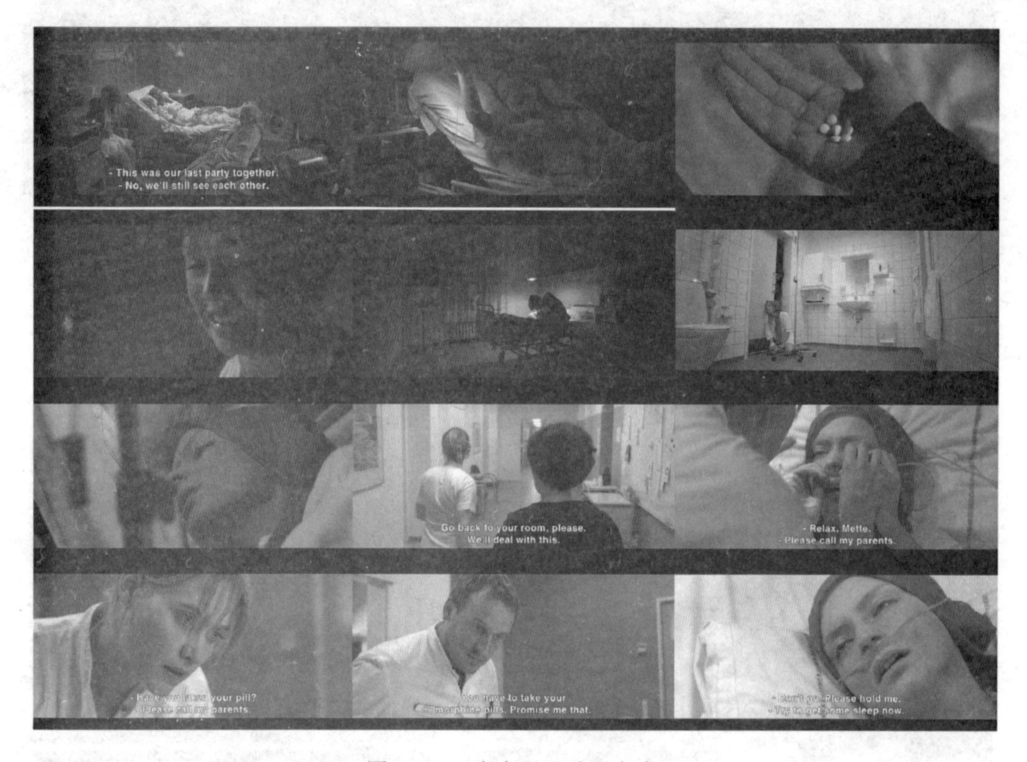

图 2-17　《在夜里》片段之七

（8）这一举动几乎耗尽了美蒂的生命，虽然经过抢救，她还是很快死去了，如图 2-18 所示。

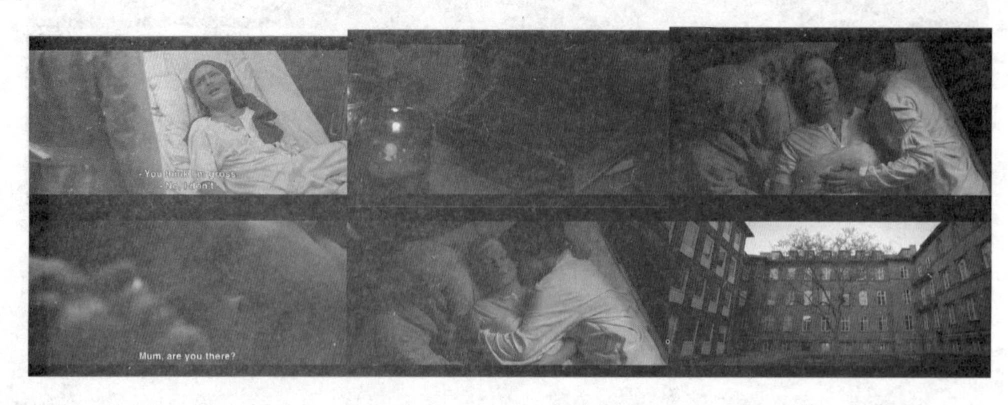

图 2-18　《在夜里》片段之八

（9）而莎拉在经过艰难的抉择之后，决定同意开刀，然而手术并不成功，医生告诉史蒂芬妮最好服用一点镇定剂，如图 2-19 所示。

图 2-19 《在夜里》片段之九

（10）莎拉的父亲悲伤地离开医院，这时史蒂芬妮在她的日记本里看到莎拉留给她的纸条，希望她跟家人联系。面对一个个离去的病友，而美蒂甚至是为了阻止自己自杀而离去的，史蒂芬妮终于拨通妈妈的电话，放声大哭，如图 2-20 所示。

图 2-20 《在夜里》片段之十

2. 《最后的农场》

Rúnar Rúnarsson 导演的《最后的农场》是一部悲伤而感人的影片。在冰岛遥远的海边有一个农场，这里天寒地冻，地广人稀，一对老夫妻 Hrafn 和 Gróa 在这里过着简单而宁静的生活，电话和收音机成为他们与外界唯一的联系。

政府下令让他们限期搬进城里的养老院，女儿打来电话，在一周之内将把父母接到城里，颐养天年。而 Hrafn 好像却另有想法，他沉着地用自己的方式和这个待了一辈子的农场作最后的告别。

（1）影片伊始，交代了优美的自然环境，然后 Hrafn 开车拉来一些圆木，如图 2-21 所示。

（2）女儿打来电话，问起母亲，Hrafn 说她不舒服已睡了，并吩咐女儿一个星期后来，如图 2-22 所示。

图 2-21 《最后的农场》片段之一

图 2-22 《最后的农场》片段之二

（3）邮差最后一次帮 Hrafn 送来东西，说口渴了，希望到屋里坐坐，顺便请 Gróa 帮忙冲一杯咖啡，然而 Hrafn 说她已经睡着了，邮差只好开车离开，如图 2-23 所示。

（4）此时 Hrafn 的女儿和外孙女正开车过来，而影片画面终于切换到 Hrafn 的妻子 Gróa，原来她已经去世了，如图 2-24 所示。

图 2-23　《最后的农场》片段之三

图 2-24　《最后的农场》片段之四

（5）Hrafn 将妻子放入自己用木头钉的简单棺材里，并且葬入刚挖好的墓穴，如图 2-25 所示。

图 2-25 《最后的农场》片段之五

（6）再次环顾着生活了多年的优美的农场，之后 Hrafn 在妻子边上躺下，如图 2-26 所示。

图 2-26 《最后的农场》片段之六

（7）Hrafn 拉动车的引擎开关，车上已经装好的泥土倾泻而下，Hrafn 与妻子永远地留在他们最后的农场，如图 2-27 所示。

图 2-27　《最后的农场》片段之七

3. 《玩具岛》

在 Jochen Alexander Freydank 导演的《玩具岛》中，一个德国小男孩以为他的犹太裔邻居就要去玩具岛了，他收拾行李偷偷溜出家想要跟他们一同前往，殊不知道梦想中的玩具岛却是比地狱还要让人毛骨悚然的集中营。

（1）这个短片采用交错穿插的叙事结构，当德国小男孩的妈妈发现儿子不见了，联想起他收拾好的玩具箱，马上猜到儿子要去“玩具岛”，于是紧张万分地去寻找，而与此同时，犹太小男孩和他的父母都已经被纳粹带上了驶往集中营的火车。纳粹看了德国妈妈的身份证件之后，也开始帮她去寻找儿子，如图 2-28 所示。

图 2-28　《玩具岛》片段之一

（2）本来是为了拯救自己的孩子，但是当德国妈妈看到犹太邻居的小孩正在这辆即将开往地狱的火车之上时，她毅然使用自己儿子的名义救下了他。当犹太儿子被德国妈妈认领走的时候，犹太父母流露出复杂的眼神，无论德国母亲还是犹太父母，都令人心碎。而在另外一条线索中，万幸的是，德国妈妈的儿子实际上没有被允许登上纳粹带走犹太人的卡车，如图 2-29 所示。

图 2-29　《玩具岛》片段之二

（3）一眨眼多年过去了，德国男孩和犹太男孩在一个德国妈妈的照料下长大成人，他们一起延续着儿时的爱好——弹钢琴，如图 2-30 所示。

图 2-30　《玩具岛》片段之三

4.《逃跑》

Ulrike Grote 导演的《逃跑》（The Runaway）讲述了一段意料之外的父子关系。

（1）在影片开头，收音机里播报着刚刚发生的一起重大交通事故，为剧情埋下伏笔，如图 2-31 所示。

图 2-31　《逃跑》片段之一

（2）一天，建筑设计师 Walter 正要前去应聘，半路上突然出现一个叫 Yuri 的 6 岁小男孩声称是 Walter 的儿子，还要 Walter 送他去上学，如图 2-32 所示。

图 2-32　《逃跑》片段之二

（3）Walter 将男孩 Yuri 送到学校，然而自己却迟到 17 分钟，错失了应聘的机会，如图 2-33 所示。

图 2-33　《逃跑》片段之三

（4）Walter 发现男孩将他的书包放在自己的自行车上，于是去学校找他，老师却说 Yuri 根本就没来过学校，而是可能去了溜冰场，如图 2-34 所示。

图 2-34 《逃跑》片段之四

（5）Walter 在溜冰场找到 Yuri，Yuri 来到 Walter 的家中，如图 2-35 所示。

图 2-35 《逃跑》片段之五

（6）Yuri 说要他的玩具娃娃 Mannlein，否则睡不着，Walter 只好去 Yuri 的卧室帮他寻找这个玩具，他让 Yuri 呆在床上别动，如图 2-36 所示。

图 2-36　《逃跑》片段之六

（7）然而 Walter 却发现 Yuri 的妈妈根本不在家，如图 2-37 所示。

图 2-37 《逃跑》片段之七

（8）Yuri 却尾随 Walter 回到自己家里，他说妈妈已经走了，Walter 很生气地说“我也要走。”Yuri 喊 Walter 爸爸，Walter 说自己不是 Yuri 的爸爸，Yuri 夺门而逃，跑向黑夜，Walter 赶紧去追，如图 2-38 所示。

图 2-38 《逃跑》片段之八

（9）他跟随着 Yuri 跑过黑夜，跑进一个房间的过道，如图 2-39 所示。

图 2-39　《逃跑》片段之九

（10）当他终于追上 Yuri，此刻受伤的 Yuri 正昏迷地躺在医院病床上，如图 2-40 所示。

图 2-40　《逃跑》片段之十

（11）医生告诉Walter，他们想要联系他联系不上，Walter的女友，也就是Yuri的妈妈在刚发生的车祸中死了，Yuri也受了重伤。原来Walter真有一个儿子，就是Yuri，如图2-41所示。

图2-41　《逃跑》片段之十一

2.1.4　幽默的智慧

1．充满想象的幽默

在卢米埃兄弟的另一个短片中，几个工人抓住一头猪并将其塞进一台自动杀猪的机器，很快就从另外一端拿出香肠以及各种猪肉制品，如图2-42所示。这个以影像手段虚构出来的事件体现了20世纪机械工业刚刚兴起时的艺术家对自动化技术充满幽默的想象。

图 2-42　卢米埃兄弟作品

2．黑色幽默：《搭错线》

黑色幽默是一种令人哭笑不得的幽默，悲喜交加，荒诞不经。有玩世不恭的笑声，却又是一种幽默的人生态度，维护饱受摧残者的尊严。

奥斯卡获奖短片《搭错线》叙述在堵车的过程中，男主角拨了一个电话回家。

（1）女儿在电话中告诉他，妈妈在楼上，如图 2-43 所示。

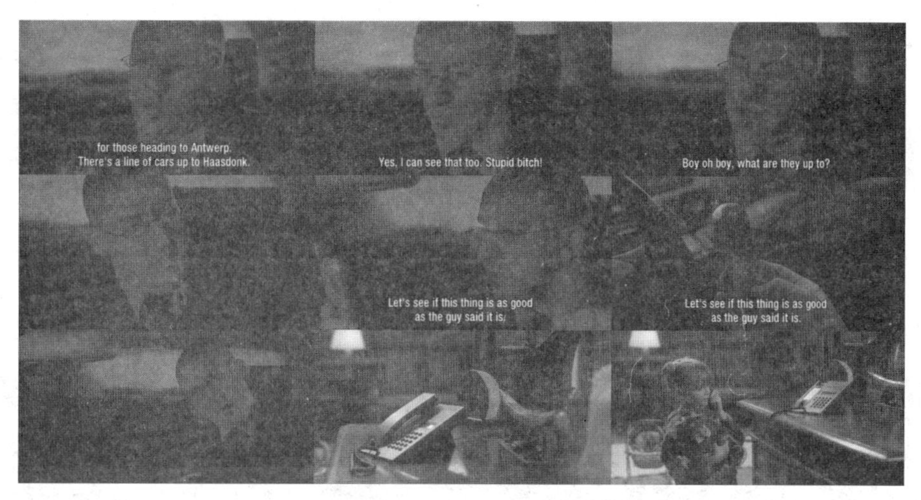

图 2-43　《搭错线》片段之一

（2）和一个叫做威廉姆的叔叔，一起在楼上的卧室里，如图 2-44 所示。

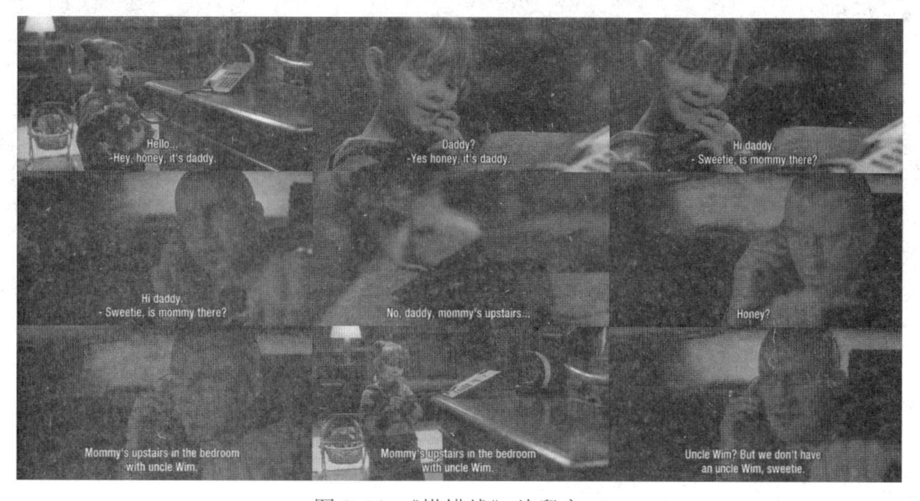

图 2-44　《搭错线》片段之二

（3）于是男主角要女儿去帮他做一件事情，如图 2-45 所示。

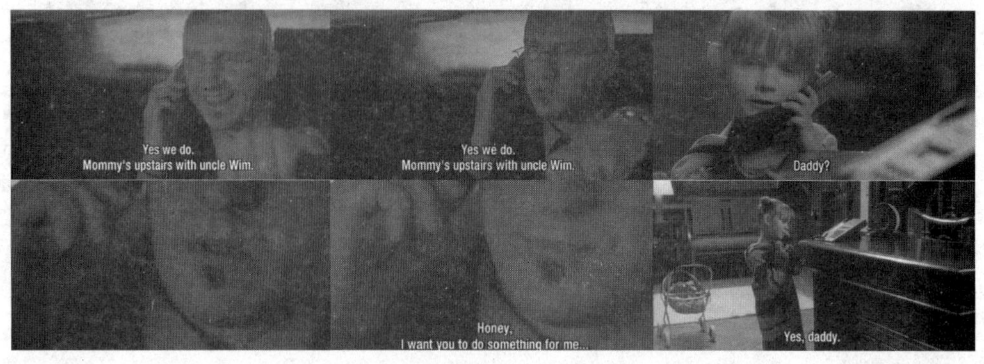

图 2-45 《搭错线》片段之三

（4）心脏显然不太好的男主角赶紧吃下几片药，如图 2-46 所示。

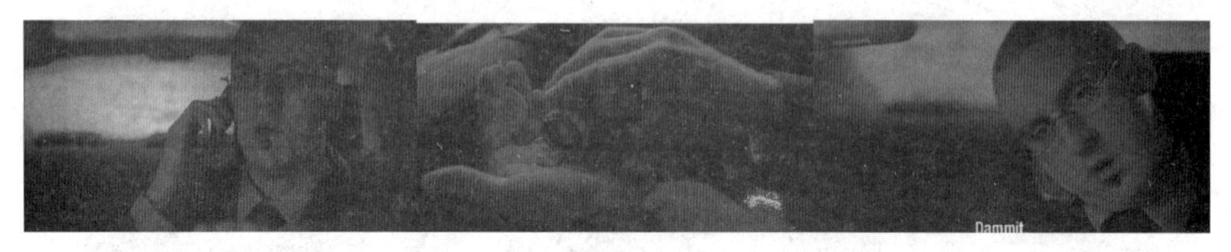

图 2-46 《搭错线》片段之四

（5）女儿按照爸爸的吩咐，敲开卧室的门说："我听到爸爸的车声，他回来了。"如图 2-47 所示。

图 2-47 《搭错线》片段之五

（6）惊慌之中的妈妈居然滑倒在地上，死了，如图 2-48 所示。

（7）而威廉姆叔叔也受了伤，流了血，最后惊慌中的威廉姆打开窗户跳了下去，结果掉在游泳池里，也死了，如图 2-49 所示。

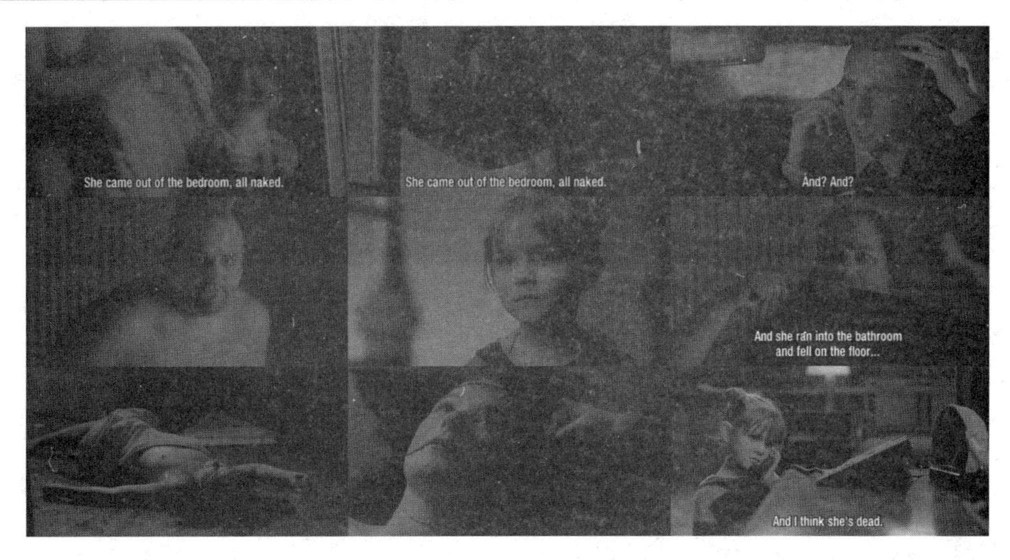

图 2-48　《搭错线》片段之六

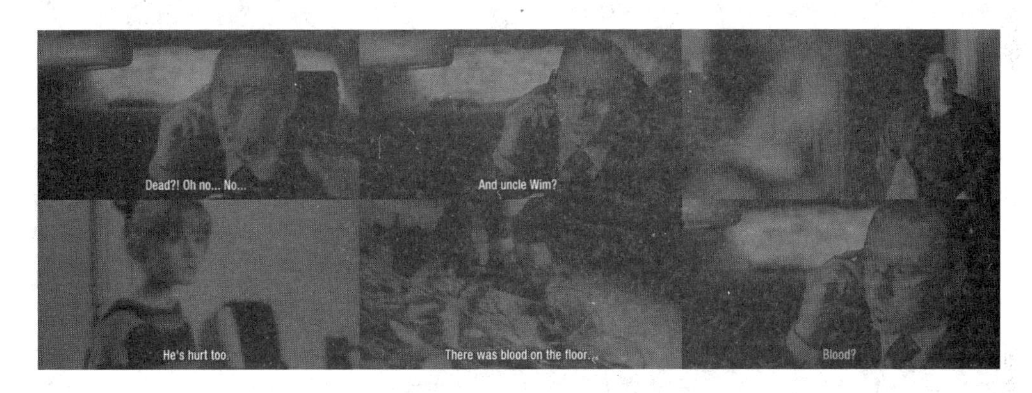

图 2-49　《搭错线》片段之七

（8）然而当男主角听到“游泳池”一词的时候却很诧异，哪里来的游泳池？仔细一看，原来是打错电话了，如图 2-50 所示。

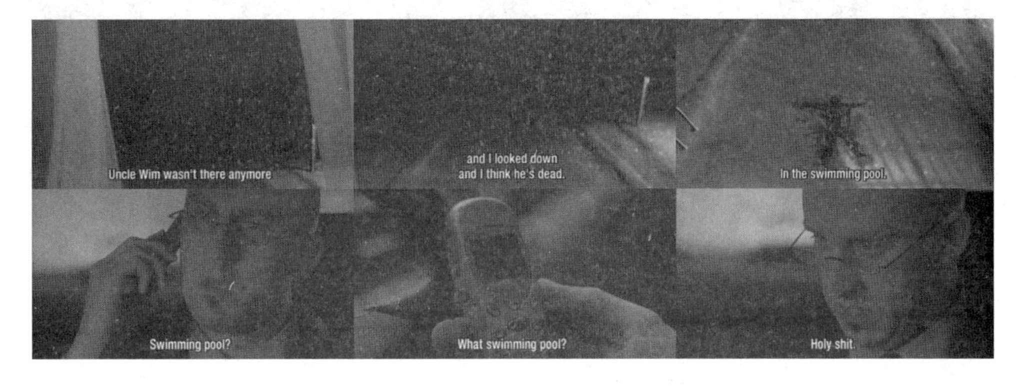

图 2-50　《搭错线》片段之八

这个短片高潮迭起，扣人心弦，剧情的发展却又大起大落，出人意料。

3．乌龙事件

在 Jean-Claude Dreyfus 的《Cinéma érotique》中，空旷的影院里只有一对老夫妇在看电影，伴随着银幕的情色镜头，他们听到后面传来一个老男人高高低低的呻吟声，并回头，看见远处的后排座上一个男人瘫倒在座椅上，似乎被电影内容吸引不能自控，正高一声低一声地呻吟不断。妻子难以忍受，让丈夫去找女引座员干涉。

（1）女引座员见状，报告经理。经理走到仍在呻吟的男子身后，要求查票，如图 2-51 所示。

图 2-51 《Cinéma érotique》片段之一

（2）老男子一边呻吟一边掏出票来。经理说他的座位不对，应该是楼上的环型座，老男人说没错，他就是刚刚从环型座上掉下来的，如图 2-52 所示。

4．虚惊一场：《Helmer & son》

在 Søren Pilmark 导演的《Helmer & son》中，做生意的儿子在百忙之中被养老院叫来，因为他的爸爸 Helmer 把自己锁在衣柜里不愿意出来。

图 2-52 《Cinéma érotique》片段之二

（1）Helmer 让儿子把所有人支开，否则宁愿待在衣柜里，如图 2-53 所示。

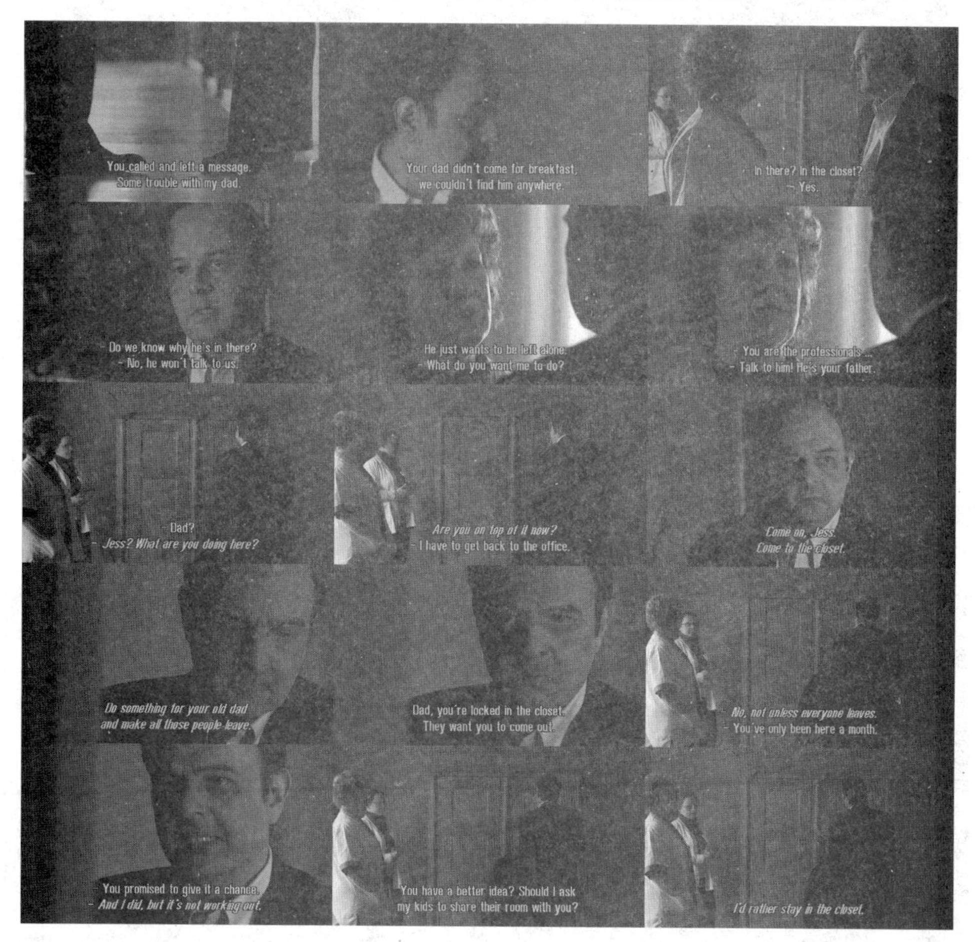

图 2-53 《Helmer & son》片段之一

（2）Helmer的女儿和外孙女也赶到养老院，与此同时，养老院的工作人员正在寻找一个叫Asta的老人，Helmer的儿子开玩笑地说“试试到衣柜里去找”，如图2-54所示。

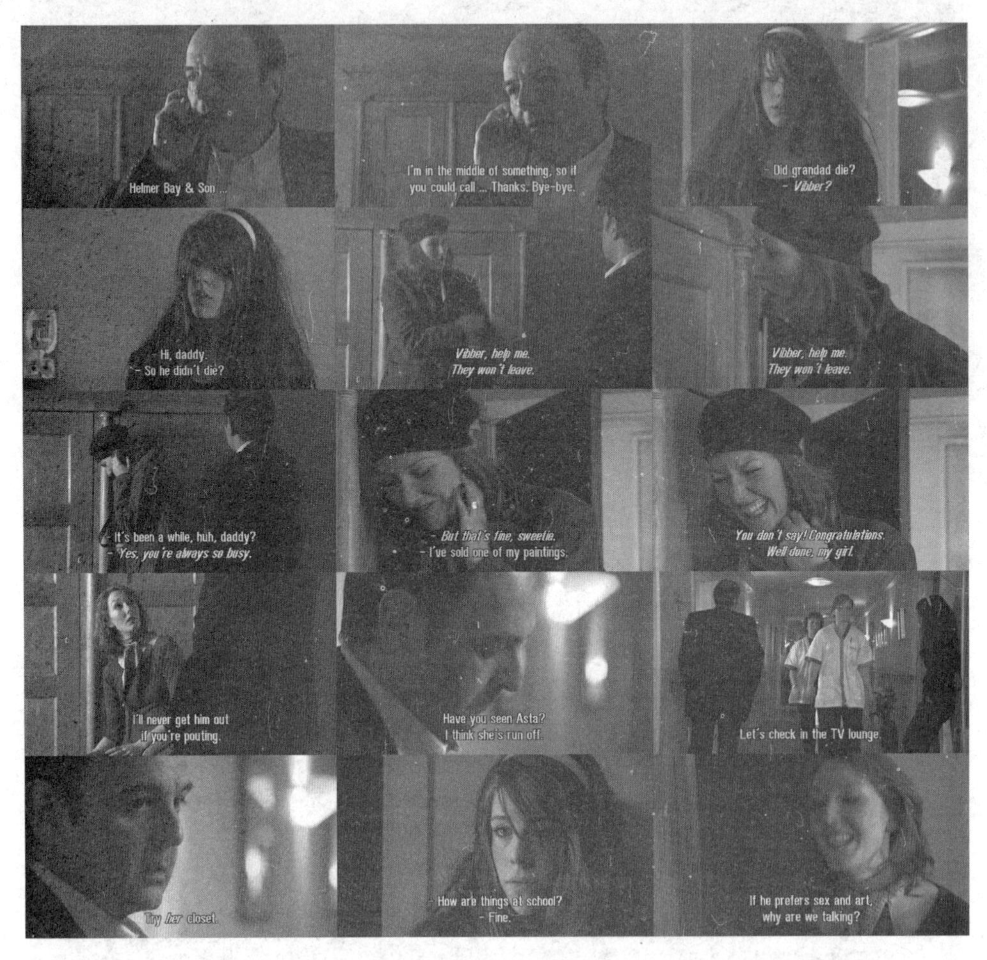

图2-54 《Helmer & son》片段之二

（3）Helmer终于从衣柜里出来，与此同时，Asta也从这个衣柜里出来，而且二人都是赤裸裸的，原来二人之间发生了一场黄昏恋，无奈被养老院的工作人员打扰，慌乱之中躲进了衣柜，如图2-55所示。

图 2-55 《Helmer & son》片段之三

5. 《探戈舞之恋》

在 Guy Thys 导演的《探戈舞之恋》(Tanghi Argentini）中，安德雷深夜滞留办公室，和一位外号“探戈天使”的爱好探戈舞的女子网上聊天。

（1）为了在两周后成功完成约会，他必须尽快学会探戈舞，于是便请教同事弗朗斯，一个单身的光头教他舞蹈，如图 2-56 所示。

图 2-56 《探戈舞之恋》片段之一

（2）弗朗斯起初并不同意，但架不住安德雷的死缠烂打，终于同意下班后教授安德雷，如图 2-57 所示。

图 2-57　《探戈舞之恋》片段之二

（3）两周后，信心满满的安德雷走入舞池，和他心中的天使共舞一曲。不过，临时抱佛脚的舞技让他大出洋相，不敢再继续跳，如图 2-58 所示。

图 2-58 《探戈舞之恋》片段之三

（4）安德雷赶忙让弗朗斯上去救阵，结果成全了弗朗斯和“探戈天使”的好事，如图 2-59 所示。

图 2-59 《探戈舞之恋》片段之四

（5）安德雷似乎还有一个秘密，于是又找到一个擅长诗歌的同事，如图 2-60 所示。

图 2-60 《探戈舞之恋》片段之五

6. 假戏成真

在 Philippe Orreindy 导演的《I'll Wait For The Next One》中，年龄不小的单身女子孤独地走在华灯初上的街头，看着身边一对对甜蜜浪漫的情侣幸福的样子，这个女子难掩心中无限的寂寞。

（1）在地铁里，一个男青年在车厢内公开演讲，他介绍自己的收入状况、烹饪特长和经历，并且表示希望通过这样的公开表白找一个单身、年龄在 18～55 岁之间的女性为终身伴侣，如图 2-61 所示。

图 2-61 《I'll Wait For The Next One》片段之一

（2）单身女子听了他的表白，怦然心动，如图 2-62 所示。

图 2-62　《I'll Wait For The Next One》片段之二

（3）男青年还说，如果在场的女士有兴趣的话可以直接在下一站下车，他会在那里和她汇合，如图 2-63 所示。

图 2-63　《I'll Wait For The Next One》片段之三

（4）一位中年男子逗弄了男青年一番，说自己的妻子正好适合男青年，男青年赶紧表示不需要他的妻子，列车上的其他人也都嘲笑这个男青年，如图2-64所示。

图2-64 《I'll Wait For The Next One》片段之四

（5）列车到达下一站，单身女子下车了，她以为梦在那里等着她，但是男青年却没有下车，男青年在即将关闭的门缝里对她说："女士，这仅仅是一个计划。"如图2-65所示。

图2-65 《I'll Wait For The Next One》片段之五

（6）列车远去，男青年接着说："我希望你们欣赏这一幕最受欢迎的演出。"如图 2-66 所示。

图 2-66　《I'll Wait For The Next One》片段之六

7．救世主

在 Peter Templeman 导演的《救世主》中，一个摩门教青年传教士（摩门教传教士以挨家挨户上门传教而著称）在传教的过程中被一个已婚女人诱惑发生了关系。

（1）然而女人拒绝成为他们的信徒，而且似乎很多人对于摩门教都没有兴趣，如图 2-67 所示。

图 2-67　《救世主》片段之一

（2）而青年传教士的这种行为又与他的宗教信仰相违背，因此他不得不向他的教友竭力隐瞒，如图2-68所示。

图2-68 《救世主》片段之二

（3）青年传教士害怕奸情被同事发现，不让他去女人家传教，两人发生了争执，如图2-69所示。

图2-69 《救世主》片段之三

（4）青年传教士再次去向那个女人传教的时候，在她家里遇到了她的丈夫，如图 2-70 所示。

图 2-70　《救世主》片段之四

（5）女人的丈夫说，他和妻子想要孩子已经很多年，最近女人终于怀孕了，如图 2-71 所示。

图 2-71　《救世主》片段之五

（6）女人对这个宗教仍然没有兴趣，但是她的丈夫却表示有兴趣成为他们的教徒，因为他相信这个孩子是主赐给他的，如图 2-72 所示。

图 2-72　《救世主》片段之六

2.1.5　从记录到纪录

“纪录”（Documentation）一般只做名词用，指在一定时期、一定范围以内记载下来的最高成绩，如打破纪录，创造新纪录等。“纪录”有两个意思：一个意思是指一定时期、一定范围内某方面的最好成绩，另一个意思是指对有新闻价值的事件的记载。

“记录”（Record）在做动词时，指把听到的话或发生的事写下来，例如记录在案。“记录”在做名词时，指当场记下来的材料，如做会议记录；也指做记录的人，如推举他当记录。

记录片一般是指一些写实的影片。年代比较近的，纪录片与记录片在通常情况下意思是一样的，没必要区分。

纪录片是以真实生活为创作素材，以真人真事为表现对象，并对其进行艺术的加工与展现，以展现真实为本质，并用真实引发人们思考的电影或电视艺术形式。纪录片的核心为真实。

1．纪录片

纪录片是一种排除虚构的影片。它具有一种吸引人、有说服力的主题，从现实生活中汲取素材并用剪辑和音响增加作品的感染力。

2．真实电影（或纪录电影）

由冷也夫导演的《油菜花开》通过有悬念的巧妙设置，拟音的大胆使用，引人入胜的“电视剧”情节，使该纪录片被学界称为“试验纪录片”，被业界称为“真实电影”，这个作品解答了纪录片的故事化、故事片的纪实化问题。

（1）故事的主角是四川省犍为县芭蕉村的小学生晓艳，如图2-73所示。

图2-73　《油菜花开》片段之一

（2）晓艳每天将一包塑料瓶卖给村里唯一的食杂店，换取两片药片，如图 2-74 所示。

图 2-74　《油菜花开》片段之二

（3）晓艳的父母都在外打工，她要操持家里所有的事务，而另外一个影片中的重要人物是火车司机长忠叔叔，长忠叔叔每天利用便利捡一些塑料瓶，在火车经过芭蕉村的时候扔给晓艳，如图 2-75 所示。

图 2-75　《油菜花开》片段之三

（4）而晓艳换来的药片其实是镇痛药，是给奶奶吃的，晓艳也不知道奶奶患了什么病，如图2-76所示。

图2-76 《油菜花开》片段之四

（5）有一天火车没有来，晓艳只好上山砍竹子去食杂店换药，但是食杂店也没有人在，于是她等了很久，食杂店的老板回家，她才换到药，如图2-77所示。

图2-77 《油菜花开》片段之五

(6) 有人送给长忠叔叔两瓶罐头，他舍不得吃，于是装在将要扔给晓艳的塑料袋里，没想到罐头却变成了炮弹，晓艳再也没有出现在铁道线上，而奶奶的生活也成了一个未知数，如图 2-78 所示。

图 2-78 《油菜花开》片段之六

3. 真实——纪录片重要的因素

真实是纪录片重要的因素。而在影像的纪实、纪实的真实、艺术的真实、感觉的真实（真实感）之间，冷也夫认为应该明确“三点立场”和了解“三点内涵”。

三点立场如下：

第一，纪实不是生活真实。因为生活真实是客观存在的，是第一性；纪实真实归属艺术真实，纪实是一种主观的艺术追求，是观众对影视艺术情景真实的判断和认同。

第二，纪实不等于纪录。纪录是排斥主体的技术行为，而纪实是需要主体参与并反映主体思想的创作方式、方法和风格等。

第三，纪实艺术内涵的界定是建立在电视现实纪实基础上的。纪实本身就是一种美学风格，就是一种独特的艺术表达方式。但随着媒介技术的迅猛发展，今天的电视纪实艺术逐渐走向风格的多元化，为此对其内涵精确而全面的界定越发困难。

三点内涵如下：

从创作者角度上看，纪实艺术既能够关注、呈现生活本身的具象状态，也能够充分表现创作者的艺术观念和创作手段，进而利用影像语言形成为受众构建主客体关系的意义系统，实现纪实艺术的现实与审美意义。

从作品角度上看，采用纪实与艺术的创作风格与方法，兼具纪实艺术与媒介属性的内在统一，包容纪实与艺术作品的所有种类（如纪录片类、真人秀类和素材增值类等使用纪实与艺术手法的影视作品），要求现实生活的存在方式和本质意义通过创作者的创作活动体现在作品中，使作品主体不虚，形式不拘。

从受众角度上看，通过媒介语言给观众以接近或还原生活形态的可视性和真实性，让观众获得真实的生活体验（生活真实感），完成真实感的信息反馈与审美。

4．纪录片选题的技巧与原则

（1）时代性/普遍性。发现特定时期主流倾向在社会生活中的反映。
（2）新颖性/独特性。独特的视角度对貌似平常的生活的挖掘，寻找异于平常的内容。
（3）故事性/趣味性。把一个真实的人物或事情讲得生动有趣。
（4）形象性/可视性。选题的内容要适合于画面的生动表现。

5．纪录片叙事视角的选择

第一人称限知视角：叙事者模拟事件的主体向观众展示自己的故事，有主观色彩，容易创造悬念。
第三人称限知视角：摄制、叙事、观众三角色一致，纪实风格强烈。
第三人称全知视角：叙事者比故事中人物知道的多，常见于历史题材。

6．纪录片的内涵：多义性与开放性

崔岫闻的作品《洗手间》（见图 2-79）以窥视的视角拍摄了夜总会洗手间里的活动。
表面看拍摄的只是女人的一种状态，而作者更关注的是这种状态背后的社会结构，以及人们如何从文化、历史和经济等角度解读这部作品。

图 2-79 崔岫闻的作品《洗手间》

2.1.6 纪录片鉴赏

1．《颍州的孩子》

在安徽颍州的一些农村，一些村民由于贫穷及愚昧，在非法血站卖血而感染艾滋病，《颍州的孩子》主要讲述了一个通过母亲而感染艾滋病的小男孩高俊（见图 2-80）真实的生活状态，父母因艾滋病相继去世，唯一与他相依为命的奶奶又“离开”了，叔叔则因怕别人的歧视而不愿收养他，最后在阜阳市艾滋病贫困儿童救助协会的帮助下走入艾滋家庭，在那里开始了他短暂而快乐的儿童生活，而随着艾滋病毒的恶化，又不得不让他再一次离开……中间不时穿插任楠楠、黄家三姐妹等因受艾滋病影响的孩子的生活，家庭的贫穷与无力，亲情的冷漠与无奈，周围人的歧视与无知，自己的恐惧与无助……最终在社会各界的大力帮助下，他们渐渐走出艾滋病魔的阴影，快乐、自信而坚强地生活着。

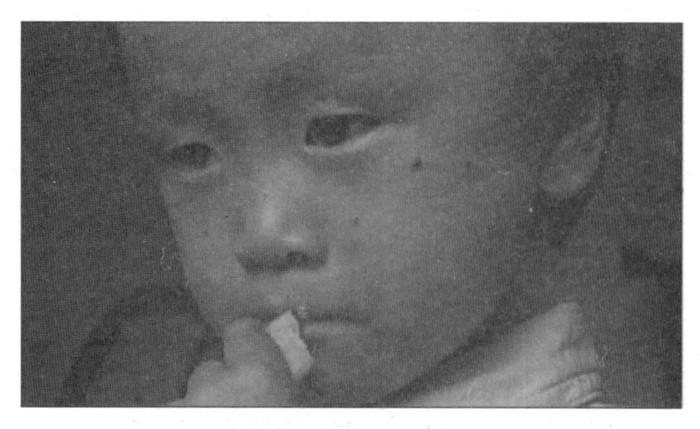

图 2-80　《颍州的孩子》中感染了艾滋病的小男孩高俊

2. 《难以忽视的真相》

《难以忽视的真相》（见图 2-81）是一部由前美国副总统戈尔主演的纪录片，公开了气候变迁的资料并对此做出预测，同时也在电影中穿插了戈尔的个人活动。透过巡回全球的简报发表，戈尔指出全球暖化的科学证据、讨论全球暖化经济和政治的层面，并阐述他相信人类制造的温室气体若不能减少，不久后全球气候将发生重大变化。

图 2-81　《难以忽视的真相》

戈尔提出了许多数据来支持电影中的论述，其中包括：

（1）用照片的前后差异说明许多冰原的边缘正在后退。

（2）根据伯尔尼大学（University of Bern）物理机构和欧洲南极冰核钻探计划（EPICA）的研究，来自南极洲冰核（Ice Cores）中的数据显示，当地的二氧化碳浓度是过去65万年以来最高的。

（3）1993年至2003年间出版了多份关于全球气候变迁的科学性文章，Naomi Oreskes博士对此进行了观察分析，并经过了928次的同行评审后给出了报告。观察报告以社论的方式刊载在《科学》杂志上，报告指出没有一篇文章认为人类行为不是地球气候变暖的主因（全部都是赞成这个论点，或是没有任何意见）。

电影包含许多段落是为了反驳认为全球气候变暖不明显或尚未被证实的人。例如，戈尔探讨了格陵兰或南极洲冰床溶解的风险，可能使全球海平面升高近6公尺，沿海地区将会被淹没，也会让约一亿人因此成为难民。格陵兰冰雪融化后的水盐分含量较低，可能会中断湾流而造成北欧地区气温骤降。

为了解释全球暖化现象，电影引用了对南极洲冰层中心样本（Ice Core Samples）在过去60万年间的温度和二氧化碳含量数值的检测。飓风卡特里娜也被用来推论9～14公尺高的海浪对沿岸地区造成的破坏。

戈尔在纪录片的最后说到，若是尽快采取适当的行动，例如减少二氧化碳的排放量并种植更多植物，将能阻止全球气候变暖带来的影响。戈尔也告诉观众怎样才能有助于减缓全球气候变暖的趋势。

3. 《迁徙的鸟》

候鸟迁移的过程非常艰辛，既要克服长途飞行的劳累，又要面对大自然严峻的挑战。那种面对逆境不屈不挠的精神甚是值得人们学习，实为现今人生应有的态度。故事重点环绕候鸟南迁北移的旅程，讲述候鸟如何克服自然环境，在大风沙中寻找出正确方向，在冰天雪地中保护自己，在浩瀚海洋中猎食……如此困窘，候鸟都要逐一克服，逐一面对。大天鹅的长途旅程要飞行1200公里，它那份对生命的坚持、对子女的照顾叫人尊敬。沙丘鹤在漫天风沙中追寻出路，要面临酷热天气的考验，也要抵御大风沙的摧残，全都默默承受，挺着胸与大自然作战到底，目的只有一个，就是要找到出路，活出精彩。企鹅在冰天雪地下仍要与海鸥对抗到底，保护企鹅幼崽的安全，尽管当中满是失败气馁，但仍坚强支撑下去，面对亲情，自身的安危也显得微不足道。

拍摄《迁徙的鸟》是一个巨大的工程，历时4年，跨越7大洲40多个国家，消耗460km胶片，动用450多人，其中包括世界上最优秀的飞行员和科学考察队。这一切都是为了捕捉鸟在无尽长空翱翔时的千姿百态。

这部数字记录片为我们呈现出了又一个神奇的世界，来自自然界的声音，来自自然界的感觉，这些都远远超过了人们能够感知的世界。《迁徙的鸟》给人们展现的是自然的奇迹，没有丝毫的人工雕琢。数十万公里的飞行，不惧艰难险阻，甚至年复一年，同一条航线，同一处景地，雅克·贝汉先生为我们捕捉到了生存的本能和希望的动力，他引领观众近距离地走进鸟群，深入鸟的灵魂深处，让我们一次又一次萌发了触摸鸟儿的愿望，面对诗一般的画面，聆听着大自然的声音，在我们心中留下了永恒的奇迹。

图 2-82　《迁徙的鸟》

4．《微观世界》

《微观世界》（见图 2-83）以无与伦比的摄影技术，独具匠心的拍摄角度，将森林下、草丛下的世界无数倍放大到观众的面前，昆虫、草叶、水滴无不纤毫毕现。

本片没有故事情节，没有字幕，也没有解说，全靠画面本身来诠释。小小的昆虫经过放大的镜头重现在屏幕上，原来竟是那么宏大，那么神奇，那么幽默。拍摄者用了十几年时间，花费了大量精力和经费，日积月累、精雕细刻才把这部影片奉献出来。蜜蜂采花、蚂蚁搬家、甲虫大战、蝴蝶钻出蛹壳、蜘蛛吐丝缠裹猎物、蜗牛互相拥抱、孑孓变蚊虫飞出水面等场面，都十分细致生动地被捕捉下来。

图 2-83 《微观世界》

2.1.7 DV 叙事：常见的误区

1. 好人好事不等于故事

在现实生活中，好人好事总是令人感动，但是从影像叙事的角度来说，观众想看的是来龙去脉中更具情节性的故事，仅仅是好人好事还不等于故事。

2. 记录了过程不等于拍到了故事

在记录人或事件过程的时候，要注意记录人与人之间发生的矛盾和故事，千万不要把过程和流程当作故事。

3. 话筒采访的故事不等于画面语言的故事

影像是一种视觉的语言，我们在记录一个故事的时候，要注重画面和细节的描绘，让画面去演绎故事，而不是让画面中的人用嘴来“讲”故事。

2.1.8 影像叙事

DV 摄像机的普及，使得视觉叙事成为可能，艺术家们的表现空间因此拓展到四维空间，而数字视频的非线性编辑技术更是使得艺术家们可以打破情节的时序性，更自由地按照自己的思路对主题进行非线性的叙述。

影像叙事的本质是把 DV 作为自己的眼睛来观察、感受以及记录世界，记录片同时也是拍摄者对被拍摄对象的态度和感受的写照。著名记录片制作人吴文光说："纪录片是一种精神、一种靠真实记录的眼光和勇气建立起来的力量，来带动社会中更多的人来思考和改变现状。"

1. 吴文光：《江湖》

在 1998 年的时候我开始用 DV 拍《江湖》，大棚是那种你要走出大城市可以随处可见的四处演出挣钱的流浪江湖的班子，以河南人居多，一个村子的人组织在一起带着一个大帐篷到外面演出，有唱歌的、跳舞的，实际上是一些年轻人，他们希望离开老家农村去寻找一个能够挣钱的方式，这个和像安徽无为的保姆、四川的民工本质上是一样的，离开家乡去实现一种梦想的方式。我觉得这是一种特别的方式，和他们在一起，你一个人跟他们在大棚里，跟他们熟了，你可以拍，可以不拍，没有人要求你怎么样，下午天气热了，大家在里面聊天，也可以抽根烟，小年轻人打情骂俏，你也可以哈哈一笑，你根本没有一种使命感，心里想着我要反映生活最底层的东西。当然这是一个很粗糙、充满汗味的环境。晚上睡在大棚里，用的是被很多人盖过的被子，第一天被子很难闻，很浓的臭脚丫子味，头晕，最后瞌睡战胜一切。每天早上起来很早，外面的空气很新鲜，距离那种城里的所谓高雅的、咖啡的生活很遥远。在这种时候，老老实实睡在一个水泥地上，或者是一个灰尘飞扬的马路边，觉得自己不是轻浮地飘在生活的表面，以后想做想说的都不再像年轻时候那么不负责任、不知深浅的高谈阔论。跟着大棚一起走，时间久了，我这个很少对流行歌曲感冒的人也会对他们天天要上台唱的《心太软》充满了感情。这种方式是在以前拍纪录片时没办法获得的，以前两三个人一起，所有被拍的人都是很紧张地面对镜头，但是用 DV 这个小机器就不一样了，关键是没有计划，也没有预算，没有时间表了，最后你甚至没有使命感了，最后一种感觉很重要。我现在很怀疑那种使命感被谈论过多以后就有伪善的东西在里面，比如说在你的镜头拍摄的时候，你事实上已经涉及别人的隐私，但可能会用所谓使命感让自己振振有词。所以这是我体会比较深的，当然，在生活中你经历过你觉得最重要的，你改变不了看片子的人，但你至少改变了自己。

2. 影像发现

除了记录之外，DV 还是发现生活的工具，现实生活中总是不时地闪现各种充满趣味的片刻，充满感性的艺术家往往乐于发现以及体验这种趣味，而 DV 则是将这些生活中稍纵即逝的片刻留住的最佳工具。

3. 蒋志的作品《片刻》

蒋志的作品《片刻》如图 2-84 所示。作者随身带着 DV 摄影机，就像写日记一样，看到生活中有趣的事情随即记录下来。《片刻》主要记录了深圳的城市生活，其中记录了工厂区附近工人和外来人员的娱乐生活：一大群人围着街边的电视机，站立着观赏搞笑的港产电影，他们在欢乐和陶醉。

图 2-84 《片刻》

4．Robert Cahen的作品

Robert Cahen 在中国使用摄像机发现了许多符号般的片段，如公园里吊嗓子耍剑的晨练者，裸着上身弹棉花的青年，大街上用好奇的眼光盯着镜头的山民等，如图 2-85 所示。这些中国的影像符号无一不体现了这位法国艺术家对中国透彻的洞察力。

图 2-85 Robert Cahen 的作品

2.2　试验影像

试验影像是对视频表现手法的探索，这种影像创作方式既不追求记录片的叙事性，也不强调创作手段是否使用 DV，影像更多的时候是作为一种视觉试验的手段。

2.2.1　构建新的视觉形态

在一分钟电影节上出现的一部试验影片《苍蝇》（见图 2-86）中，许多苍蝇被关在一个密封的盒子里面，苍蝇在这个盒子里的运动被摄像机记录为一个抽象的动画，原本令人恶心的苍蝇在这个单纯的背景和环境之下变成了一种随机运动的角色。

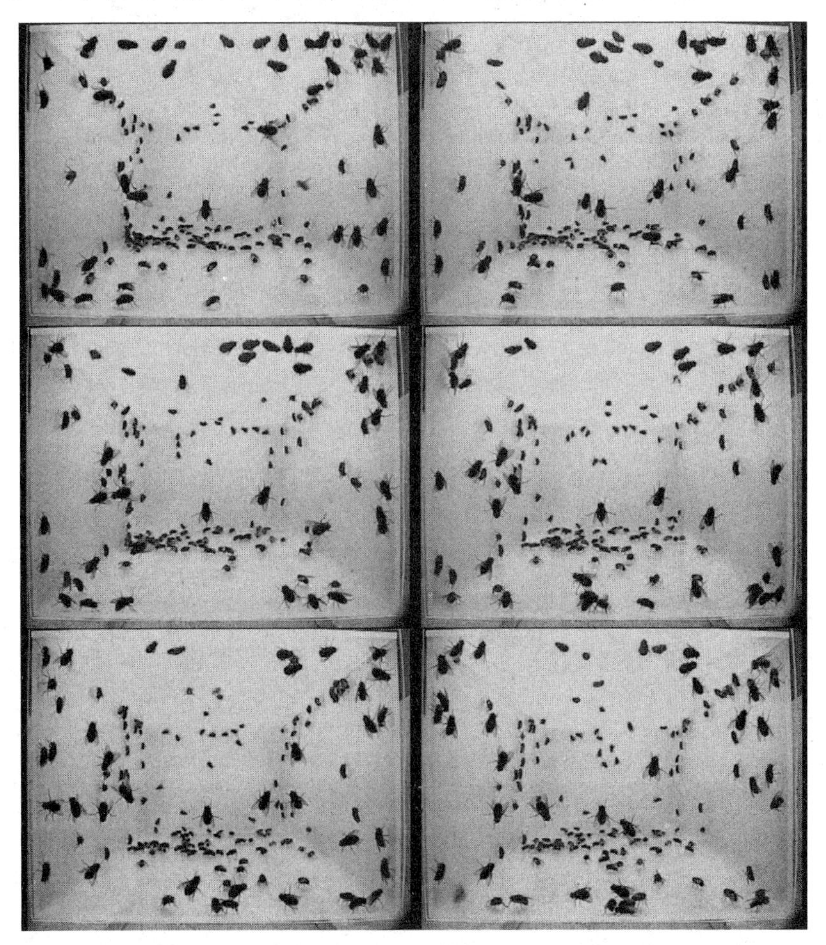

图 2-86 《苍蝇》

2.2.2　计算机视频

随着非线性编辑技术的发展，视频特效技术也大放异彩，这直接导致了一种新的影像形式的产生，即影像主要通过对视频素材进行计算机特效制作产生，而不是简单的记录。与录像艺术相比，计算机视频技术的使用使得艺术家们的表现空间得到进一步的拓展，使得他们可以以影像的方式表现更多概念化的题材。图 2-87 为本书作者的作品《脑》。

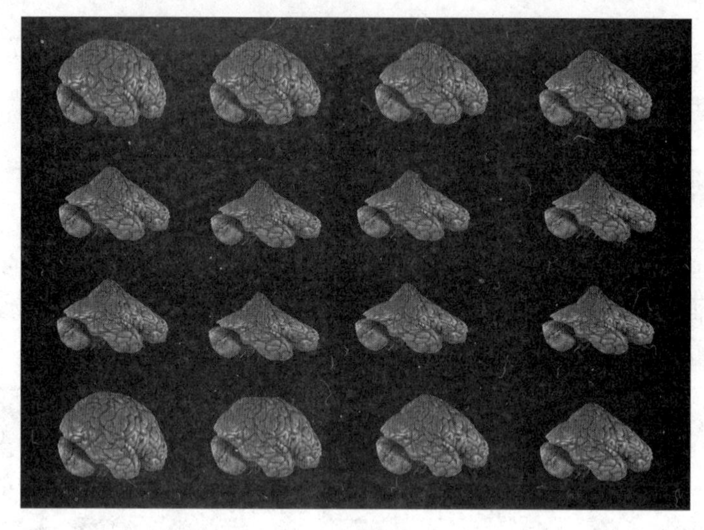

图 2-87 《脑》

2.2.3 影像表演

在 FAK2001 的一件作品里（见图 2-88），艺术家不断地用两个杯子把两个盆里的水盛出，并且倒入另外一个盆中，表达了艺术家对于交流与沟通的渴望。这件作品以对艺术家表演的记录为主要形式，而表演则是艺术家实现这一主题的手段。

图 2-88 影像表演

第 3 章 用什么摄制

本章系统深入地探讨了 DV 拍摄中会涉及到的各种相关设备及其在 DV 拍摄中的应用技巧。

3.1 磁带、硬盘和存储卡

DV 机根据存储介质主要分为磁带、硬盘和储存卡等类型。

3.1.1 磁带 DV

采用 DV 磁带作为存储介质。DV 磁带具有通用性，使用方便，价格也相对较低，技术相对稳定成熟，存储机构维修也比较便宜。磁带式 DV 机主要的不足还是来自后期采集和压缩以及编辑，将磁带上的数据使用 1394 卡配合火线采集到计算机里面需要花费与内容本身相同的时间长度。磁带的磁记录材料被涂在塑料薄带之上，当要跳到特定位置的时候需快进或快退，而由于卡带仓中的磁带以每秒约 5cm 的速度移过磁头，因此磁带 DV 往往需要花费数分钟的时间。同时由于磁头是开放式的，容易沾上磁带上的灰尘而导致画质下降甚至物理损伤。

1．标清磁带摄像机

使用磁带的普通标清格式摄像机的价格下降得比较快，由于硬盘摄像机和存储卡摄像机的普及，这种曾经很流行的机器基本上已经淡出摄像机市场。

2．高清磁带摄像机

硬盘和存储卡技术在高清摄像机中的应用同样越来越深入，但是多数影视制作机构如电视台和专业影视制作公司仍然拥有大量使用磁带作为主要记录介质的专业级高清摄像机。图 3-1 为 Sony-Z5C 高清磁带摄像机，它们和普通标清磁带摄像机一样使用相同的磁带，但记录的是高清信号，这种摄像机可以使用便宜的 MiniDV 磁带，也可以使用更为安全可靠的高清金属磁带。

图 3-1 Sony-Z5C 高清磁带摄像机

3．MiniDV磁带

MiniDV 磁带通过 1/4 英寸的金属蒸镀带来记录高质量的数字视频信号，如图 3-2 所示。这种磁带价格便宜，但稳定性不是很好，往往在多次重复使用后磁粉会脱落而影响画质。

在磁带式 DV 流行的时候有最高的性价比，随着硬盘、存储卡等新一代记录介质的冲击，MiniDV 磁带正在逐渐淡出市场。

图 3-2 DV 磁带

4．高清专门磁带

根据磁带式高清摄像机规格的不同，有 BETACAM-SP 磁带、BETACAM-SX 磁带、HDCAM 磁带和 DVCPRO 磁带，如图 3-3 所示。往往采用陶瓷膜金属磁性体和高性能粘合剂系统实现高可靠性和高耐久性。这类磁带专门用于相应规格的磁带式高清摄像机。这种磁带的价格相对比较高，但是数据安全性也比普通磁带好很多。

图 3-3 高清专门磁带

5．火线与1394接口卡

磁带式 DV 的内容要导入到计算机里面就必须使用火线与 1394 接口卡。

1995 年，美国电气和电子工程师学会（IEEE）制定了 IEEE 1394 标准，1394 别名火线（FireWire）接口，它是一个串行接口，最早由苹果公司领导的开发联盟开发，IEEE 1394 是由苹果电脑所创，其他制造商也已获得授权生产。

IEEE 1394 接口有 6 针和 4 针两种类型，如图 3-4 所示。同时需要计算机上有相应的接口，如图 3-5 所示。6 角形的接口为 6 针，小型四角形接口则为 4 针。最早苹果公司开发的 IEEE 1394 接口是 6 针的，后来 SONY 公司看中了它的数据传输速率快的特点，将早期的 6 针接口进行改良，重新设计成为现在大家所常见的 4 针接口，并且命名为 iLINK。这种连接器如果要与标准的 6 导线线缆连接的话，需要使用转换器。在磁带式 DV 摄像机等家电中，比较多的采用 4 针接口。与 6 针的接口相比，4 针的接口没有提供电源引脚，所以无法供电。

图 3-4　火线（1394 传输线）的 4 针及 6 针接口

图 3-5　计算机上的 USB、1394 及 Ethernet 接口

IEEE 1394 的传输速度有 100Mbps、200Mbps、400Mbps 和 800Mbps，目前已经制定出 1.6 Gbps 和 3.2 Gbps 的规格。

磁带式数字摄像机一般使用 IEEE 1394 接口进行数据的传输，这主要是因为 IEEE 1394 的传输速度快。10 分钟 DV 带上的内容作为压缩的 AVI 文件存进个人计算机是要占很大空间的。如果要保证画质，10 分钟的标清 DV 文件一般占 2GB 的空间，如果是高清数据，则数据流量更大。使用了 IEEE 1394，可支持实时采录，方便快捷。视频采集卡上的 IEEE 1394 还具有反录功能，把未压缩的文件以磁格式存在 DV 带上。

目前一般高配计算机均包含 1394 卡，也可以另外购置，如图 3-6 和图 3-7 所示。

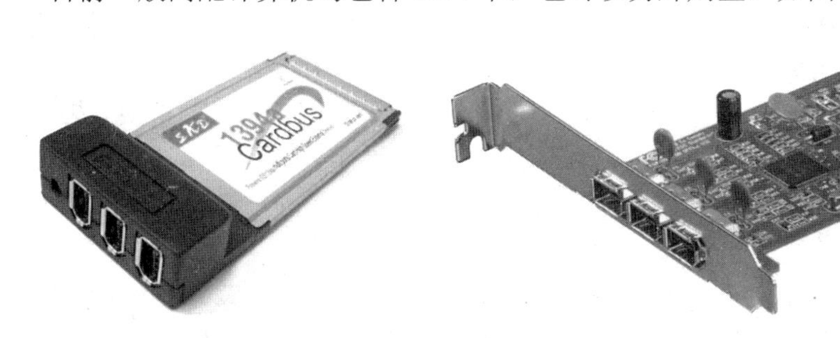

图 3-6　笔记本电脑外置式 1394 卡

图 3-7　台式机 1394 卡

IEEE 1394 接口在影像制作中还可用于连接存储设备和计算机编辑系统，以更快地进行影像数据的传输。

3.1.2　硬盘 DV

硬盘 DV 已经成为 DV 发展的重要趋势。相比较磁带式 DV 来说，硬盘摄像机的结构简单得多，少了机械部分、带仓控制电路以及鼓组件，因此它的故障率会低得多。硬盘摄像机的磁记录材料先被层积在高精度的铝制或玻璃基片上，然后再将盘片打磨成如镜面一样平滑。硬盘的读写头“悬浮”在磁盘上而不会有真正的接触，硬盘的盘体在磁头下的旋转速度可达每秒 76m，因此当要跳到特定位置的时候几乎可立刻移至磁盘表面的任一点，从而实现飞快的读取和跳转，如图 3-8 所示。硬盘 DV 后期制作变得更简便，特别是采集和压缩，因为压缩在拍摄时就已经完成，采集也是用 USB 线传输一下就行了。

图 3-8 硬盘的磁头和盘片

硬盘 DV 的缺点主要体现在容量方面，由于其硬盘是内置的，无法更换存储介质将是硬盘 DV 一个大的缺点。但是可以选购容量较大的硬盘 DV，以支持长时间的拍摄。

另外，硬盘 DV 由于也受硬盘本身娇弱特征的约束，碰撞有可能会对其内置硬盘产生物理损伤。

3.1.3 存储卡 DV

存储卡相对于 DV 磁带和硬盘来说，它的优点主要有体积小、易携带、更换便捷等方面。最大的不足就是其容量太小，而价格相对比较高。当然，如果没有特殊需要长时间连续拍摄的话，就多准备几个大容量存储卡也不错，体积小，又轻便，只是目前高速大容量的 SD 卡在价格方面还是不低。当然，随着技术的发展，储存卡的容量越来越大，而价钱越来越便宜。

1. 存储卡的速度及选择

存储卡的存取速度的标志为“×”，其中“1×”=150Kbps，例如，4×的存储卡的速度为 4×150 Kbps = 600Kbps，现在已经有高达 600×的 CF 存储卡。

由于数码影像的码流都相当高，采用更快的存储卡会提高数码摄像机的拍摄效果，而低速的存储卡往往会导致影像数据来不及记录而出现丢帧甚至卡住的问题，这将直接导致画质幅度下降，同时将低速存储卡用于视频记录时往往需要更多的记录时间而降低使用效率。

一般而言，采用存储卡记录正常帧频的标准高清影像数据（1280×720 画幅）的时候，至少需要达到 200×的存储卡；而记录正常帧频的全高清影像（1920×1080 画幅）的时候，速度最好在 400×以上，以保证影像数据的流畅记录。

当然，用什么速度的存储卡最终取决于用户所使用摄像机的码流。由于速度越高的存储卡价格越贵，而且往往价格不是与速度成正比的，随着速度的提升，价格的提升会更快，那么如何挑选适合于自己的存储卡呢？这里提供一个简单的方法，就是用自己的摄像机的最高码流除以 150Kbps。比如用户的摄像机码流为 45Mbps，那么它们的比值为 45000/150 = 300，也就是说至少要选择 300×速度规格的存储卡才能保证流畅地记录影像数据。

2. 数码摄像机常用的存储卡

储存卡和硬币差不多大小，是手机、数码相机、便携式计算机和数码摄像机等数码产品上的独立存储介质，一般是卡片的形态，故统称为“存储卡”。存储卡体积小，携带方便，使用简单。多数存储卡具有良好的兼容性，能够在不同的数码产品之间交换数据。

近年来，随着存储技术的不断发展，存储卡的存储容量及速度不断提升，应用范围非常普及。

常见的存储卡类型有：

（1）CF（Compact Flash）卡。

（2）MMC（MultiMedia Card）卡系列，如MMC2、RS-MMC3、MMC PLUS4、MMC moboile5、MMC micro。

（3）SD（Secure Digital）卡系列，如SD卡、miniSD、microSD、T-Flash、SDHC6、SDXC。

（4）记忆棒（Memory Stick）系列。

（5）XD图像（xD Picture）卡。

（6）SM（Smart Media）卡。

1）CF卡

CF卡由美国SanDisk、日立、东芝、德国Ingentix和松下5C联盟在1994年率先推出，有着悠久的历史，它容量大，成本低，兼容性好，相对其他存储卡而言体积较大。目前多种品牌的数码产品均支持CF卡，如佳能、LG、爱普生、卡西欧、美能达、尼康、柯达、NEC、Polaroid、松下、Psion、HP等以及众多的OEM用户和合作伙伴，厂商根基十分牢固。

CF卡由控制芯片和存储模块组成，接口采用50针设计，它有CF Ⅰ与CF Ⅱ型之分，后者比前者厚一倍。只支持CF Ⅰ卡的数码相机是不支持CF Ⅱ卡的，CF Ⅱ卡相机则可向下兼容CF Ⅰ。多数数码单反相机尤其佳能和尼康几乎都使用CF卡作为存储介质，如图3-9所示。

图3-9　CF卡

IBM以及日立还推出过微型硬盘存储卡（MD），如图3-10所示，采用了CF Ⅱ卡型设计。它与CF卡最大的区别在于没有采用内存芯片，而是以微型硬盘作为存储介质。MD与CF卡相比，在耐用性尤其是抗震性方面表现逊色一些，但MD拥有高容量、高性价比的优势。

图3-10　微型硬盘存储卡

2）MMC卡系列

由于传统的CF卡体积较大，因此Infineon和SanDisk公司在1997年共同推出了一种全新的存储卡产品——MultiMedia Card（MMC）。MMC的尺寸为32mm×24mm×1.4mm，采用7针的接口，没有读写保护开关。主要应用于数码相机、摄像机、手机（例如西门子MP3、手机6688）和一些PDA产品上。

3）SD卡系列

Secure Digital（SD）卡，从字面理解，此卡就是安全卡，它比CF卡以及早期的SM卡在安全性能方面更加出色。SD卡是由日本的松下公司、东芝公司和SanDisk公司共同开发的一种全新的存储卡产品，最大的特点就是通过加密功能保证数据资料的安全保密。SD卡从很多方面来看都可看作MMC的升级。两者的外形和工作方式都相同，只是MMC卡的厚度稍微要薄一些，但是使用SD卡设备的机器都可以使用MMC卡。其外形尺寸为32mm×24mm×2.1mm。

（1）SDHC。

2006年5月，SD协会发布了最新版的SD 2.0的系统规范，在其中规定SDHC（Secure Digital High Capacity，高容量SD存储卡）是符合新的规范，且容量大于2GB小于等于32GB的SD卡。SDHC最大的特点就是高容量（2～32GB）。另外，SD协会规定SDHC必须采用FAT32 文件系统，这是因为之前在SD卡中使用的FAT16文件系统所支持的最大容量为2GB，并不能满足SDHC的要求。作为SD卡的继任者，SDHC的主要特征在于文件格式从以前的FAT12、FAT16提升到了FAT32，而且最高支持32GB。同时传输速度被重新定义为Class2（2Mbps）、Class4（4Mbps）和Class6（6Mbps）等级别。高速的SD卡可以支持高分辨视频录制的实时存储。

SDHC卡的外形尺寸为32mm×24mm×2.1mm（长×宽×高），与目前的SD卡一样，著作权保护机能等也和以前相同。但是由于文件系统被变更，以前只支持FAT12/16格式的SD设备存在不兼容现象，而现在也支持FAT32（SDHC）的机器，仍可以读取现存的FAT12/16格式的SD卡。所有大于2GB容量的SD卡必须符合SDHC规范，规范中指出SDHC至少需符合Class 2的速度等级，并且在卡片上必须有SDHC标志和速度等级标志。在市场上有一些品牌提供的4GB或更高容量的SD卡并不符合以上条件，例如缺少SDHC标志或速度等级标志，这些存储卡不能被称为SDHC卡，严格来说它们是不被SD协会所认可的，这类卡在使用中很可能出现与设备的兼容性问题。

（2）SDXC。

SDXC（SD eXtended Capacity）存储卡是SD协会于2009年4月定义的下一代SD存储卡标准，为满足大容量存储媒体的不断增长的需求，为丰富的存储应用提供更快的数据传输速率。新SDXC存储卡标准和提供2～32GB容量的SDHC存储卡标准相比，其所实现的容量可超越32GB，最大可达2TB（TB：terabyte，万亿字节，1TB=1024GB）。其最大的传输速度预期能够达到300Mbps。SDXC存储卡采用的是NAND闪存芯片，使用了Microsoft的exFAT文件系统（Vista的新文件系统）。

SDXC支持UHS 104，一种新的超高速SD接口规格，新SD存储卡标准Ver.3.00中的最高标准，其在SD接口上实现每秒104MB的总线传输速度，从而可实现每秒35MB的最大写入速度和每秒60MB的最大读取速度。UHS104提供传统的SD接口——3.3V DS（25MHz）/ HS（50MHz），支持UHS104的新SDHC存储卡和现有的SDHC对应设备相兼容。

SDXC存储卡只和装有exFAT文件系统的SDXC对应设备相兼容，它不能用于SD或SDHC对应设备。

SDXC存储卡采用最可靠的CPRM 版权保护技术。

4）记忆棒系列

记忆棒MS是Sony公司在1999年推出的存储卡产品，外形酷似口香糖，长度与Memory Stick卡普通AA电池相同，重量仅为4g。采用了10针接口结构，并内置有写保护开关。按照外壳颜色的不同，记忆棒还可以为蓝条与白条两种。白条记忆棒多了MagicGate版权保护功能，常用于媒体播放器。由于Sony公司的数码产品线非常丰富，使得记忆棒的普及非常广泛，现在记忆棒已经广泛应用于数码相机、PDA和数码摄像机产品当中。鉴于其他厂商推出了更快更小的存储卡，因此索尼也推出了 Memory Stick 的扩展升级产品，包括 MS PRO、MS Duo、MS PRO Duo、MS Micro 和 Compact Vault。

5）XD 图像卡

XD 图像卡是富士和奥林巴斯光学工业开发 SM 卡的后续产品，该卡的尺寸为 20.0mm×25.0mm×1.7mm 大小，重量仅为 3g，也是目前最小最轻的存储卡之一。

2003 年，富士和奥林巴斯推出的数码相机全部采用 XD 存储卡作为介质。xD-Picture Card 的命名来自 eXtreme Digital（尖端映像记忆技术）的缩写。其读出速度高达 5Mbps，写入速度高达 3Mbps（规格为 64MB 以上）。消耗电力仅为 25mW。

3.1.4　光盘摄像机

光盘摄像机采用可刻录光盘作为存储介质，它的主要特点是方便，拍摄完后即可用家用 DVD 机播放，不足是记录时间比较短，而且光盘体积较大，光盘摄像机里面的刻录光头容易产生高温，尤其是夏天会使机器变得很烫，自从硬盘和闪存摄像机出现后，它基本上已经淡出摄像机市场。

一般家用，建议选硬盘 DV 或存储卡 DV。

3.2　分辨率

3.2.1　高清数字视频的常见分辨率

高清数字视频的常见分辨率有 720p、1080i、1080p、a1080、a720 和 816p，前三个是用于标识高清影片分辨率的关键指标。其中，数字后跟随的 i 和 p 分别是 Interlace scan（隔行扫描）和 Progressive scan（逐行扫描）的缩写，而数字反映的是高清影片的垂直分辨率。像 720p 就是指 1280×720 逐行扫描，1080i 就是 1920×1080 隔行扫描，这是一种将信号源的水平分辨率按照约定俗成的方法进行缩略的命名规则。达到 720p 以上的分辨率是高清信号源的准入门槛。720p 标准也被称为 HD 标准，而 1080i/1080p 被称为 Full HD（全高清）标准。部分影片的分辨率为 a720 和 a1080，是采用了变形技术以获得更高的画质。a1080 一般包括 1440×1080 和 1280×1080 两种规格，纵向分辨率都达到了 1080p 的标准，通过播放时的横向扩展，实现接近 Full HD 的清晰度。a720 一般采用 960×720 的规格，也有更低到 852×720 的。而 816p 并不是一种标准的分辨率，它是在做重编码的时候，为了有效地缩减容量，利用 AVS 软件将上下黑边裁掉。如 1920×1080 分辨率的电影比例为 1.78∶1，实际内容则为 2.35∶1 的宽银幕，在去除黑边后则为 1920×816。也可以采用变形技术将横向像素减少到 1440，最后成了 1440×816。

3.2.2　全高清

全高清（Full HD）是针对平板电视的屏幕分辨率而言的，必须同时满足两个条件：一是屏幕的物理分辨率为符合 1920×1080；二是电视内部电路可以处理并输出 1080p 格式的画面信号。显示屏整体物理分辨率要达到 1920×1080p，也就是水平方向的分辨率要达到 1920 个像素，垂直分辨率要达到 1080 条扫描线。全高清指屏幕固有物理特性，不因信号画面改变而改变，无论播放的是有线电视、DVD 影碟还是 PC 上的高清视频，全高清电视始终保持着 1920×1080 的物理分辨率。符合全高清标准的液晶电视，面板附近会以标签或作为电视机设计的一部分标示 FULL HD。

1440×1080 格式的高清摄像机也被称为小高清，一般采用长宽比为 1.422 的长方形像素，拍摄之后的影像再现的时候会在水平方向被拉伸为 1920×1080 分辨率。由于人眼对像素的横向拉伸并不敏感，因此也能够获得不错的画面效果。

3.3 成像元件与色彩还原

3.3.1 CMOS 与 CCD

CCD 或 CMOS 是摄像机中感受影像的核心器件，它负责将光线中的颜色信息转换为数字化的色彩信息。

1. CCD（CMOS）像素形成原理

CCD（CMOS）具有三层结构：第一层是微镜头，第二层是滤色层，第三层是感光基板。其中滤色层有两种分色方式：一是 RGB 原色分色法，使用这种技术的也称为原色 CCD（CMOS）；另一个则是 CMYK 补色分色法，使用这种技术的也称为补色 CCD（CMOS）。如图 3-11 所示。感光基板主要是负责将穿过滤色层的光源转换成电子信号，并送到影像处理芯片，从而还原影像。

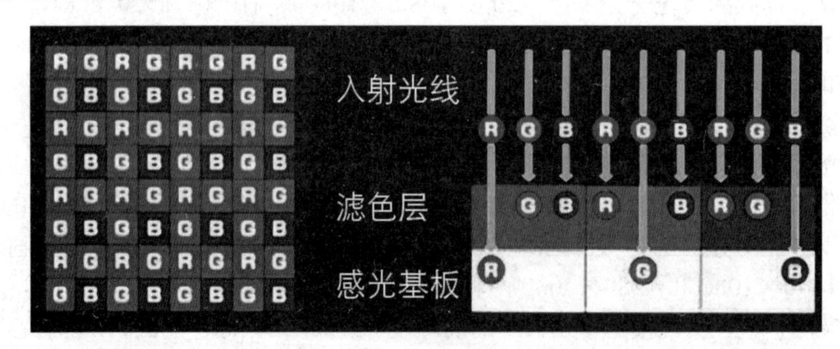

图 3-11 原色 CCD 成像原理

从图 3-11 可以看出，在图像传感器中，每一个感光单元只能感受到红绿蓝中的一种颜色，因此目前许多摄像机采取将单片 CCD（CMOS）上的多个感光单元上感受到的信息合成为一个像素或者采用三片 CCD（CMOS）来感受生成影像的办法。

2. 成像元件的像素数量与像素大小

CCD（CMOS）的像素数量在一定程度上决定了数码摄像机的档次，中低档一般在 80～100 万像素左右，中高档一般在 120～200 万像素以上。

像素的大小直接决定了能够感受到光线的多少，对于摄像画面的清晰程度、色彩以及流畅程度有着决定性的影响。

3．单感光器与3感光器

3CCD（CMOS）要比单 CCD（CMOS）的摄像机好很多，因为单 CCD（CMOS）结构中不可避免要采用插值算法合成像素，这样会导致色彩有可能出现失真，而 3CCD（CMOS）采用三片感光器，每一片只感受一种颜色的光线，这样三片分别负责红、绿、蓝，能够准确地还原所记录的颜色信息。同时，3CCD（CMOS）在防抖功能及最低照度方面都要比单 CCD（CMOS）的性能要好，能够获取更好的画质。

3.3.2　成像器件对画质的影响

1．感光器尺寸

感光器的尺寸直接决定了每个像素所占的面积，因此对画质有着决定性的影响。尺寸大的感光器能够充分地感受光线，因此在光学弱的情况下跟尺寸小的传感器相比较能够获取较高的画质，同时也更容易获取优美的浅景深效果。

目前多数摄像机采用 1/4 英寸规格的感光器，一些专业型摄像机会使用 1/3 英寸或更大尺寸的感光器，电影摄影机则往往使用接近 APS 画幅的感光器。近年来，由于全画幅或 APS、4/3 画幅数码单反照相机采用超大的感光器及相对电影摄影机而言低廉的价格引起了广泛的关注，并且被许多影像艺术创作者进行了深入的尝试。感光器的各种常见尺寸如图 3-12 所示。

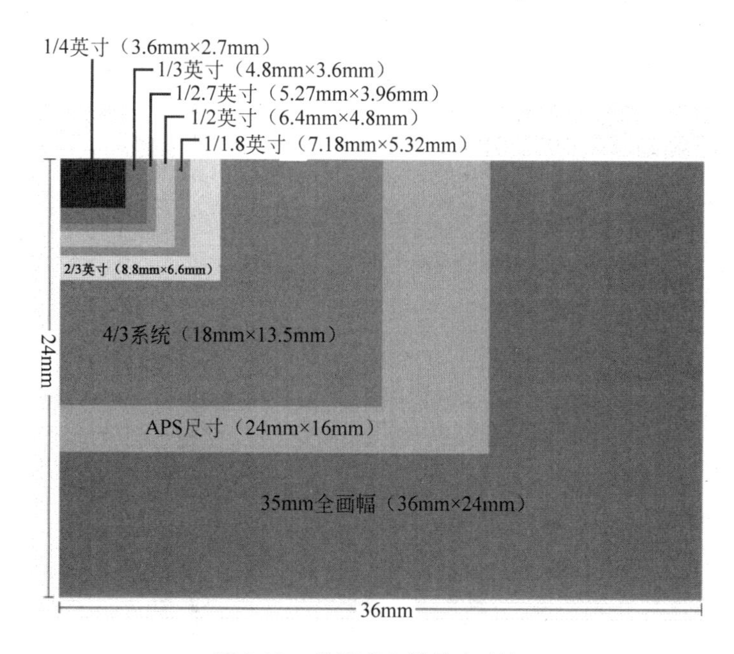

图 3-12　常见感光器尺寸对比

2．感光器尺寸对景深的影响

相同尺寸感光器的情况下，使用镜头焦距越长或是光圈越大，浅景深就越容易营造。

而感光器尺寸同样会影响摄像机能够产生的景深效果，感光器越小，摄像机能够使用的镜头的物理焦距就越短，景深就越大，就越不容易产生背景虚化的效果。

3．最低照度值

最低照度是摄像机能够正常工作的重要指标，也就是说摄像机能在多黑的条件下看到可用的影像。由于生产厂家致力于感光器的制作工艺和技术性能改进，数字摄像机灵敏度不断提高，其最低照度值大幅度下降。

照度的单位是 Lux。照度是反映光照强度的一种单位，其物理意义是照射到单位面积上的光通量，照度的单位是每平方米的流明（Lm）数。Lm 是光通量的单位，其定义是纯铂在熔化温度（约 1770℃）时，其 1/60m^2 的表面面积在 1 球面度的立体角内所辐射的光量。

一般情况下，各种常见环境的照度值大致如下：

晴天照度为 30 000～300 000 Lux；

阴天室外为 10 000Lux；

一般阴天为 3000 Lux；

室内日光灯为 100Lux；

距 60W 台灯 60cm 桌面为 300Lux；

电视台演播室为 1000Lux；

黄昏室内为 10Lux；

夜间路灯为 0.1Lux；

烛光（20cm 远处）为 10～15Lux；

生产车间为 10～500 Lux；

办公室为 30～50 Lux；

日出日落为 300 Lux；

月圆为 0.3～0.03 Lux；

走廊为 5～10 Lux；

星光为 0.0002～0.000 02 Lux；

停车场为 1～5 Lux；

阴暗夜晚为 0.003～0.0007 Lux；

餐厅为 10～30 Lux。

4．增益

摄像机内有一个将来自 CCD 的信号放大到可以使用水准的视频放大器，其放大即增益，等效于有较高的灵敏度或提高感光度、提高亮度，但是噪点会增加。

3.4 摄像机采样格式

3.4.1 色度采样

1. 色度采样

色度采样是指在表示图像时使用较亮度信息为低的分辨率来表示色彩（色度）信息。当对模拟分量视频或者 YUV 信号进行数字抽样时，一般会用到色度抽样。视频系统的抽样率通常用一个三分比值表示：

（1）亮度 Y：反映的是视频图像的亮度，是灰阶值。

（2）色差 Cb：反映的是输入信号蓝色部分与 RGB 信号亮度值之间的差异。

（3）色差 Cr：反映的是输入信号红色部分与 RGB 信号亮度值之间的差异。

在比较图像质量时，这三个值之间的比值才是重要的，所以 4∶4∶4 可以简化为 1∶1∶1；但是一般亮度样本的数量值总为 4，其他两个值依此类推，如图 3-13 所示。

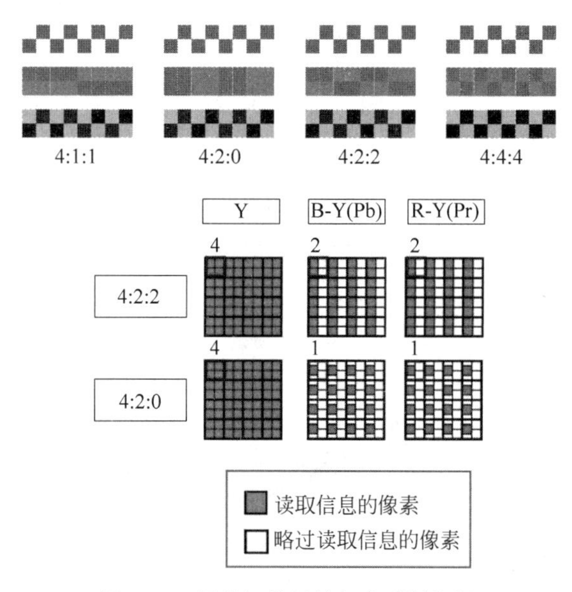

图 3-13　摄像机常见的色度采样比例

2. 色度采样与画质

4∶4∶4 即没有压缩的、最高质量的亮度和色度。这种采样格式一般用于电影摄影机或高端的专业型摄像机。

4∶2∶2 每个色差通道的抽样率是亮度通道的一半，所以水平方向的色度抽样率只是 4∶4∶4 的一半。仍旧是质量相当高的色度抽样方法，大多数高端数码视频格式采用这一比率，如 Digital Betacam、DVCPRO50 及 DVCPRO HD、Digital-S、CCIR 601/串行数码接口/D1、ProRes 422、XDCAM HD422。

在需要进行抠像处理的制作中，高的采样率将对效果有着巨大的影响，在这种情况下尽可能地选择 4∶4∶4 或 4∶2∶2 采样格式的摄像机来拍摄素材。

4∶2∶0 对每行扫描线来说，只有一种色度分量以 2∶1 的抽样率存储。相邻的扫描行存储不同的色度分量，也就是说，如果一行是 4∶2∶0 的话，下一行就是 4∶0∶2。对每个色度分量来说，水平方向和竖直方向的抽样率都是 2∶1，所以可以说色度的抽样率是 4∶1。

4∶1∶1 的色度抽样是在水平方向上对色度进行 4∶1 抽样。对于低端用户和消费类产品，这仍然是可以接受的。

3.4.2 像素深度

像素深度即每像素数据的位数，多数家用型摄像机一般常用的是 8 位或 10 位，对于专业型的数字摄像机一般会使用 12 位、14 位等。

像素深度取决于摄像机中的 A/D 转换器，也就是数字处理芯片，它的作用是对感光器获取的数据进行量化转换为数字文件。量化级数采用的是二进制码值，级数增加一倍，信杂比和动态范围增加 6dB，而只需要在二进制编码数据中增加一位。因此一个 10 位的数字信号比 8 位在信杂比和动态范围方面有 12 dB 的改善。今天广播级的数字摄像机 A/D 转换的量化级数多为 12 位，使用 12 位的 A/D 转换器，可对 600%视频电平采用动态压缩算法进行处理。这一功能使摄像机在强光下拍摄时，大大增加了高亮度的层次，降低了高亮度的彩色失真，提高了色彩的层次数。图 3-14 为 10 位像素深度与 14 位像素深度在色彩层次上的对比。更专业的摄像机甚至采用少则 14～16 位，多的可达 20～30 位的 A/D 转换器，保证更为精确的伽玛、层次和轮廓等信号的校正。

图 3-14　10 位像素深度与 14 位像素深度在色彩层次上的对比

3.5 镜头对视频画质的影响

3.5.1 光圈

光圈是一个用来控制光线透过镜头进入机身内感光面的光量的装置，它通常是在镜头内。

1. 光圈大小

表达光圈大小用 f 值。光圈 f 值=镜头的焦距/镜头口径的直径。从以上公式可知要达到相同的光圈 f 值，长焦距镜头的口径要比短焦距镜头的口径大。完整的光圈值系列如下：

f1，f1.4，f2，f2.8，f4，f5.6，f8，f11，f16，f22，f32，f44，f64

光圈 f 值越小，在同一单位时间内的进光量便越多，而且上一级的进光量刚好是下一级的一倍，例如光圈从 f8 调整到 f5.6，进光量便多一倍，也说光圈开大了一级。对于消费型数码相机而言，光圈 f 值常常介于 f2.8～f16 之间。

2. 光圈大小与景深的关系

对景深最简单的定义就是照片中清晰的部分，指在摄影机镜头或其他成像器前沿着能够取得清晰图像的成像器轴线所测定的物体距离范围。通俗一些讲，在聚焦完成后，在焦点前后的范围内都能形成清晰的像，这一前一后的距离范围便叫做景深。景深与光圈级数的大小成正比。若是镜头的焦距和物体的被拍摄距离都维持不变，光圈越大，则景深越短，就是说光圈由 f16→f11→f8→f5.6→f4…时，景深越来越短，景深外的景物也更加模糊不清，如图 3-15 所示。而正确对焦到的主体，生动而清晰，吸引人们的注意。图 3-16 为使用大光圈及长焦拍摄的浅景深效果的荷花。

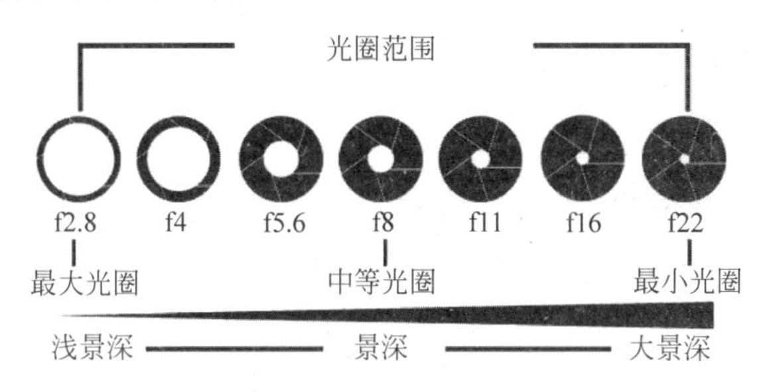

图 3-15　光圈大小与景深的关系

图 3-16　使用大光圈及长焦拍摄的浅景深效果的荷花

通常镜头焦距越长（例如长镜头）、光圈越大、摄影距离越近，景深就会越浅；而镜头焦距越短（例如广角镜头）、光圈越小、摄影距离越远，景深也就会跟着变深。

3．影响景深的主要要素

1）镜头光圈

光圈越大，景深越小；光圈越小，景深越大。

2）镜头焦距

镜头焦距越长，景深越小；焦距越短，景深越大。

我们所说的焦距指的是镜头的物理焦距。决定景深的是物理焦距，但是这个物理焦距与拍摄影响视角的那个摄影上的“焦距”并不一定是 1∶1 的对应关系。

对于全幅感光元件，由于感光元件大小与传统胶片一样大，因此实际的焦距不用做任何的换算。

对于使用 APS-H 尺寸的感光元件，实际的焦距要乘以 1.3。

对于市场上占绝大多数 APS-C 尺寸的感光元件，实际的焦距要乘以 1.6（佳能的数码单反）或者 1.5（尼康、索尼、宾得、三星、柯尼卡美能达的数码单反）。

对于奥林巴斯和松下所采用的 4/3 规格，实际的焦距要乘以 2。

3）拍摄距离

距离越远，景深越大；距离越近，景深越小。

4．快门

摄像机通过电子快门控制 CCD 或 CMOS 每个像素存储电荷的时间来实现控制图像传感器对视频画面每一帧的感光时间，从而满足拍摄不同运动速度物体及环境的要求。电子快门一般在 1/50～1/100000s 之间。摄像机的电子快门一般为自动模式，专业型的摄像机一般将电子快门时间分为若干档，可通过多档拨动开关手动调节快门时间，从而保证能够获得清晰的图像。高速电子快门功能可以防止拍摄高速运动物体时造成的拖影而导致的“运动模糊”现象。

为了在低照度环境下也能拍摄到较为清晰的画面，有些摄像机还具有多场积累电子快门方式，它类似于照相机的 B 门或 T 门感光拍摄方式。在这种方式下，CCD 感光单元可以暂停若干场的电荷转移，使其光敏单元中的电荷得以暂存，直到对某场景进行多场曝光后再进行电荷转移。由于电荷的积累作用，输出信号的幅度也相应得以提高，相当于提高了摄像机的低照度灵敏度。常见的场积累时间一般为 2 场、4 场或 6 场。需要注意的是，这种多积累电子快门方式一般仅适合对于非运动场景或缓慢运动物体的摄像监视，否则，在场积过程中，运动物体的位置发生了变化，则多场积累后的图像中的运动物体将变得模糊。

3.5.2 镜头对画质的影响

镜头作为摄像机成像的光学部件，对画质有着重要的影响，这涉及到镜头的光学结构、功能乃至镜头的保护。

1. 非球面镜片

非球面曲线接近椭圆面或抛物线。平行光线入射镜片，不论近轴光线还是远轴光线都可以会聚为一点。

一般相机镜头若是采用球面镜片，所形成像差是因为当不同波长的光线以平行光轴入射镜片上不同的位置时，在底片或数字传感器上不能聚焦成一点，因而影响影像的品质，如图 3-17 所示。

2. 低色散镜

同一光学介质对不同波长光的折射率是不同的，也就是说，对于一枚镜头而言，不同色光的焦点位置实际上是不一样的，这必然导致很多成像问题，其中之一就是色散。

我们看到的白光都是由不同波长的光合成的。当白光通过三棱镜时，会看到七色光谱，这种复色光被分解为单色光的现象即被称为“色散”。而这种现象导致的结果则被称为色差，是由于镜头没有把不同波长的光线聚焦到焦平面而造成的。它会导致画面清晰度降低，如果色差非常严重，就会使照片中对比强烈部分的边缘上出现异常颜色线条。

通过使用 ED（低色散）玻璃镜片，能够减少色彩的失常，图 3-18 显示了普通玻璃镜片与 ED 玻璃在色散性质方面的差异。色彩失常这个问题常常会影响远摄镜头的表现，也同样影响到镜头的锐利程度和对比度。

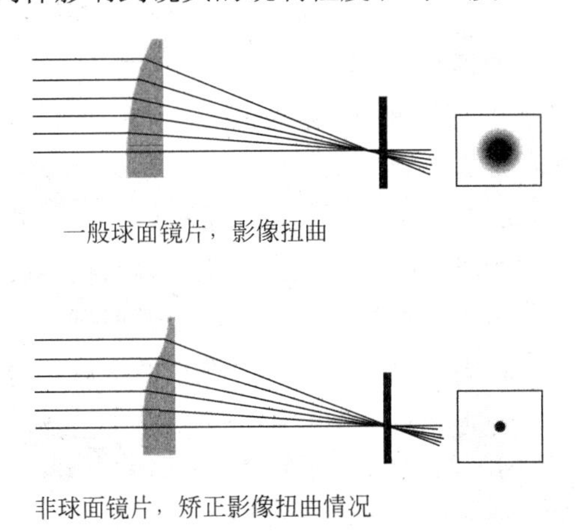

图 3-17　非球面镜片与球面镜片对比

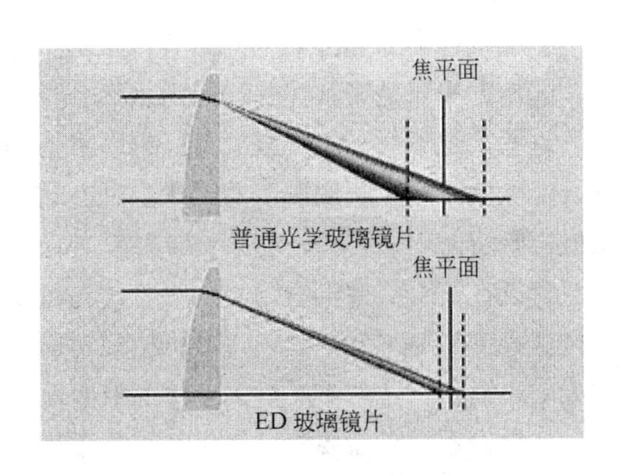

图 3-18　低色散镜与普通镜片对比

通常使用光学玻璃的镜头，焦距越长，对色差的修正就越难，导致图像的锐利度和清晰度降低。使用 ED 玻璃镜头可有效修正长焦镜头常见的色差问题。

天然萤石（见图 3-19）镜片具有非常优秀的消色差性能，但是其性质并不是很稳定，而且生产成本过于高昂，所以通常只应用在极少数售价高达数万元的高端镜头上。由于天然萤石结晶体积一般很小，而且质地并不是很均匀，因此佳能公司开发了人工萤结晶技术，制造出人工萤石镜片，一般直接称为萤石镜片。

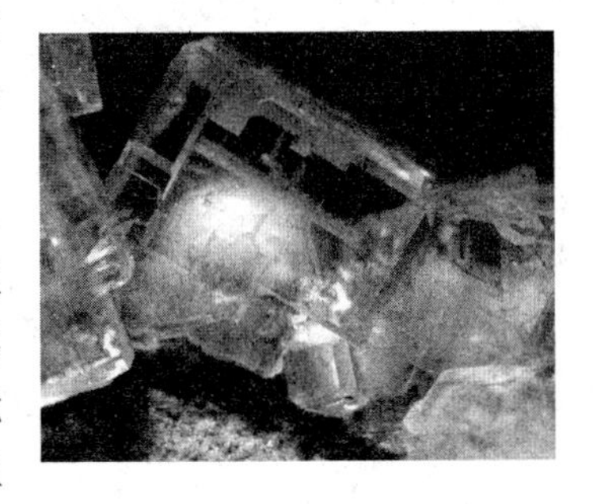

图 3-19　天然萤石

3. 光学防抖

防抖技术对于摄像机图像的稳定及画质提升有着重要的意义，光学防抖是通过防抖镜片的反向运动来抵消手持不稳定因素的影响，从而获取稳定的影像。而许多摄像机同时借助电子防抖手段，通过对所摄制影像进行分析和裁切等操作获得更复杂的防抖功能，进一步提升画质和拍摄的便利性，例如 Sony CX700E 摄像机的增强型防抖技术能够有效减少行走拍摄和变焦时的抖动，甚至在追拍孩子嬉戏或观光闲逛时都能拍摄出画面稳定的动态影像。光学防抖示意图，如图 3-20 所示。

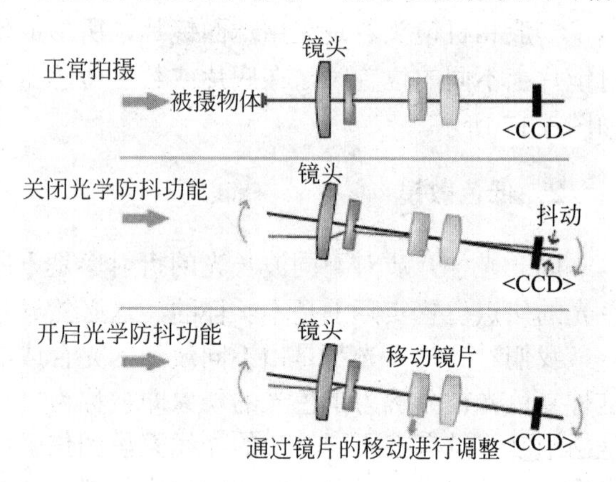

图 3-20 光学防抖示意图

4. 镜头的保护

镜头是摄像机中非常精密的部件，其表面往往做过防反射的涂层处理，千万不能直接用手去触摸，因为这样就会粘上油渍及指纹，油渍和指纹将会腐蚀涂层，从而影响拍摄影像的质量，这种影响甚至比灰尘的影响还要大。一般情况下，不到万不得已不要擦拭镜头，无论如何小心擦拭，对镜面镀膜仍会有一定程度的损害。

在雾气较大或潮湿甚至阴雨等特殊的拍摄环境中，如果镜头直接暴露在空气中的话对镜头的伤害简直是灾难性的，因为水汽会直接凝聚在镜头的玻璃上。

这些情况下对于镜头来说最好的保护措施是为它配一个 UV 镜。UV 镜能够过滤紫外线，消除紫外线对成像质量的干扰，同时装上 UV 镜可以保护摄像机的镜头不容易被直接接触，既可防尘、防潮、防划伤，在室外由于温差使镜头结雾的时候又可以方便擦拭。

建议在购买摄像机的同时购买一片与摄像机镜头相同口径的 UV 镜，在摄像机启封的时候就将 UV 镜装上。UV 镜的价格相对比较便宜，但是其对镜头的保护作用非常重要，如果 UV 镜脏了只需要重新买一片换上即可，如果镜头脏了则很难处理。

如果万不得已需要擦拭镜头，首先要用吹气球吹掉灰尘，否则在擦拭时镜头上有灰尘会造成严重的划伤。然后用专用的镜头布或者镜头纸轻轻擦拭，记住不可以用纸巾等看似柔软的纸张来清洁镜头，这些产品都包含了比较容易刮伤涂层的木质纸浆，一不小心会严重损害摄像机镜头上的易损涂层。擦拭时，轻轻地沿着同一个方向擦拭，不要来回反复，避免磨伤镜片。如果这样还是无法去除已经留下的污渍，那么需要使用市面上专用的镜头清洗液来清洗，绝对不能随便使用其他化学物品擦拭镜头。在使用洗液时，注意应该将清洗液沾在镜头纸上擦拭镜头，而不能够将清洗液直接滴在镜头上。

3.5.3 人脸检测及焦点跟踪

现在许多摄像机都具有人脸检测或笑脸识别的功能，能够识别出摄像机画面中被拍摄的重要部位——人脸，使之在运动过程中一直能够被跟踪对焦，从而保证拍摄的成功进行。有一些带有拍照功能的摄像机还设置有笑脸快门的功能，可以在检测到人物微笑的时候自动拍摄照片。

焦点跟踪技术是人脸检测技术的升级。只需要按一下液晶触摸屏，即可跟踪非人脸拍摄对象的焦点，如图 3-21 所示。这项功能在拍摄高速运动的宠物等非人脸对象时特别有用，能够帮助捕捉清晰的画面。

图 3-21　Sony 摄像机的焦点跟踪技术

3.6　附加镜片

3.6.1　偏振镜

偏振镜，也叫偏光镜，能有选择地让某个方向振动的光线通过，在彩色和黑白摄影中常用来消除或减弱非金属表面的强反光，从而消除或减轻光斑。例如，在景物和风光摄影中，常用来表现强反光处的物体的质感，突出玻璃后面的景物，压暗天空和表现蓝天白云等。

1. 偏振镜的分类

偏振镜有两种：一种是线偏振镜，英文标志为 PL；另一种是圆偏振镜，英文标志为 CPL。偏振镜能让与其偏振方向同向的偏振光线通过，而阻挡与其偏振方向垂直的偏振光线。PL 有时候会影响测光和自动聚焦，一般不适合自动化程度较高的摄像机使用。

2. 使用偏振镜能够改善影像的情形

想使景物拍摄得更饱和。清澈的蓝天，想把蓝天拍摄得更蓝。当拍摄水中物体时水面反光而看不清物体。想拍摄清水中的物体，例如游鱼。拍摄静物，想消除物体表面的反光。想透过玻璃拍摄后面的东西，如图 3-22 所示。

（a）使用偏振镜前

（b）使用偏振镜后

图 3-22　使用偏振镜前后效果对比

改善非金属物体表面耀斑部位的影像清晰度、质感和色彩饱和度。

模拟夜景效果。在黑白摄影中，由于偏振镜可压暗有偏振光的蓝天影调，故常与红滤色镜配合，在阳光下用黑白胶片拍摄模拟月夜效果的画面（曝光应适当不足）。

翻拍资料时利用偏振镜和灯用偏振片，消除货料表面（如油画）强烈反光、亮斑的措施如下：在位于照相机两侧且与翻拍平面成 40° 角照明的灯前端各安装一片灯用偏振片。在摄影镜头上安装一线偏振镜，旋转摄影镜头上的偏振镜，直至一侧照明灯所形成的强烈反光亮斑被消除为止（此时仅该侧灯点亮着）。然后关闭该照明灯并打开另一侧照明灯，旋转该发光之照明灯前的偏振片（但摄影镜头前的偏振镜不可被触动），直至此侧灯光所形成的强反光亮斑也被消除为止。此后即可同时打开两个照明灯翻拍了。

一对偏振镜（片）可消除金属等物体上的强烈耀斑。把一较大的灯用线偏振片与一普通偏振镜分别放置在照明灯前和摄影镜头前，并适当调节两个线偏振镜的偏振方向间的相对夹角，则可随意减弱甚至消除被照明的金属物体或非金属物体表面上的强烈耀斑，而又基本不影响该灯对其他部位的照明效果。

3.6.2 广角镜

除了非常专业的摄像机可以更换镜头之外，多数摄像机使用的是固定的镜头，而且受摄像机感光器尺寸影响较小。多数摄像机的广角端都不是很广，往往会在等效焦距 35mm 左右，这样对于画面表达来说有一定的局限性，好在一些专业型摄像机都可以附加广角转换镜，这样能够使之达到较广的视角，获取像电影般宽阔的视角。

3.7 更好地记录声音

声音的记录毫无疑问是视频拍摄中极其重要的内容，虽然摄像机内部往往也会配置有麦克风，但是在一些特殊情况下，为了更好地记录声音，需要使用更专业的麦克风。

3.7.1 无线话筒

很多时候，出于摄像构图的需要，摄像机往往会在距离被摄者很远的地方，这时候摄像机内置的麦克风录音效果往往就很差，而如果使用有线话筒的话，布置很长的线路也会很麻烦，此时就可以考虑使用无线话筒。

无线话筒一般由若干个麦克风、发射机和接收机组成，目前多数无线话筒往往采用 UHF 频段（300MHz～3000MHz）进行声音信号的无线传输。图 3-23 为 Sony UWP-C1 无线话筒。

1. 无线话筒的选择

1）配有优良的音头

音头的品质决定了无线话筒音质的优劣。音头有动圈式及电容式两种类型，动圈式以负载于振动膜上的线圈，在高密度的磁场间将声能转换为电能信号。这种音头的音圈在特性上有一定的极限，但基本上结构简单，价格便宜。

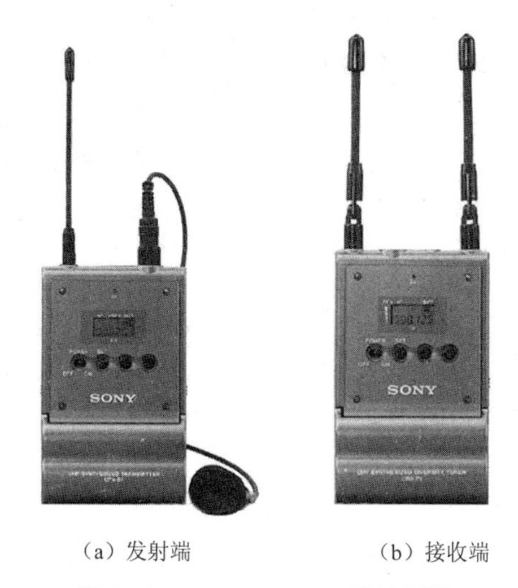

（a）发射端　　（b）接收端

图 3-23　Sony UWP-C1 无线话筒

电容式话筒是结合电子及结构上技术层次较高的话筒，其发音是利用极间电容的变化，以超薄的镀金振动膜直接将声音转换成电能信号。高级电容式话筒能展现极为清晰的原音音质，高低频率响应非常宽广平坦，灵敏度非常高，指向性及动态范围大，失真率小，体积轻巧耐摔，触摸杂音低，目前广泛使用在录音室、专业舞台和测试仪器等专业器材上。

2）有低触摸杂音

无线话筒使用时与手或衣服之间产生摩擦的触摸杂音会对正常音质产生影响，尤其是无线话筒本身具有灵敏的前置放大器，使这种触摸杂音表现更为严重，成为技术上的瓶颈。品质优良的无线话筒具有极清晰的音质及超低触摸杂音的特性。

3）采用自动选信接收系统

无线话筒发射的信号因受到周围环境的吸引与反射，导致接收天线收到的信号发生死角的现象，使输出的声音产生中断或不稳定，采用具有自动选信接收系统能够有效避免这种情况，获得最完美的效果。

2．无线话筒工作状态监控

一般情况下，其无线话筒发射机电源被关闭时，无线话筒接收器上的发射机工作显示器灯会熄灭，摄制时经常查看无线接收机指示灯就能够及时发现问题。操作人员用耳机进行监听也是防止无线话筒发生无声音现象的措施。

3.7.2　全向性话筒与指向性话筒

1．全向性麦克风

全向性麦克风能够等量接收各方向的声音，一般可以用于录制环境声音，磁性、陶瓷和驻极体式麦克风都是全向性麦克风。

2. 指向性麦克风

指向性麦克风可以用于在环境声音较杂乱的情景下有针对性地录制被采访对象的声音，而减弱环境噪音的影响。图 3-24 为索尼 ECM-CG50 指向性麦克风。

图 3-24　索尼 ECM-CG50 指向性麦克风

指向性麦克风有两个开口在膜片的两端，一边一个。膜片的振动根据相位关系，取决于两端的压力差。在后声孔的前端置一细密的声学滤网起延时作用，这样从后面传来的声音可同时从前后两个声孔到达振膜并抵消，因而指向性麦克风的极性图呈心形状，如图 3-25 所示。指向性麦克风对前面传来的声音比后面传来的声音反应敏感得多。

3.7.3　变焦话筒

在使用摄像机的长焦端将被摄对象拉近的时候，画面会很容易被放大，但是远处的声音却往往难以被录制下来，有时候我们并不方便使用无线话筒，如拍摄动物园里的动物时。

目前出现了一些带有变焦功能的话筒，它利用摄像机内的电路控制机内的话筒，随着变焦的变化改变话筒的指向性。图 3-26 为索尼 Sony ECM-HGZ1 变焦麦克风。当进行变焦操作的时候，随着变焦倍数的变化，摄像机电路改变话筒的指向性，使话筒灵敏度最高的地方指向被摄对象，而且变焦倍数越大，其指向性就越尖锐，从而能够将远处的声音“拉近”。

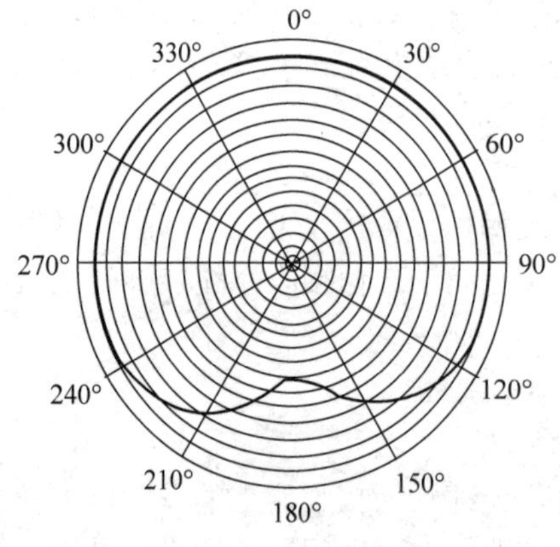

图 3-25　指向性麦克风的极性图

图 3-26　索尼 Sony ECM-HGZ1 变焦麦克风

这个功能能够突出被摄主体，减少周围噪音。但是受话筒灵敏度的限制，它的作用距离是有限的。

3.8　摄像机的选择

在前面的内容里，已经了解了影响到摄像机成像效果的一些重要的方面，那么如何选择一台适合于自己需要的摄像机呢？

3.8.1　感光部件

在买机器的时候，基本都会有关于其用途的考虑以及经费的预算，如果经费充足的话，可以选择能够满足相关用途所涉及到的各种可能的性能及功能。但是，如果经费并不是很充足的话，应该优先考虑比较重要的一些方面，画质是其中比较核心的一个部分，因为它将决定这台摄像机所拍摄的所有内容的基本质量。尽可能选择 3 感光器的系统以及感光器尺寸较大的机器，以获得更高的画质。

对于专业机型来说，A/D 转换技术采用的位数也是非常重要的，例如 14 位的摄像机与 12 位的摄像机相比较，在低照度下的表现有很大的提升。

对功能的需求同样需要斟酌，现在有很多摄像机都带有照相功能，但这并不是摄像机的特长，因此也就没有必要追求摄像机有太高级的照相功能。

3.8.2　镜头素质

数码摄像机的镜头是决定成像质量的重要因素。对镜头的考虑主要有这样的几个方面：镜头的光学变焦比、镜头口径以及镜头结构。

1. 光学变焦

光学变焦比越大，拍摄的场景大小可取舍的程度就越大，拍摄时会给构图带来方便，但是变焦比过大也往往会伴随着成像质量的下降。摄像机还有一种称为数字变焦的功能，这主要是通过对像素进行插值放大来实现的，在实际应用中没有实用价值。

2. 镜头口径

如果镜头口径小，会导致能够进入感光器的光线减少；镜头口径大的话，在光线比较暗的情况下更容易拍摄出清晰的画面。同时镜头口径还决定了镜头的最大光圈，口径大的镜头还更容易实现较高的快门速度，有利于对运动物体的拍摄。

3. 镜头结构

镜头结构主要指的是镜头中是否使用了非球面镜片以及低色散镜片，使用的镜片的数量，镜片分有多少组，每组有多少片，以及镜片的镀膜情况等，这些都是会影响成像质量的因素。非球面镜片和低色散镜片的使用有利于消除色差造成的偏色及模糊，数量越多越好，但是也会导致成本上升。

3.8.3　便携和画质的矛盾

高画质的摄像机往往会有庞大的体积，并且一般比较沉重。目前由于技术上的原因，画质好的 DV 很难做成小巧的外形，而且往往性能和体积成正相关，如果仅仅是家用的话，就没必要考虑太过专业的机型。

相反，对于专业的摄制而言，便携式 DV 的画质、录音效果及码流等多方面指标往往达不到专业播出要求的水准，同时便携式 DV 的手动操控性能也往往比专业机型差很多，在使用的灵活性方面会有很大的局限性。但是便携式 DV 可以作为专业机型的补充用于在某些特殊的环境下拍摄素材，例如要将 DV 摄像机绑在小型遥控飞行器上拍摄特殊的视角，则便携式 DV 是最佳的选择。

3.8.4 人性化功能

摄像机里正在出现越来越多人性化的功能，例如现在流行的“人脸检测”、“焦点跟踪”和“运动防抖”等功能，以及可以用于拍摄照片的“笑脸快门”功能等也开始被数码摄像机所采用，进一步增强了用户使用的便利性。

而变焦式麦克风和快速启动功能等都已经是市场上主流摄像机所具备的主流功能。它们让用户的拍摄更加得心应手，发挥自如。

有的摄像机还具有高速拍摄的功能，为慢镜头的摄制提供了有力的支持。

3.8.5 保修

买摄像机一定要买保修及售后服务良好的品牌产品。虽然一般情况下它的故障率很低，但是一旦出现故障维修成本会非常高，如果有较长保修期的话，对于摄像机的长期使用会是一个很好的保障。

切记，购买正品及索要发票非常重要。

3.9 用单反拍 DV：浅景深与多视角的魅力

3.9.1 单反与摄像机相比较的优势

目前已经出现多种能够拍摄高清视频内容的单反相机，虽然视频拍摄并不是照相机的专长，但是由于相比较摄像机而言，单反相机有着大得多的感光器，能够轻松获取如同电影般优美的浅景深效果，而单反相机的成本与电影摄影机相比较却便宜得多，因此单反的视频拍摄功能正在受到越来越多的摄像师的青睐。

目前 Canon、Nikon、Sony、宾得和松下等品牌的新款单反相机基本上都有高清视频拍摄的功能，如 Canon 5D Mark II（见图 3-27）、Canon 600D、Canon 7D、尼康 D7000、尼康 D5100 和索尼 A580 等，而一些新出的“单电相机”往往也有高清视频功能。

图 3-27　能够拍摄高清视频的全画幅单反相机 Canon 5D Mark II

1. 浅景深的电影效果

宛如电影般的美丽虚化效果是单反高清受众多专业

拍摄者关注的理由之一。图 3-28 为使用 Canon 5D Mark II 拍摄的荷花，前景的荷叶被虚化成为优美的绿雾。大幅面感光器带来的浅景深可凸显主被摄体等的背景虚化程度，除了受镜头光圈和焦距的影响外，还与图像感应器的尺寸紧密相关。数码单反相机的图像感应器较一般数码摄像机的图像感应器要大的多，因此原本仅能通过用于商业电影拍摄等的高性能专业器材才能实现的美丽虚化，现在通过数码单反相机的摄像功能即可轻松实现。

图 3-28　使用 Canon 5D Mark II 拍摄的荷花，前景的荷叶被虚化为优美的绿雾

如果要使用 1/3 英寸感光器的摄像机拍摄主体从虚化的背景中脱颖而出的效果，就只能采用长焦距的镜头，把摄像机放到离主体很远的地方，主体与背景也要很远，并且采用镜头的最大光圈，才能得到浅景深画面，而且这时候虚化效果依旧不是太明显。

2. 镜头群的优势

数码单反相机拥有庞大的镜头群，如图 3-29 和图 3-30 所示，可实现特殊表现形式。例如佳能数码单反相机专用的原厂镜头群中，仅现售镜头就已经超过 60 款。在 35mm 规格下，该镜头阵容可覆盖从 14mm 超广角到 800mm 超远摄的宽广焦段，而且微距镜头、8mm 鱼眼镜头以及移轴镜头等还可实现特殊的表现形式。运用已掌握的静止图像拍摄方法，即可通过单反视频功能获得同样的影像表现效果。能够充分发挥不同焦距以及特殊镜头的表现效果也是单反视频短片的魅力所在。

图 3-29　Canon 的镜头群

图 3-30　Nikon 的镜头群

3. 纯净的高感光度效果

可实现画质纯净、低噪点的夜景与昏暗场景拍摄是单反短片备受关注的一大亮点，它可实现画质纯净的高感光度拍摄。一般数码摄像机较难在昏暗的夜间或是光亮较少的室内获得理想的效果，影像的噪点较多。而与此相对，具有视频功能的数码单反相机搭载有支

持高感光度拍摄的图像感应器和高性能影像处理器，能够大幅提升单反视频短片的降噪能力，即使在较低照度的场景拍摄，也能获得清晰的影像效果。例如，使用 EOS－1D Mark IV 可实现最高 ISO 102400 感光度下的短片拍摄。

4．高画质与高灵活度

即便是全画幅的单反数码相机与专业型电影摄影机相比较体积也小得多，而且一些专业型单反如 Canon 5D Mark II 等，能够在很高的感光度之下进行拍摄而画质依然良好，低照度性能出色。因此对于一些复杂多变的场景而言，采用专业数码单反进行拍摄不仅能够保证画质，而且无需使用复杂的灯光设备，因此拍摄过程能够大大简化，免去了携带庞大摄像机以及专门布置灯光的诸多麻烦。

而对于一些特殊环境，如拍摄较小的室内空间的活动时，大型的摄像机灯光等会变得难以安排，此时专业型单反更是如鱼得水。

3.9.2 单反视频拍摄的不足之处及弥补措施

单反视频拍摄在具有画质方面巨大优势的同时也有其不足之处，这主要体现在如下一些方面：

1．跟焦器：解决单反视频拍摄跟焦速度慢

这实际上也是使用单反进行视频拍摄与摄像机有很大区别的一个地方，使用单反进行视频拍摄的模式更接近于电影摄影。摄像机一般都有较快的自动对焦系统，而在电影摄影机中，对焦是需要手动实现的。

由于电影摄影机的镜头均为手动对焦，在电影摄影中往往会使用摄影机跟焦器，又叫追焦器，它在电影拍摄中的作用是根据剧本的画面设计要求焦点的不停变化，通过追焦器来操作镜头进行焦点变换，能够更加直观方便，具有很高的便利性。

图 3-31 为国产的 nlook 跟焦器装置，由跟焦器、轨道支架以及快装版等组成。它的最大作用就是可以避免用户在拍摄视频时直接用手旋转镜头变焦环，从而解决了操作不便、跟焦不准等问题。由于单反相机的感光元件面积很大，景深极浅，用手直接转动变焦环很难精确稳定地控制焦点，而有了跟焦器就方便多了。

图 3-31 国产的 nlook 跟焦器装置

2．外置话筒：解决对焦时会产生较大噪音

单反相机在对焦时镜头马达会发出滋滋的声音，由于单反相机机身较为紧凑，而相机本身的麦克风就在镜头附近，因此单反相机视频拍摄时镜头马达对焦时会产生较大的噪音，使得单反的录音效果都很差。

为了解决这个问题，最好的办法就是采用外置话筒。图 3-32 为 RODE 公司推出的 VideoMic Pro 外置式专业话筒，VideoMic Pro 在 VideoMic 的基础上进行了优化设计，体积减少了一半，而且将电池盒及防震架移到了下面，这样即便相机使用鱼眼镜头也不用担心话筒会进入画面。

图 3-32　ROD 公司的 VideoMic Pro 外置式专业话筒

3．自动对焦镜头手动对焦时操控性不好

手动对焦镜头的对焦行程越长，对焦越准，但是自动对焦镜头由于其功能及效率方面的考虑往往对焦行程比较短，因此在视频拍摄需要进行手动对焦时反而不方便，此时可以考虑对焦行程较长的手动镜头，而且此类镜头往往坚固而轻便。

4．解决跑焦：放大显示+对焦

多数单反相机支持实时放大显示，由于单反显示屏尺寸较小，往往不容易直接看到局部区域的合焦情况，此时可以借助放大显示结合手动对焦来获取高精确的合焦效果。这种情况由于很少受到自动对焦感应器或被摄体本身亮度等的影响，因此适于拍摄风光或夜景。在进行放大显示时，液晶监视器的显示十分清晰，能够对细节部分进行很好的把握。

在这种模式下，需要将相机固定好，切换到手动对焦模式，打开实时显示，大致选择焦点，然后按下放大按钮，使画面放大一点，再选择焦点，然后继续放大到最高倍率，观察需要对焦的局部，进行细致的对焦，确定之后即可进行拍摄。

5．电池与存储卡

由于视频拍摄时需要打开实时取景功能，功耗增大，单反相机的电池在视频拍摄时持续拍摄时间会远远低于其摄影时的持续时间。

为了能够拍摄较长时间，往往需要使用外接电池盒或多备几块电池。

而进行视频拍摄时存储卡相对摄影而言同样要求更高，因为视频的数据码流比单张摄影要高得多，所以需要选择速度更快的存储卡，如在高清拍摄时往往需要 300× 以上的存储卡。

6．液晶屏

高清单反的液晶屏比摄像机的液晶屏小得多，而且多数单反相机液晶屏都是固定的，在高角度或低角度拍摄时就很不方便。如果将单反相机举起来就看不到液晶屏，而拍摄低

角度画面的时候则只能趴在地上。为了解决这个问题，往往需要使用专门的外置监视器。

7. 使用单反拍摄套件

单反相机在画质等方面有着先天的优势，但是摄像过程中又存在着结构性的缺陷，因为单反相机本来就不是为摄像而设计的。

为了能够更方便地利用单反相机在摄像中画质方面的优势，一些公司推出了单反拍摄套件。图3-33为卓力美特推出的单反拍摄套件，它包含遮光斗、追焦器、DSLR平台、C型架上手提、稳定握把、肩托、万向球头、7"监视器、外接电池扣板和配重等主要组成部件。

图3-33　卓力美特推出的单反拍摄套件

在上述的单反拍摄套件中，遮光斗可以遮挡非成像光线，在逆光及强光拍摄时必不可少，大大增加了影像成功率。C型架上手提采用人体工程学握把配合增长型手持部件能更好地改善因平衡造成的手臂疲劳，也可调作单手操作。锁紧采用特殊设计，更牢固。扳手可以稳定握把，随意调节握把可以任意调节方向，转向灵活，承重超强。肩托解决了低拍问题，快速翻开功能方便拍摄时更换镜头。万向球头内部采用弹簧滚珠设计，转向灵活。监视器则与高清摄像机连接，作为监控显示器或拍摄电影辅助显示器。

3.9.3　单反视频拍摄的基本操作

1. 单反视频拍摄的基本操作

1）切换单反相机到视频拍摄模式

单反相机的视频拍摄需要在实时取景模式下进行，对于多数新型号的单反相机而言，直接将模式转盘转到短片模式即可进行实时取景，而在EOS 5D Mark II中则需要进入菜单，打开实时显示/短片功能并且选择“静止图像+短片”模式，如图3-34所示，同时要将模式转盘设置为P/Tv/Av/M/B中的任意模式。

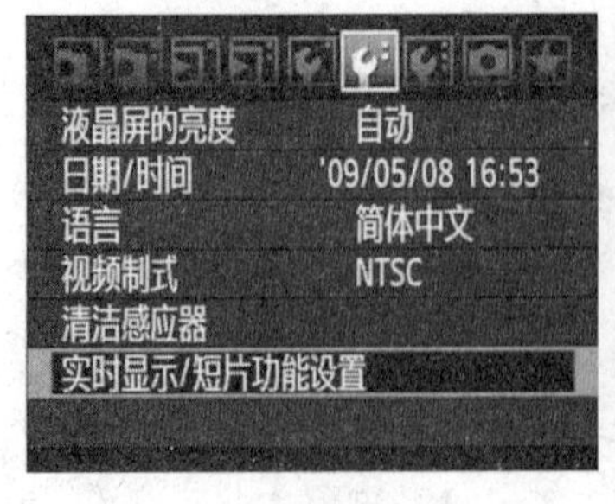

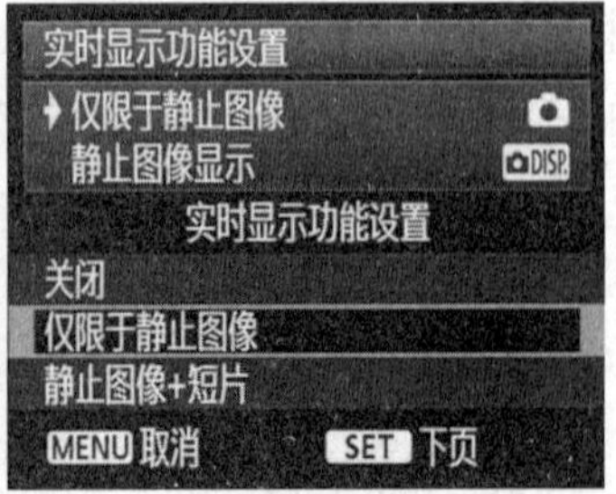

图3-34　EOS 5D Mark II的实时显示/短片功能菜单

2）设置短片格式

目前数码单反能够支持多种拍摄格式，如 Canon 7D 等较新机型可以支持如表 3-1 所示的多种格式的拍摄，相对而言 5D Mark II 支持的格式则少一些。

表 3-1

记录画质	PAL	NTSC
全高清（1920×1080）	25 或约 24fps	约 30 或约 24fps
高清（1280×720）	50fps	约 60fps
标清（640×480）	50fps	约 60fps

3）设置手动对焦

单反在进行视频拍摄时，其自动对焦功能往往很难准确地跟踪移动的物体，而且自动对焦时马达产生的噪音也会被记录下来，因此一般建议使用手动对焦模式，有条件的情况下可以配置追焦器，以提高手对焦效率。

4）设置感光度及曝光

在不同照度下，单反视频的拍摄需要设置感光度及曝光参数，以获取最佳的视觉效果。在较亮的环境下设置较低的感光度以获取更细腻的画质，而在较暗的环境里可以设置较高感光度以保证拍摄画面的亮度，同时由于单反的感光器面积很大，即便在高感光度之下仍然能够获得较好的画质。

5）对焦及拍摄

当需要的设置完成之后，并且完成对焦，即可按下拍摄按钮开始视频拍摄，这个按钮在不同的相机上会有所不同。图 3-35 是 Canon 5D Mark II 与 Canon 7D 的视频拍摄按钮。

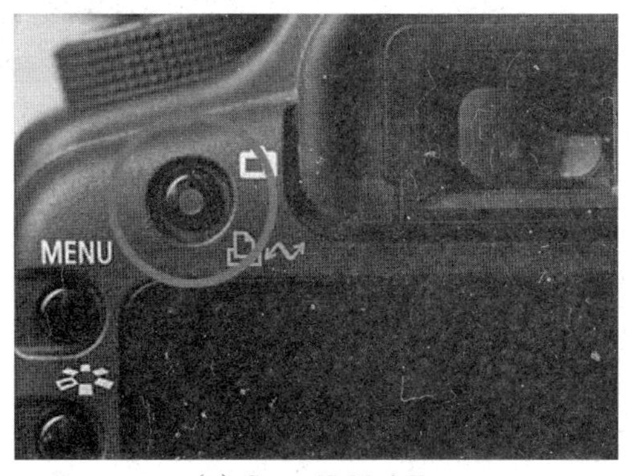

（a）Canon 5D Mark II

（b）Canon 7D

图 3-35　视频拍摄按钮

3.9.4　单反视频拍摄适用的题材

单反视频拍摄往往适合于摄制“电影感”的节目，如电影、电视电影、电视剧、广告、形象宣传片和 MV 等。

拍摄这种节目往往需要精心的策划，并且设计好分镜头脚本，同时对色彩、影调以及焦段、景深效果进行全面的考虑，以适用于单反拍摄的操控特征。

3.9.5 佳能单反视频后期编辑插件

EOS 5D Mark II及佳能的其他数码单反采用H.264格式记录视频短片，这种文件在FCP中经过剪辑、制作特效或者调色后，就会变得不流畅，需要将H.264编码的文件转码为适合编辑的文件。

这个插件安装后，可以从Final Cut Pro（FCP）软件的记录和传输（Log&Transfer）菜单中直接调出。编辑中将把单反拍摄的H.264格式转化为ProRes422格式，速度很快，加转场\特效后可以实时预览，不用渲染了。目前这个插件支持佳能EOS 5D Mark II、EOS 7D和EOS 1D Mark IV。点选要编辑的单反影片，按下Add Selection to Queue或者把影片拖入左下框，便开始转换。

3.9.6 专业之选：全画幅广播级DV

2011年年初，索尼针对中国市场推出了全球首款35mm全画幅基于HDCAM-SR格式记录的摄录一体机——SRW-9000PL，它具有极高的操作灵活性，而且可使用成熟的HDCAM-SR格式进行记录，如图3-36所示。

SRW-9000PL是一款HDCAM-SR格式的摄录一体机，可提供全高清分辨率的画面，并采用了有优异画面的35mm全幅单片CCD。这种CCD与高精度的14位A/D转换处理器相结合，使得摄录一体机能够拍摄并还原出质量极高的1080/50P画面。值得一提的是，SRW-9000PL装有一个PL镜头座系统，可安装传统高端的PL电影镜头。

图3-36 SRW-9000PL

与单反相比较之下，全画幅广播级DV无疑具有更好的操控性能及画面和录音效果，但毫无疑问的是价格的差别也是巨大的。

3.10 计算机的选择与配置

视频的后期采编制作必然离不开对计算机的使用，计算机的性能及配置又会直接影响到视频制作的效率及时间等，因此选择一款合适的计算机对于视频制作来说非常重要。

3.10.1 PC和MAC

目前的视频制作工作站中，PC和MAC是最常见的两种平台，并且各有千秋。

1．性能与价格的对比

目前 Mac Pro 计算机（见图 3-37）一般采用 4 核或 8 核的 64 位至强处理器，高端甚至采用 12 核处理器。Mac 系统采用一体化的系统设计，具有较好的稳定性及较高的性能。

图 3-37　Mac Pro 计算机

Mac Pro 计算机与相同配置的其他品牌计算机相比较而言，价格方面并不具有明显的优势。一些二线品牌的 PC 在相同的配置之下往往会比 Mac 便宜，但是 Mac 由于是一体化设计，系统运行时有较好的效率和稳定性，另外软件系统方面也为视频的制作提供了诸多独特的优势。Mac 的高分辨率显示器，如 30 英寸的显示器能够支持 2560×1600 的超高分辨率，更是为高清视频的编辑制作带来了前所未有的效果，能够完整地显示高清视频画面的同时，在屏幕上完全地安排编辑软件的菜单及工具。

2．软件群及易用性

Mac 系统的设计是比较容易上手的，同时 QuickTime 作为视频编辑的重要支持软件也能够为视频的处理带来诸多便利。价格低廉的 iLife 里的 iMovie 软件同样是一个简单易用的视频素材粗剪软件。如果需要专业制作的话，Final Cut Pro、Motion 和 Compressor 组成了一套物美价廉的创作工具集，其中 Motion 内置了大量预设的效果，能够满足大多数片头及特效制作的需求。

PC 系统下常用的视频编辑软件主要有 Premiere、After Effects 等。After Effects 作为视频特效编辑软件拥有丰富的第三方插件，能够为特效的创作提供极大的便利。

3.10.2　CPU 的选择

1．CPU频率

视频编辑转码时受 CPU 主频影响较大，频率越高，速度越快，因此可以考虑尽可能选用频率高的 CPU。

2．32位系统和64位系统

32 位和 64 位一般是指 CPU 的通用寄存器位宽，所以 64 位的 CPU 位宽比 32 位的 CPU 增加一倍，这使得可寻址范围大大扩展。32 位系统支持最大内存为 2^{32}=4GB，实际上在 32 位的计算机中，即便插入了 4GB 内存，由于系统的原因往往只能使用 3GB 左右的内存，而 64 位系统理论支持最大内存为 2^{64}=18446 744 073 709 551 616，约 1600 万 TB，当然实际上还受制于操作系统和主板约束，如图 3-38 所示。

64 位指令集可以运行 64 位数据指令，也就是说处理器一次可提取 64 位数据（只要两个指令，一次提取 8 个字节的数据），比 32 位（需要 4 个指令，一次提取 4 个字节的数据）提高了一倍，理论上性能会相应提升一倍。

需要注意的是，Adobe 视频编辑及视频特效制作软件 Premiere 和 After Effects 从 CS5 版本开始只支持 64 位处理器。

图 3-38 32 位与 64 位 CPU 示意图

3．软件及性价比方面的考虑

64 位系统在视频编辑中的优势是明显的，但是目前而言 64 位系统上面的软件还很少，只有应用了 64 位优化的 64 位程序在 64 位的硬件系统上运行时才会有性能上的提升，如果是 32 位的程序在 64 位系统上运行的话，实际上是运行在一个模拟的环境之下，性能未必会提升多少。

所幸的是 64 位系统正在普及，因此 64 位的视频编辑软件也越来越多。

对于 PC 而言，目前 32 位的系统和 64 位的系统并存，只是 32 位系统的计算机价格更低。对于 Mac 系统而言，目前基本上已经全部都采用了 64 位处理器，并且也已经有大量 64 位的程序。

64 位系统对于视频编辑制作的提升是明显的，尤其支持更多内存的特点也会对视频处理效率带来极大的提升，但是内存的增加同时意味着需要投入更多的费用。对于简单的视频编辑，目前一些 32 位的系统基本上也能够满足性能方面的需求，而且价格会便宜很多。对于预算紧张的制作者而言，可以更多地考虑性价比方面的因素。

另一方面，摄像机色彩深度提升也造成视频数据率大幅提升。例如，一个 4∶4∶4 的 12 位文件需要 3 倍于一个 4∶2∶0 的 8 位同样分辨率文件的带宽。

4．多核心处理器

目前多数视频制作软件都具有多线程运算的能力，因此多核心处理器毫无疑问将能够极大地提升视频处理的效率，而且核心数量越多，性能就会越高。但是，另外一个问题就是核心数量越多，价格也会越高，很多时候甚至价格增加比例会远远高于 CPU 性能增加的比例，这是因为高端的 CPU 往往技术更新而用户较少，因此导致生产成本升高。

3.10.3 显卡

目前许多显卡均支持高清加速，这对于视频的编辑处理速度会有较明显的提升作用。在选择显卡的时候建议选择支持高清加速，同时显存较大的显卡。

英特尔在核芯显卡内部加入了编码器，支持 MPEG2、VC1 和 H.264 硬件编码，Intel 称之为“英特尔高速视频同步技术（Quick Sync Video）”。根据相关的评测资料显示，用核芯显卡进行视频格式的硬件编码，速度是软件编码的两倍以上。

3.10.4　视频卡

视频卡主要有视频采集卡、视频显示卡（VGA 卡）、视频转换卡（如 TVCoder）以及动态视频压缩和视频解压缩卡等。它们完成的功能主要包括图形图像的采集、压缩、显示、叠加、淡入/淡出、转换和输出等。

1．视频卡的功能

视频卡是一种对实时视频图像进行数字化、冻结、存储和输出处理的工具。

（1）全活动数字图像的显示、抓取、录制，支持 Microsoft Video for Windows。

（2）可以从 VCR、摄像机、LD 和 TV 等视频源中抓取定格，存储输出图像。

（3）近似真彩色 YUV 格式图像缓冲区，并可将缓冲区映射到高端内存。

（4）可按比例缩放、剪切、移动、扫描视频图像。

（5）色度、饱和度、亮度、对比度及 R、G、B 三色比例可调。

（6）可用软件选端口地址和 IRO。

（7）具有若干个可用软件相互切换的视频输入源，以其中一个做活动显示。

2．视频卡的特性

（1）视频输入源。可通过软件从三个复合视频信号输入口中选择视频源，支持 NTSC、PAL 或 SECAM 制式。

（2）窗口和叠加。窗口定位及定位尺寸精确到单个像素，通过图形色键（256 键）将 VGA 图形和视频叠加。

（3）屏蔽色键控制、亮度和彩色信号屏蔽。

（4）支持 JPEG、PCX、TIFF、BMP、GIF 等图像文件格式。

（5）图像处理包括活动及静止图像比例缩放，视频图像的定格、存取及载入，图像的剪辑和改变尺寸，色调、饱和度、亮度和对比度的控制。

3．视频卡的分类

1）视频转换卡

把 VGA 信号转为 PAI/NTSC/SECAM 制式的视频信号，供电视播放或录像制作使用，是动态视觉传达系统的输出工具，多用于广告电视片的后期处理。

2）视频采集卡

视频采集卡是将模拟摄像机、录像机、LD 视盘机、电视机输出的视频信号等输出的视频数据或者视频音频的混合数据输入计算机，并转换成计算机可辨别的数字数据，存储在计算机中，成为可编辑处理的视频数据文件。它能够捕捉和编辑静态视频图像，完成视频图像数字化、编辑以及处理等。

视频采集卡一般不具备电视天线接口和音频输入接口，不能用视频采集卡直接采集电视射频信号，也不能直接采集伴音信号。

要采集伴音，PC 上必须要装有声卡。视频采集卡通过 PC 上的声卡获取数字化的伴音，并把伴音与采集到的数字视频同步到一起。

3）动态视频捕捉和播放卡

该卡用于实时动态视频和声音的同时获取及压缩处理，还具有储存和播放功能。

4）视窗动态视频卡

该卡提供视窗显示，动态画面的柔合及叠加，淡入、淡出等特技功能，使电视画面变得多姿多彩，出神入化。

5）视频压缩卡

该卡根据 JPEG/MPEG 标准做压缩与还原的工作。

个人计算机只要配有光盘驱动器和 MPEG 解压卡就可以在计算机上观看 VCD 或 CD－I 电影光盘。

6）模拟视频叠加卡

该卡用于把计算机输出的文字、字幕和图形等叠加到光盘、录像机、摄像机以及 TV 模拟信号源上，是多媒体设计的常用设备。

7）TV 卡

电视选台卡相当于电视机的高频头，起选台的作用。电视选台卡和视频叠加卡配合使用就可以在计算机上观看电视节目。现在又将这两种卡合二为一，称为电视卡。压缩/解压卡用于将连续图像的数据压缩和解压。

电视编码卡的作用是将计算机 VGA 信号转换成视频信号。这种卡一般用于把计算机的屏幕内容送到电视机或录相设备。

4．视频采集卡

1）视频采集卡的工作原理

视频信号源、摄像机、录像机或激光视盘的信号首先经过 A/D 变换，通过多制式数字解码器得到 YUV 数据，然后由视频窗口控制器对其进行剪裁，改变比例后存入帧存储器。帧存储器的内容在窗口控制器的控制下与 VGA 同步信号或视频编码器的同步信号同步，再送到 D/A 变换器变成模拟的 RGB 信号，同时送到数字式视频编码器进行视频编码，最后输出到 VGA 监视器及电视机或录像机。

由于模拟视频输入端可以提供不间断的信息源，视频采集卡要采集模拟视频序列中的每一帧图像，并在采集下一帧图像之前把这些数据传入 PC 系统。因此，实现实时采集的关键是每一帧所需的处理时间。如果每帧视频图像的处理时间超过相邻两帧之间的相隔时间，则要出现数据的丢失，即丢帧现象。采集卡都是把获取的视频序列先进行压缩处理，然后再存入硬盘，也就是说视频序列的获取和压缩是在一起完成的，免除了再次进行压缩处理的不便。不同档次的采集卡具有不同质量的采集压缩性能。

视频采集卡一般都配有硬件驱动程序以实现 PC 对采集卡的控制和数据通信。根据不同的采集卡所要求的操作系统环境，各有不同的驱动程序。只有把采集卡插入到 PC 的主板扩展槽并正确安装了驱动程序以后才能正常工作。采集卡一般都配有采集应用程序以控制和操作采集过程。也有一些通用的采集程序，数字视频编辑软件如 Adobe Premiere 等也带有采集功能，但这些应用软件都必须与采集卡硬件配合使用。即只有采集卡硬件正常安装和驱动以后才能使用。

2）视频采集卡的分类

按照其用途可分为广播级视频采集卡、专业级视频采集卡和民用级视频采集卡，它们档次的高低主要是采集图像的质量不同。广播级视频采集卡的特点是采集的图像分辨率高，视频信噪比高，缺点是视频文件所需硬盘空间大，每分钟数据量至少要消耗 200MB。一般连接 BetaCam 摄/录像机，所以它多用于录制电视台所制作的节目。

在计算机上通过视频采集卡可以接收来自视频输入端的模拟视频信号，对该信号进行采集、量化成数字信号，然后压缩编码成数字视频。大多数视频卡都具备硬件压缩的功能，在采集视频信号时首先在卡上对视频信号进行压缩，然后再通过 PCI 接口把压缩的视频数据传送到主机上。一般的 PC 视频采集卡采用帧内压缩的算法把数字化的视频存储成 AVI 文件，高档一些的视频采集卡还能直接把采集到的数字视频数据实时压缩成 MPEG 格式的文件。

专业级视频采集卡的档次比广播级的性能稍微低一些，分辨率两者是相同的，但压缩比稍微大一些，其最小的压缩比一般在 6∶1 以内。

5．视频采集卡、1394卡、非编卡的区别

1）视频采集卡

所有带视频采集功能的卡都可以称做是视频采集卡。模拟采集卡的功能是将模拟的视频信号转换为数字视频信号，它要比 1394 采集卡贵很多。

2）1394 卡

1394 卡通过 IEEE 标准传输数据的数字接口卡，数据传输速度为 400Mbps。模拟采集是有损采集，而 1394 数字采集是无损采集，可以做一个很准确的类比：模拟采集像录音带翻录一样，次数越多，质量越差，而 1394 数字采集就像硬盘备份文件的道理一样，源文件和备份没有任何区别。

3）非编卡

非编卡具有自己的视频编码芯片，通过相关软件进行视频采集，并且在编辑时所加的各种特技及字幕能实时预览，能实时输出视频。

6．流媒体采集卡

流媒体卡就是能把视频信号直接采集成 WMV、RM/RMVB 等便于网络传输的流媒体视频格式，并且能够通过网络进行实时直播和广播的视频采集卡。如 viewcast 的 Osprey 系列卡。

7．硬件压缩与软件压缩

软件压缩是纯粹依靠 CPU 来工作的，压缩效果完全取决于 CPU 的运算速度与相关压缩软件的编码质量，并且压缩的时间比较长。而硬件压缩是视频采集卡板卡自身具有的视频压缩芯片与 CPU 同时进行工作，对 CPU 的依赖就小，压缩效果主要取决于压缩卡自带压缩芯片的优劣，压缩时间是 1∶1。

视频压缩卡一般是直接采集成 MPEG 格式的，因为其板卡上有自己的压缩运算芯片，采集效果基本上对计算机配置情况没有什么依赖性，并且采集时间是实时的。

3.10.5　笔记本与台式机

一般情况下，相同价位的台式机性能要比笔记本高得多，这是因为笔记本需要在较小的空间内安排大量部件，需要将各种部件都做的比较小，而这无疑会增加制造成本。

笔记本在视频制作中往往适合于需要长时间在外地进行拍摄制作的情况，此时笔记本轻便的优点就会为出差时的行李携带减轻负担。

选择视频编辑用笔记本需要重点考虑的因素主要有以下几个方面：

1．性能

综合考虑CPU、显卡和内存，尽量选用64位的CPU，支持高清加速及编码的显卡和至少4GB内存，当然具体选用什么样的配置还取决于视频制作的需求，考虑到笔记本报价比较低，建议够用即可。

2．存储

对于高清视频而言，存储空间是一个重要的方面，目前的笔记本硬盘也都有较大的容量，如果不是长时间在外地拍摄制作的话，给笔记本配置较大硬盘即可；如果需要长时间在外摄制的话，则可以考虑便携式磁盘阵列存储器。

3．显示器色彩

笔记本相对于台式机而言显示器是固定的，而出于降低成本的考虑，一些笔记本生产商往往会采用规格较低的显示器，这种显示器的一个很大的问题在于色彩还原较差，往往存在偏色，因此选择笔记本的时候其显示器的色彩是一个需要考虑的重要指标。

3.10.6　大容量高性能的存储设备：磁盘阵列

磁盘阵列（Redundant Arrays of Inexpensive Disks，RAID），英文直译的意思是“价格便宜且多余的磁盘阵列”。它利用成组的磁盘，配合数据分散排列设计的读写方式来提升数据的安全性及数据的读写速度，同时能够轻松实现比单个硬盘高数倍的容量。磁盘阵列一般是由多个容量较小、稳定性较高，但速度相对较慢的磁盘组合成一个大型的磁盘组。磁盘阵列提供专门的阵列控制芯片将存储进来的数据切割成许多区段，分别存放在各个硬盘上，因此在获得大容量的同时，读写速度也远远突破了单片硬盘能够达到的最高速度，如图3-39所示，为高清视频的采集、存储及编辑制作带来极大的方便。

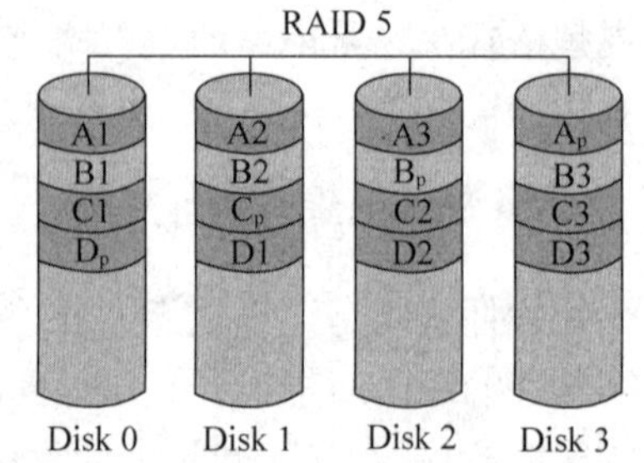

图3-39　RAID 5磁盘阵列的原理

磁盘阵列有RAID 0～RAID 7等数个规格，其中RAID 0仅仅是提升了速度和容量，在数据安全性方面没有保证，不能应用于数据安全性要求高的场合。而RAID 1使用两片硬盘互相镜像备份，安全性较好，但是容量及速度没有提升，主要适合于作为对访问速度要求不高的网络服务器的数据存放，如一般性网站的文字图像内容。

对于高清视频的编辑而言，比较适合于选择采用 RAID 5～RAID 7 技术规格的阵列，以从容量、安全性和速度等方面对视频数据进行全方位的保障。

阵列的实现方式有三种：一是采用磁盘阵列柜，如图 3-40 所示；二是使用内接式磁盘阵列卡，如图 3-41 所示；三是采用软件模拟。磁盘阵列柜是最方便的解决方案，成本比另外两种稍高，但稳定性较好。内接式磁盘阵列卡需要安装到计算机内部，然后接上多片硬盘来构成阵列。软件模拟往往会牺牲系统性能，一般情况下并不实用。

图 3-40　磁盘阵列柜

图 3-41　内接式磁盘阵列卡

网络服务中使用的磁盘阵列由于需要考虑支持更多的硬盘、长时间稳定运行、散热和多种接口等多方面的需要，往往体积比较庞大，一般只有非常专业的影视制作机构才有必要选择这种大型的磁盘阵列。对于一般的视频编辑而言，容量并不需要非常高，另外一般也不需要太长时间地连续运行，可以选择较为小巧轻便的磁盘阵列柜，更为个人化的视频制作，甚至可以选择带有阵列功能的移动硬盘，这些类型的阵列在体积上比计算机还小一些，通过高速接口与计算机连接上之后作为一个外置式硬盘使用，如 Stardom 带有阵列功能的移动硬盘（见图 3-42）。

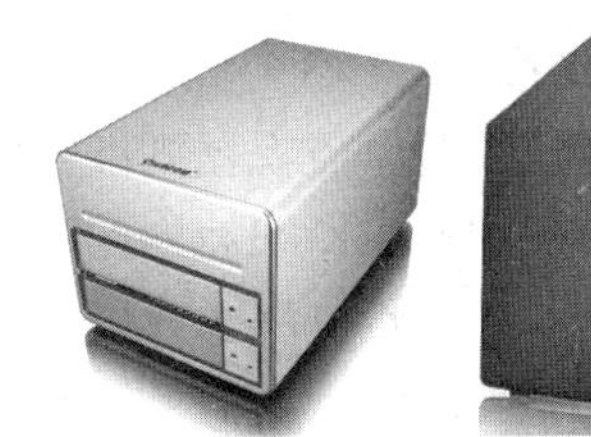

图 3-42　Stardom 带有阵列功能的移动硬盘

3.10.7　显示器

1. 色彩深度与色彩还原

色彩深度是指存储每个像素的颜色所用的位数，色彩深度决定彩色图像的每个像素可能有的颜色数，或者确定灰度图像的每个像素可能有的灰度级数。例如，一幅彩色图像的每个像素用 R，G，B 三个分量表示，若每个分量用 8 位，那么一个像素共用 24 位表示，就说像素的深度为 24，每个像素可以是 2^{24}=16 777 216 种颜色中的一种。

目前市面上常见两种规格的显示器：一种是 16.7M 色彩的，还有一种是 16.2M 色彩的，其中 16.7M 色彩指的就是有 16 777 216 种颜色，也就是真彩色，这种显示器采用 8 位的面板，能够准确地还原色彩，而另外一种 16.2M 的显示器则是采用 6 位的面板，同时借助一种称为像素抖动的技术来模拟出真彩色的效果，但是仍然有 0.5M 种颜色表现不出来，这样就会导致色彩失真，并且亮部或暗部的细节完全显示不出来。

为了保证视频制作中色彩的准确性，请务必选用 16.7M 规格的显示器。

2. 立体显示

随着立体影像技术的流行，能够拍摄立体视频的摄像机也越来越多，为了能够对立体视频编辑制作过程中的立体效果进行直观的预览和修改，可以考虑购置具有立体显示功能的显示器。

目前立体显示器主要有两种类型：一种是采用 120Hz 刷新频率，配合液晶快门眼镜来实现立体显示，如图 3-43 所示。这种显示器能够在完全分辨率之下显示立体效果，缺点则在于液晶快门眼镜价格高昂，往往需要数百元，同时由于采用的是闪烁刷新屏幕的方式，时间久了眼睛会产生不适感。

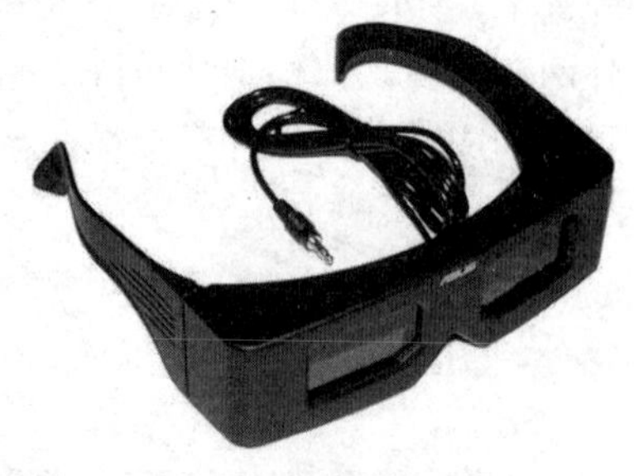

图 3-43　液晶快门眼镜

另外一种类型的立体显示器采用偏振光显示结合廉价的偏振眼镜，屏幕没有闪烁，但是水平分辨率会下降一半，因此对画质有一定影响。但由于眼镜对水平分辨率的下降并不敏感，因此如果距离稍远一点点的话效果仍然很好，而且由于眼镜成本很低，仅几元钱一个，可以轻易地实现多人同时观看。

3. 使用视频监视器

视频监视器的作用在于能够保证视频画面播放到电视机后的色彩准确。目前多数液晶显示器本身具有良好的色彩还原度，因此也可以使用液晶显示器作为视频监视器。但是液晶显示器也有其不足之处，主要体现在长时间使用之后，如使用数千小时之后亮度可能下降较多，而专业的视频监视器则能够保证在长时间使用之后性能仍然比较稳定。

另外一个使用监视器的原因则在于一般情况下，电视机的亮度比显示器的亮度要高一点，如果将要制作的视频内容在电视台播出的话，使用监视器则能够较好地把握其在电视上呈现时的色彩。

4. 分辨率

制作高清节目的时候节目本身具有 1920×1080 的分辨率，如果使用分辨率偏低的显示器，则视频画面必然要被缩小显示，这样有可能会导致制作上的一些局限性，为了保证制作的质量，可以考虑使用分辨率更高的显示器，如苹果的 30 英寸显示器拥有 2560×1600 的分辨率，就能够更好地把握视频内容的各个细节。

当然，另外一种变通的方案则是采用双显示器，一个显示器显示视频画面，另外一个显示器显示编辑软件的工作界面，这样也能够提升显示器的有效分辨率。

3.10.8　如何解决视频采集卡采集 DV 时的丢帧问题

由于视频制作硬件等各方面条件的限制，相信许多朋友在数码影像的后期制作过程中都遇到过丢帧的问题，丢帧可以造成影音的不同步。

1. 优化硬盘

对于视频的采集和压缩来说，最好使用 7200 转甚至更高转速的硬盘。

定期对硬盘进行碎片整理，尤其是在后期制作开始之前，最好对硬盘作一次全面的磁盘错误扫描和整理。硬盘的文件存储结构不合理，丢帧现象就会经常出现。

选择较大的硬盘分区作为文件存储盘，有条件的话最好单独使用一块硬盘或磁盘阵列专门用来采集。

采用 NTFS 格式，这是因为 FAT32 文件系统的限制，最大单个文件不能超过 4GB，而传输一盘 60 分钟的数码摄像带将占据 11～13GB 左右的硬盘空间，大大超过 4GB 的极限。

2. 解决机器兼容性

有的时候用于视频采集的 1394 卡可能与其他设备共用一个 IRQ 号，造成相互干扰的现象，最终可能会导致丢帧现象的产生。这时应该进行一下手动调解，单独分配给 1394 卡一个 IRQ 号，这样就能解决丢帧的问题了。

3. 优化操作系统

建议使用 Windows 2000/XP 系统和 DirectX 8.0 以上的程序版本，因为这几个操作系统在兼容性、运行速度等方面都要超过 Windows 98 系统，在采集时会有效地减少丢帧现象的发生。

4. 使用新的数码摄像带

如果使用的数码摄像磁带的质量较差或者已经使用了许多次，那么磁带上的磁粉就会不可避免的有微量的脱落，这就可能会造成视频信号的丢失，其最终结果也会造成丢帧现象的发生。

其实这种丢帧现象一般在拍摄时就可以看出来，可以通过更换质量较好的数码摄像带轻松地解决这个问题。

5. 不要多种工作同时进行

由于视频采集是一个很占系统资源的工作，因此在进行视频采集工作时最好不要进行其他软件的操作，边听 MP3 边进行视频制作的工作方式是不可取的，同时要尽可能关闭防火墙等一类的后台程序，可以通过按 Ctrl+Alt+Delete 组合键来查看都有哪些后台程序正在运行中，然后关闭不必要的后台程序就可以了，这样做可以使得那些后台运行的软件对采集过程不造成额外的干扰，从而能够有效地避免丢帧现象的发生。

3.11　灯光与照明

灯光的使用对于影片视觉效果有着重要的作用，尤其是在室内拍摄以及户外光线不足的情况，灯光就显得尤为重要。

3.11.1　灯光的类型

影视中的光源主要有两大类：　散射光及菲涅尔光。散射光较为简单，使用环绕反射镜的光源营造。菲涅尔光则使用透镜作为主要结构，能够创造出强烈的，集中的光线，并且可以达到比散射光更远的距离。

3.11.2 灯光的色温

对于摄像机而言，各种光源所发出的光线都是不同的，它能够分辨出各种灯光的色温。色温的衡量标准为开尔文温度（例如 5600K），光源的发光部件在较低的温度下发光会产生红色的光线，在较高的温度下发光则产生色彩偏蓝的光线。

如果要在影片中营造“暖和的”画面感觉，则一般使用 3200K 左右，偏红的光线；如果要模拟白天的自然光，要使用 5500K 左右，偏蓝色的光线。在进行影片画面效果设计的时候，首先需要考虑主光源的类型是哪一种，白天的自然光，金属反射光或荧光，然后再为自己的场景准备灯光道具，将所有的光源调整至类似的温度。

一般情景应该避免将很多不同色温的光线混合在一起，除非是为了制造特殊的效果。

3.11.3 常见摄像灯光系统

1. 白炽灯

这是普通家庭通常使用的灯泡，能够使房间环境产生比较“温暖的”感觉（2900K 左右的色温），也有一些较专业的白炽灯，往往拥有稍冷的色彩。

2. 卤钨灯光源

跟白炽灯泡相比较而言，这种灯泡较小，但功率更高，也更昂贵，也被称为“石英灯”，色温一般在 3200K 左右。

3. 荧光灯

普通的荧光灯泡会产生微绿色的光线，与自然光有所不同。专业的荧光灯泡如 Kino Flo（美国电影电视摄影棚用冷光灯）及其他灯泡可以创造出类似日光的较为平衡的光线。这类荧光灯在使用时往往用排列成阵的灯管或单个的照明装置，它们产生的光线柔和，并且不散发热量。

4. HMI灯

弧光灯（H=水银，M=介质弧光，I=碘）是最有效地模仿日光效果的光源。HMI 灯在相同的能源供给下可以创造三倍于白炽灯的亮度。

5. 炭弧灯

读者可能在市场上的各类用品中经常见到这类灯泡，例如可以在空气中打出一个圆形光环的车前灯。大型的照明装置往往使用它们在大面积场地上制造日光效果。炭弧灯需要特殊的能源供给，并且在使用过程中往往需要专门的电力工程师。

第 4 章　剧本的编写与类型

写剧本有一句格言：Simple is the best!越简单的故事就越好。剧本是开始一切摄制活动的基础。剧本是一种文学形式，是戏剧艺术创作的文本基础，导演与演员根据剧本进行演出。剧本是影视拍摄的灵魂根据地。你所有的创意、灵感都聚在这儿厚积薄发。所听、所说、所感、所悟，均需在剧本中呈现才能完美演绎在镜头中。成为一名合格的编剧，从这里起步。

4.1　剧本的编写

剧本是由场景描写、人物、对话和动作 4 个基本要素构成的描述整部作品的文学形式。本书中指代的剧本属于能用画面讲述出故事来的影视剧本，区别于戏剧、戏曲等其他艺术形式的剧本。剧本的创作者叫做编剧。

写剧本和写小说、记日记是两码事。要写好剧本，才能够拍出想要拍的片子。剧本是开始一切摄制活动的基础。那么，剧本从何而来？最初应该起源于你有一个想法，一个创意或者是一种灵感，在经过不断深化、加工、完善后，初步形成一篇百余字的故事梗概，好的编剧的强项是故事梗概的人物设计、语言风格都很完美。接着，就可以构思精巧地完成剧本的创作了。我们的短片剧本一般较短，按照规矩的格式，一张 A4 纸代表三分半钟，你的剧本长度决定你的短片长度，当然除了想要另加的特效之外。

什么才是最棒的创意？一个惊奇的故事。这个回答同样适用于短片，产生一个伟大的创意，比独特的情节、是否被挖掘过的构想或理念有新的突破都重要。当然，每个人都或多或少想要自己拍的片子不同寻常，那么前提就是要抓住观众的心。如果你拍的仅仅是一连串有着不错效果的东西，并没有一些实质性的内容，与观众没有在情感上对接，那么仅仅是一部短片而已。创意可以源于生活，大多数记录短片几乎都来自于生活。创意也可以是从改编自其他素材的构思而来。虽说好的故事是原创而不是复制，但是可以同样理解为好的故事也可以是在原有东西基础上的创新。一个短的故事通常含蓄内化，如何外化这个故事就比较困难。如果你的创意能够引起观众的共鸣，或者让观众猎奇，那么你就成功了。相似的故事，出人意料的结尾，一个令人满意的结局莫过于把故事说得有声有色，即在情理之中，又在意料之外。

剧本是反映社会与人的生活的。人物的成功塑造才能使剧本中的矛盾冲突合理地进行。人物的塑造基础在于性格与环境的冲突、性格与性格的冲突、性格自身的内部冲突，通过行动、语言、多层面的复杂语言来具体地体现人物。人物的心理活动要同时符合生活与艺术的真实，并且要切合逻辑。人物的形体外貌在分析和处理时设计成令人意外的别出心裁的效果也是一种可取方式，造成人物反差的特殊效果也颇具有艺术魅力。

剧本是以“场”为单位写作的，剧本要用记叙文的形式来写，就像我们小时候写作文时语文老师要求的，时间、地点、人物、故事的起因、经过、结果都必须完整。需要注意的是，剧本中人物的对白、动作都必须区别于戏剧、舞台剧剧本，要更加生活化，需要体现艺术的真实性。演员根据剧本表演出来的动作可以调动观赏的积极性，而且通过剧本，导演可以运用艺术指导镜头，将声音、画面等作为一门精湛的艺术演绎出来。影视剧本中很少提及角色的心理活动，作为编剧，我们需要将心理活动内化成情绪语言，让演员能够表达出来。这也是为什么我们写的是剧本而不是小说的根本原因。在 4.3 节，会具体比较一下剧本和小说的差别，好让我们有更为清晰的认识。这时需要适当提醒你一下，剧本只需要将要拍摄的故事表述完整就可以了，至于"远镜头、近镜头、推、拉、摇"这些镜头语言是不需要出现在剧本中的，出现了反而会影响导演的艺术指导。

在剧本的写作中，要明确地区分场景。每个场景都要表明场地、时间（日景还是夜景）、内景或外景以及人物。之所以这样标注清晰，是为了方便后面的拍摄工作。因为要分场景进行拍摄，所以在制订生产计划前要对剧本进行分解，让人一看便明白，某个场景共有多少场戏，多少日景戏，多少夜景戏，多少内景戏，多少外景戏。编剧在写作过程中要有镜头感和画面意识，用画面进行思维，应对环境、人物的外表行为以及心理的描写都尽可能地视觉化。

剧本范例如下：

电影《疯狂的石头》（剧本）节选

1. 缆车内外，日，外

黑场入：淡淡江雾之中，江岸；江面，山城街道高楼平房；镜头航拍掠过。

部分字幕

谢小盟（港腔普通话 OS）："这是我儿时的城市，虽然我在香港多年，但这副情景依然时常萦绕在梦里。我见到你就有一种说不出的感觉，说不清是似曾相识还是一见如故。这感觉好亲切，好强烈……"

一个留着"莫西干头"一身结实肌肉有文身的年轻人坐在陈旧的缆车一角，正在闭目听着 MP3，脖子上挂着一副拳击手套。

一身港式打扮圆脑袋大脸带着太阳帽的谢小盟依在缆车窗口，悠然自得地欣赏着美景，长发被微风轻轻吹动，手中拿着一听饮料，陶醉在自己浓浓的诗意中。在他身旁是一个身材娇小玲珑、打扮入时的长发美女。美女望着他，眼神有些迷茫。

谢小盟看了美女一眼，深情地："……你知道你什么气质吸引我？——忧郁！我从你眼睛里看的出来，你有一个不堪回首的过去！"

谢小盟说着轻轻的拉起女孩的手。

"莫西干头"抬头看见眼前谢小盟的举动，摘下耳机。

美女回头看他，忍不住失笑，突然目光看向小盟身后。

谢小盟蓦然回头，莫西干头站在他身后。女孩把手从小盟手里抽出，站到"莫西干头"身边。

"莫西干头"的拳头已经狠狠有力地打了过来。

谢小盟眼前一黑:出字幕。

"莫西干头"又是一拳,谢小盟眼前又是一黑:出字幕。

陈旧的缆车箱内的其他人瞬间消失,空空的车厢只有莫西干头在酣畅的拳击谢小盟。

车厢也瞬间幻化成颇具形式感的拳台。

谢小盟各种被打姿势,眼前不断发黑,连续出字幕。

手中的饮料也甩的到处都是。

画面回到现实中,"莫西干头"打出最后一拳,谢小盟脑袋向后仰去,身体也完全失去重心,手中的可乐罐飞出缆车。

2. 医院门诊室,日,内

女护士打着电脑露出深深的乳沟,胸口的领子敞着,若隐若现。

旁边的包世宏斜眼紧盯着,包世宏坐在一位老医生的对面。

老医生抬起头,眼睛向上瞄着包世宏:"哎,哎,看你不像有病的样子,除了尿不出来,还有什么别的毛病吗?"

护士起身走开。

包世宏回过神来,尴尬的笑笑,悄声:"没孩子,结婚三年了,查不出原因。"

老医生顺手拉开抽屉,用镊子拽出一本裸体画册,扔到包世宏的面前:"取个样。"

包世宏看着桌上的画册:"啥样?"

3. 医院走廊,日,内

包世宏胳膊肘里夹着画册,手里拿着试管从厕所里出来,他对着日光灯弹了弹试管。三宝从长椅上站起,走过来。

包世宏晃了晃:"稀吗?"

三宝紧紧盯着没有说话,包世宏自讨没趣,把试管递到左手,右手在屁股上擦了擦,摸掉湿迹,朝门诊室走去,三宝跟在后面,他从包世宏的胳膊肘里拽过画册,翻看着,边看,边撕下一页,揣进兜里。

4. 面包车内,日,内

车窗前放着一本病例本。包世宏紧张地双手握着方向盘,眼神四处游离,还不时拍拍信号不良的收音机。副驾驶座上的三宝将一封信扔在驾驶台。

三宝一边拍打着收音机说:"你真不干了?"

包世宏小心翼翼地开着车:"要不我考这驾照呢?我小舅子还等我跑夜途呢……"

三宝:"你这病跑夜途成吗?

收音机里传出新闻播报:"……一颗价值连城的翡翠出现在我市……工艺品厂……这在世界上都是极其罕见的……"

三宝:"唉,是不是说咱们厂?"

包世宏:"都快关门了,你还指望天上掉馅饼?"

这时，车顶忽然传来“咣当”一声。包世宏连忙踩刹车。

影视剧本基本的线性结构形式是：开端-建立情节点→经过-建立冲突→结局-矛盾化解。所谓情节点，就是将一个事件紧紧的织入故事中，使故事发展转向另一个方向，从而推进故事直至结局。冲突是一切故事的基础，编剧给自己的角色规定需求达到自己想要的目的，就这一目的需求设置障碍便产生了冲突。举个例子：一对男女在公园邂逅（开端），相爱后随着关系的发展在偶然中发现对方竟然是自己同父异母的兄妹（经过），女孩离开了这个城市，多年后两人又在公园相遇，不过各自身边却多了一个伴侣（结局）。如何安排剧本中情节点、矛盾冲突的结构组成方式，决定了影片的形式，可以像电影《花水木》、《致命魔术》一样是由闪回来叙述一个故事，也可以是各种片段的无序集结，如电影《记忆碎片》、《时时刻刻》一般。

怎样的剧本才是好剧本呢？经验丰富的资深编剧首先都会忠告新手：从一开始就要按照电影剧本的正规格式要求写，用规范的电影术语，切勿天马行空创造新形式。编剧必须具备“蒙太奇思维”[1]的能力，即带着一种视觉构思的技能创作剧本，法国导演雷内·克莱尔曾说：“电影的主题是‘视觉的主题’”。[2]剧本的弱点要在创作阶段加以克服，糟糕的剧本绝对拍不出优质的影片。古往今来关于剧本优劣的争论很多，但往往都是在文学性和故事理论上纠缠不清，很少有学者从传播的角度来看待剧本的好坏，作者认为剧本所要表达的情感价值观导向决定着这个剧本在社会认知中所处的位置，影片的主题必须单纯、明确，达成思想和艺术上的统一。

一个剧本，可以就是一句话，这是最简单的检验方法。

4.2 剧本的分类

一般来说，短片剧本有故事片、纪录片、动画实验片、音乐片和改编剧等几种类型。

4.2.1 故事片

主要是运用画面和声音为手段叙述剧情的影视作品，有警匪片、喜剧片、动作片、惊悚片和爱情片等诸多题材风格，例如美国魔幻影片《哈利·波特》系列，大卫·芬奇导演的惊悚片《七宗罪》，深受孩子们推崇的喜剧片《小鬼当家》等。这类型的片子有开头、中间和结尾。我们所看到的大都是叙事结构，在10分钟内讲述一个完整精彩的故事还是具有挑战性的。故事的原型在于挖掘出一种普遍性的人生体验，然后以独一无二的、具有文化特性的表现手法对它进行装饰。好的编剧明白简明扼要是关键，独特的内容和形式需完美融合，且应别具一格地展示故事的形态。如果你的想象力足够深远而且新颖，你的故事设计必将别出心裁。故事设计是为了推敲故事的材质，构建故事的形态。注意的是，不要将

1 希区柯克认为：蒙太奇思维就是电影的形象化能力，编剧通过画面或镜头的组接而能清楚、生动地表现出全部思想意图的形式和动作。

2《电影随想录》，作者雷内·克莱尔，中国电影出版社1981年版，第95页。

猎奇误以为是独一无二的创作。优秀的编剧都能够通过各种不同的喜剧和悲剧模式来达到娱乐的目的，因为他们给予观众一种具有感染意义的新鲜的生活模式。

下面提醒的事情在其他类型的短片中同样需要注意。

人物对白是故事片剧本的灵魂，要注意的是，对白不是对话。故事片展现的必须像生活，但又并非分毫不差地照搬生活。故事片越是精巧，人物形象越是生动，对白也就更加敏锐。旁听一下任何大卖场的对话，你都会马上意识到，决不能将废话搬上银幕。现实中的对话总是充满无意义的重复，极不规范的遣词造句以及不合理的推论。银幕上的对白必须具有日常谈话的形式，但是其内容必须超越寻常谈话。剧本描写的对白精髓就是简单扼要、长话短说。冗长的对白吸引不了观众，连编剧自己也很难被说服。

4.2.2　纪录片

以真实生活为创作素材，以真人真事为表现对象，并对其进行艺术的加工与展现，以展现真实为本质，并用真实引发人们思考的电影或电视艺术形式。纪录片重在分析真实的事件，基本没有虚构，体现了人们对“真、善、美”的追求。这类型的片子集中于最近的而不是过去的事件，通常将采访和一段真实的事件融为一体。尽管做了许多的准备工作确定了采访的主体，并且要求播放真实的事件，这些片子仍然要在剪辑室中编辑。真实是纪录片充满生机的主要原因。纪录片、商业广告等类似于公共服务的剧本中经常要用到分栏的格式，一栏用于画面，一栏用于解说，所有的镜头指导、场面描述、舞台指导都着重标注，对白可以保持一般小写形式。经典的纪录片有早期法国路易·卢米埃尔拍摄的带有实验性质的纪录片《工厂的大门》(1895)、美国的《华氏 911》(2004)、法国导演雅克·贝汉拍的《海洋》(2009) 等诸多优秀记录真实事件的片子。

4.2.3　动画片

通常采用叙述的形式，拥有引人注目的形式，简化的故事情节和深刻的主题。与其他的片子又有所区别，因为这类型的片子更强调形式，短片在形式感上作出了一些大胆的创新和尝试。观看著名的《皮克斯动画短片》，我们发现动画短片的故事一般只围绕一个矛盾展开，它的结构不像一般影片那样四平八稳。比起真人拍摄的剧本，动画剧本的内容会更加细致，例如拍教室，真人剧本中不是剧情的需要不用交代教室内有多少同学，而动画剧本细致到需要描述出有多少个同学，分别是什么样的姿态，如果不能确定，那么动画制作人员就会为难。真人拍摄的短片，在不影响剧情的情况下，教室是否有同学进出是不影响剧情的，但动画短片则是要规定好任何一种细节的动作，否则会影响剧情的发展。

4.2.4　实验片

往往结合故事片、纪录片、动画片的风格。尽管通常不是叙述一个情节，但是其与那些主流的商业和记录片相异甚至对立的拍摄风格和制作方式往往视觉效果更佳。实验片从一种程度上可以归类于艺术电影，脱离类型而写作的先锋派表现方式，一般是为了尝试某种风格而拍摄的，不会在乎票房或者放映。大多数这类型的影片制作成本极低，创作成员少，大多数情况下所有工作都由导演一人完成。实验影片的定义一直备受争议，因为现在很多的“实验电影”实际上一点都不“实验”了，而那些一般大众看来缺乏故事情节，追求诗意化和印象派化的画面和叙述风格这些有很明显特征的影片类型就是所谓的“实验电影”，例如获得三届上海国际电影节亚洲新人奖的实验片《翻山》。

4.2.5 音乐片

将音乐结合在故事中，并且实际上是由故事内的人物具体演出或直接反映的，最典型的就是 MV。音乐片将音乐与叙事结合起来，以一种特殊的形式去体现，可以是一个爱情故事，也可以是一部黑色幽默。实际上，任何类型的短片都可以用音乐片的形式来表达，而且一切都可以在音乐的效果中进行讽刺。百老汇经典音乐剧《妈妈咪呀》、《歌剧魅影》一度风靡一时。

4.2.6 改编剧

改编剧是近年来兴起的一种颇受争议的影视形式。美国电影理论家杰·瓦格纳把改变方式分为移植式、注释式和近似式三种。以好的剧本为基础改编而拍片，自然都容易成功。我们要求改编剧的编剧必须热爱原作，熟悉原作中所描写的生活，并具备足够的艺术功底。改编剧最大的问题莫过于创新，编剧既要尊重原著的框架，又要寻找与观众的契合点，编剧在改编剧本的过程中不体现个人色彩可能会没有看头，但是太张扬个性又会被斥责成诟病，要在其中寻求一种危险的平衡，尽可能取得观众的最大公约数。近年来一直掀起一股改编热潮，如《西游记》、《红楼梦》等。

短片剧本时下最常见的毛病是时间和空间跨度过长，强填硬塞的结果往往是使得一部短片最后成了一部电影或者一部电视剧的缩写。其次，时空的限制过于拘谨，编剧们担心时间和空间跨度过长，希望通过两三个人的对白交流表现出一个短暂的冲突，这种情节能够引人入胜，但是就其艺术角度而言不能属于影视作品的范畴，而应该归于话剧一类。这就需要编剧在时间和空间两个方面进行调节。一个令人难以承认的事实就是，我们每年从银幕上看到的东西合理地反映了近年来编剧们所能达到的最高水平。

获得奥斯卡奖和艾美奖的影视作品绝大多数是根据已有定评的小说或舞台剧改编的，请看下面这些令人吃惊的统计数字：

（1）获得奥斯卡最佳影片奖的影片有 85%是改编的。

（2）电视台每天播放的电视影片，45%是改编的，而获得艾美奖的电视影片有 70%选自这些影片。

（3）83%的电视系列剧是改编的，而获得艾美奖的电视系列剧有 95%选自这些作品。

（4）在任何一年里，最受关注的电影都是改编的。

在 1989 年 11 月，改编的影片有《爱之海》、《玫瑰战争》、《女魔》、《小美人鱼》、《亨利五世》、《我的左脚》、《钢木兰花》和《黑雨》等；1990 年，改编的影片则有《唤醒》、《来自边缘的明信片》、《与狼共舞》、《命运的逆转》、《好家伙》、《哈姆雷特》、《西哈诺·德·贝热拉克》等。[1]

4.3 剧本与小说的区别

4.3.1 本质区别

影视剧本用镜头构成银幕形象，小说用语言构成文学形象。剧本是编剧用故事将画面的形式表现出来，剧本里的内容都必须用设备拍摄出来。剧本是用来拍摄的，所以很注意文字语言的修辞和表达方式。剧本为导演拍摄提供了基础，又是一种供普通读者直接阅读欣赏的文字读物，但相比小说，剧本的可读性较低。

小说是作家用华丽生动的文字语言将故事描述出来，它的想象空间由读者任意发挥，所谓“一千个读者心中就有一千个哈姆雷特”就是这个道理。

4.3.2 创作规律的不同

小说通过语言叙述故事，影片通过画面的流动展现故事。写小说和剧本都要运用形象思维，相比剧本的形象思维更特殊一些，它叫影视思维。这种思维要求编剧在构思的时候要时刻站在摄影师的角度展开艺术想象。编剧的脑海里始终存在着一个银幕的轮廓，创作中的一切生活都需在这个轮廓中展现，这就如同戏剧家在构思的时候，脑海里总有一个舞台的概念是同一个道理。大家都知道，出现在银幕上的声画内容都是非常具体实在的，这一点与小说相差甚远，小说的文字描述需要通过读者大脑的想象才能变成生动的形象。正如张爱玲的小说《色戒》中的王佳芝，不同的读者就会想象出不同姿态的王佳芝来。正因为剧本有这个特点，所以影视思维相比小说思维更为避需就实。

可以说，剧本和小说的写作是完全不同的，写剧本的目的是要用文字去表达一连串的画面，所以你要让看剧本的人读了剧本就能即时联想出一幅幅画面，将他们带到声画的世界里。小说就明显不同，它除了写出画面外，更包含有运用抒情的、修辞的各种手法让小说角色、内容更加饱满的描述。小说的表达方式比较随意，完全取决于作者写故事的风格，一般读者不太容易产生具体的画面感，而是产生了一种强烈的回忆。你困惑时，可能才是恰好与作者产生共鸣的点。作者就是要让你明白，那个诡异的地方让人兴奋，同时也让人强烈的不安，小说主角和读者一样持有着自己的方式抵抗那种不安。当故事结束时，读者能够产生抽象的回忆，读者无法知道故事具体的环境，人物的具体长相姿态，但是读者能感觉似乎和角色一样在虚拟中共同经历了那些故事，这就是回忆。

例如形象描写，描述一个人“因为站在骄阳下头上汗珠不停地滚落，三十来岁的样子，外表俊俏，一看就知是个讨人喜欢、特别可爱的小伙子”，这样的描写就不符合影视剧本避需就实的要求。因为“讨人喜欢、特别可爱”只是对性格抽象的形容，导演无法得知这种性格是具体通过什么形象一看便懂的。作家企图通过文字描述使得读者对人物的描写有一

1 引自 1992 年纽约出版的美国人西格尔的《改变的艺术》一书。

个正确的想象，往往会对人物的形象描写的细致入微。有时，这种人物形象的描写是连篇累牍的，在剧本中的形象描写要求具体，但又不能过于琐碎杂细，因为一个人物的造型最终还是要由导演的诠释、演员的表达、化妆师和服装师的装扮等一系列的剧组人员的合作而完整地呈现在银幕上，剧本中人物规定的具体是没有意义的，只需要抓住关键性的，能从某个点反射出人物中心灵魂的描写就可以了。

如果一部小说要拍成影视作品，那么演员是无法依靠小说来表演的。就像上面举的例子，大量主观的议论不能被表演出来。这时就需要编剧把这个议论的内涵想法用影视的方式取代，比如，一些对话的表达或者旁白。大量的心理描述也是无法表演出来的，需要简练成简单的行动，演技不错的演员可以通过一些表情和动作来演绎出复杂的心理状态。所以从一个角度说，剧本可以解释成为指导影视剧幕表演的特殊小说。

4.3.3 表现形态的差异

剧本的表现手法以对白为主，针对性强，所以它的表现形态不能如小说般随意。剧本是以场为单位描述的，并且不能出现大量的第三人称的议论，所有艺术指标所要达成的效果均需要集中到角色的性格塑造上，并且依赖角色的肢体语言和口头语言来完成。并非说表情描述不能使用，适当的运用有时可以达到更妙的效果，但是还是得体现在人物的行动和语言上。因此，在创作的时候要时刻记着这个剧本是供导演指导演员表演的，需要营造一种画面感，这也是和小说最大的不同。

剧本并非都是大量的对话，优秀的剧本，对话过程是言简意赅的，一句话就可以囊括一个人物在整个剧本中的性格甚至是命运。简单的对话对于演员的演技是一个挑战，对话过于繁杂就会有小说的嫌疑，作者可以用自己的风格，不是跳出来发表大段的议论和感慨，言语之间都隐射着作者本人的身影。剧本中这种状况是被禁止的，编剧就是幕后操纵者，他指导着具体的场景和演员的表演，但是不可以入画表达自己的情感。

小说的表现手法以叙述为主。老舍先生曾经说过，作家在小说的叙述中需要融进感情色彩，加入日常生活常识和生活细节。小说中的矛盾冲突可以有一个比较缓慢的发展过程，作者可以尽己所能为矛盾冲突的高潮的出现做出各种铺垫。剧本里的冲突无论在时间还是空间上都不允许太长太散，矛盾必须集中并且激烈。

小说的叙事中既有故事也有作者本身，而且作者身份多样，可以是出现在故事中的，也可以不出现在故事中。但剧本的编剧往往不是用第一人称，编剧一般不会出现在故事中，编剧不能描写除了视觉、听觉以外的内容，比如触觉、味觉和嗅觉等，作家可以写他想要表达的一切，天马行空、随心所欲地表达自己的情感来扩充故事。

4.3.4 人物刻画、画面感的差异

在剧本中，台词和动作构成了一个人物。剧本人物的对白有以下几个主要特点：首先，口语化的表达。人物语言的群众性和社会性使得观众一听就懂，并能感受到浓烈的生活气息。其次，个性化的演绎。人物语言的性格化和独特性能使得观众一听就知晓是谁在说话，而不至于将正在说话的人与其他人混淆起来。最后，潜台词的引申意义。人物没有直接说

出来的话，一般观众一听或者观看就能理解人物的言外之意。

在小说中，人物的形象主要产生于作者对其的描述。小说中的人物描写可以通过叙述、白描、对白、动作、心理描写和肖像描写等一切文学手段。小说中的戏剧性行为动作、故事线大多是发生在角色的头脑中。读者是在窥视主角的思想、感情、言行举止、回忆、贪婪、希望甚至更多的东西。如果出现了另外一个人物，那么故事线也会随着人物出现的视角而发生改变，但又经常回到原来的人物那里。小说中，所有的行为动作都发生在头脑中，给读者带来一场“头脑风暴”。

小说的画面营造感主要是通过视觉，而由剧本演绎的故事是由视觉、听觉一起完成。小说中故事发生的地点并不一定比它是如何发生的更为重要。剧本通常只能给出电影的大概轮廓，很少触及文字后面的隐藏深意。观众必须通过自己的判断来掌握剧本的主题。习惯了阅读小说细节描写的外行读者，在阅读势必偏重于简单明晰的结构剧本时会感觉找不到头绪，这是需要经验的，因此就需要大部分的影视制作者花费精力技巧，才能使读懂小说的读者不会在转变为观看影视作品的观众身份时变得糊里糊涂。

你会发现，人人都是作家。向任何人谈论你的剧本，他们都会提出建议，给出评价，提供自己的想法，说出一个美妙的剧本构思。然而说剧本和实际去写剧本是截然不同的两件事。从某种程度上说，编剧和作家并非同行。作家需要高度的文字敏感和想象力。编剧不一定要高超的想象力，但需要拥有捕捉具体场景、深刻内涵的能力。编剧转行导演是绝对有优势的。电影史上，很多有才华的导演本身就是编剧，而导演转成编剧就并非易事了。

4.4　分镜头剧本及举例说明

4.4.1　分镜头剧本

分镜头剧本又称为“导演剧本”，是将原先创作的文学剧本的内容分解成一系列可供拍摄的镜头，用来供拍摄现场使用的工作剧本。导演根据文学剧本提供的形象与内涵，经过整体构思，以观众的视觉特点为依据划分镜头，将剧本中的场景、人物行动及人物关系具体化、形象化，将声画结合的银幕形象通过分镜头的方式予以体现，并赋予影片独特的艺术风格。分镜头是将一种文体转化为另一种文体，在这个转换过程中，导演要面对两种语言体系，有些可以保留，有些在转化过程中是必须放弃的，比如文学性、介绍性的描述。导演不要把分镜头变成一项机械操作，像切豆腐块儿一样，对话太长了分切一下，正面拍得太久了就来个后脑勺镜头，分镜头是要综合考虑剧本主题、人物性格和意境等因素。分镜头剧本是导演为影片设计的施工蓝图，也是剧组各个部门理解导演的具体要求、把握思想，制定拍摄行程计划和预算影片成本的依据。分镜头剧本大多采用表格的形式，以求工作的清晰明朗化，但是具体格式会各有不同，有详有略地设置在镜号、场号、景别、拍摄方法、画面内容、解说词和长度等栏目中。

4.4.2　分镜头剧本的相关概念

下面将简单介绍一下常用的一些专业词汇。

（1）镜号：从开机到停机所摄制的影片中最小的单位。它所摄的人或景在时空上是延续的，没有被切断的感觉。

（2）场号：剧情发生的地点和时间。

（3）景别：是指对镜头内景象的空间处理。

一般分为远景（主要通过对大的背景环境来展现，来表达某种情境，人物在画面中只占有很小的位置）、全景（入画人物全身或者较小场景的全貌）、中景（表现入画人物中膝部以上的近距离镜头）、近景（表现入画人物胸部以上的画面，有时也用来表现某物的一些局部）、特写（对入画人物最具魅力、最为电影化的描写，强调个体的某个局部）和大特写（把拍摄对象的某个细节部分拍摄的占满整个画面的镜头）等。

（4）拍摄方法：指的是镜头的角度和运用。

镜头的角度有平拍（摄影师与被摄对象处于同一水平面上）、仰拍（从下往上拍的镜头）、俯拍（常低于水平角度，从上向下拍的镜头）、正拍、侧拍和反拍等。镜头的运用有推（推镜头，摄影机不动）、拉（被摄物不动，由摄影机做向后的拉摄）、摇（摄像机不动，机身依托于三脚架上的底盘作上下、左右和旋转等动作）、移（移动拍摄，沿水平面在移动中拍摄对象）、甩（扫摇镜头，表现急剧的变化）、跟（跟踪拍摄，使得观众的眼睛始终盯在被摄物上）和追（追踪拍摄，幅度较大）7 种常用的方法。镜头的组合有淡入（渐显，指下一段戏的第一个镜头光度由零度逐渐增至正常的强度）、淡出（渐隐，指上一段戏的最后一个镜头由正常的光度逐渐变暗到零度）、叠（前后画面各自不消失，有部分留存在银幕上）和划（前一个画面刚刚消失，第二个画面又同时涌现）等。段落之间标注有镜头组接的技巧。有些具体的分镜头剧本还会附有拍摄机位图和艺术处理等。

（5）画面内容：详细地描写出画面里的场景内容，人物的行动和对话，以及简单的构图等。

（6）解说词：按照分镜头画面的内容，以文字稿本的解说为依据，能够把它写的更加具体、形象。

（7）音乐：使用什么音乐，应该表明其起始位置。

（8）音响：也称为效果，是用来创造画面身临其境的真实感，如现场的环境声、雷声、雨声和动物尖叫声等。

（9）长度：每个镜头的拍摄时间，以秒为单位。

4.4.3 举例

下面介绍短片集《Paris, je t'aime》（巴黎，我爱你）（见图 4-1）中《Place des Fetes — Oliver Schmitz》的分镜头格式（见表 4-1）。

《巴黎，我爱你》是 2006 年戛纳电影节的开幕影片，由 20 位著名导演拍摄的一个个 5 分钟左右的短片组合而成。其中包括科恩兄弟、华人导演杜可风。故事的场景设在巴黎，由 18 个故事组成，围绕巴黎 20 个区，有关爱情、亲情、友情以及人性，巴黎有多种可能性，所有的人都在期待，每个平实简单的故事体现了不同人眼中的巴黎。

故事发生在巴黎的 19 区，该区是巴黎最乱的区位之一，有色人种的聚居区。节日广场，男子在地下车库看到她，一见倾心，故而丢下工作追逐她。男子失去工作沦落街头，由于种族歧视（我自认为的原因）丢掉了吉他，并且受伤，最后她终于面对他，在急救中给他做紧急处理的竟然是他追寻依旧的女孩。他再次要求与她喝杯咖啡。当咖啡到来的时候，男人已经到另一个世界去了。女孩颤抖着端着咖啡杯，哭泣。

图 4-1　《Paris, je t'aime》

表 4-1　《Place des Fetes——Oliver Schmitz》的分镜头格式

镜号	场号	景别	镜头角度与运动方式	画面内容	解说词	音乐	音响	长度	备注
1	1 广场雕塑下	近景	平移	雕塑墙。男主角仰望天空 空镜平移，人物入画	一个穿着破旧西服的男人疲惫地倚在雕塑墙下，仰望天空		风声、车声、拆急救用品声	13s	急救用品声是在镜头停止运动时入画。 男人衣着外身穿西服、黄色衬衫（有点旧）
2	2 广场中央	全景	仰拍、摇（280°左右）	天空下的高楼大厦，镜头停在锥形雕塑建筑楼上	灰蒙蒙的天，铺满白云，仰拍高楼给人一种压抑的感觉		环境声、车声、跑步声	9s	跑步声在镜头即将停止的时候进入
3	1 广场雕塑下	近景	镜头手持	男人闭着眼睛，一个穿红色救护服的女人入画，男人睁开眼睛看着女人，抬右手摸女人脸	男人不可置信地看着女人		环境声	8s	女人衣着：红色救护服

续表

镜号	场号	景别	镜头角度与运动方式	画面内容	解说词	音乐	音响	长度	备注
4	1广场雕塑下	近景	固定镜头	女孩拉下男人的手，紧张地看着男人			环境声	2s	
5	1雕塑下	近景	手持	男人侧着脑袋说话	男：我被什么东西刺了，像被蚊子咬了似的		环境声	4s	男人说话：正常语速
6	1广场雕塑下	近景	固定镜头	女人低头听男人说话			环境声	3s	女人在听男人说完话后看了一眼手中的工具，但工具未入画
7	1广场雕塑下	近景	固定镜头	男人一边看着四周一边说话	男：呆在这个区可一定要小心才是		环境声	3S	
8	1广场雕塑下	近景	固定镜头	女人一边听男人说话一边低头找工具	男：男人在此可能会安全些		环境声、女人找工具的声音	4s	
9	1广场雕塑下	近景	固定镜头	男人面带笑意地看着女人说话	男：你叫什么名字		环境声、女人找工具的声音	3s	
10	1同上	近景	固定镜头	女人面带笑意地一边处理伤口一边回答男人	女：索菲		同上	2s	
11	1广场雕塑下	近景	手持	男人侧着头尽力微笑着和女人说话	男：我很想给你弹弹我的吉他，可现在没有了，真是太遗憾了		环境声、急救工具声	6s	
12	1广场雕塑下	近景	手持	女人一边听男人说话一边做手头的活			环境声、急救工具声	3s	
13	1同上	近景	手持	男人说话	男：索菲，和我去喝杯咖啡吧		同上	1s	

续表

镜号	场号	景别	镜头角度与运动方式	画面内容	解说词	音乐	音响	长度	备注
14	1 同上	近景	固定镜头	女人看着男人，听男人说话，一笑，继续做手头的活	女：（笑一声）		同上	3s	
15	1 同上	近景	手持	过女人肩拍男人笑着说话的脸	男：去吧（笑）		同上	5s	
16	1 同上	近景	手持	女人没说话，继续做手头的活			同上	3s	
17	1 同上	近景	手持	男人说话	男：你这样怎么行		同上	2s	
18	1 同上	近景	手持	女人说话	女：（笑）没问题，我没事		同上	4s	
19	1	近	手持	男人说话	男：是吗		同上	1s	
20	1 同上	近景	固定镜头	女人说话	女：是的		同上	1s	
21	1 同上	近景	固定镜头	男人说话	男：我好像在梦里见到过你		同上	4s	
22	1 同上	近景	固定镜头	女人没说话，看着男人，点头，继续忙手头的活			同上	4s	
23	1 同上	中景	固定镜头	男人看着女人为他包扎伤口，女人蹲着背对镜头	男：求你了，去和我喝杯咖啡好吗		同上	5s	
24	1 同上	近景	固定镜头	女人不知所措地看了男人一眼，然后听到脚步声，看向画外	（女人有点焦急）		脚步声、环境声	4s	
25	1 同上	中景	固定镜头	一个男急救员腿入画，接过女人递来的输液袋	男急救：我来了		同上	1s	

续表

镜号	场号	景别	镜头角度与运动方式	画面内容	解说词	音乐	音响	长度	备注
26	1同上	中景	固定镜头	男急救员蹲下接过输液袋。远景有围观者	（另一名男救护员到达） 女人对男救护员身后的围观者之一说：打扰一下，你能帮我买两杯咖啡吗？（从身上掏出钱递给他）		环境声	2s	前景：男人侧躺在地，女人蹲在男人身前，男急救员正对镜头。 后景：围观人群。 注意：围观人群身后是辆警车
27	1同上	近景	固定镜头	男人闭着眼睛痛苦状（第三个黑屏之后的闪回出现男人背着身捂着肚子走向雕塑的镜头）	（痛苦的喘息，微摆动头）		环境声小、始终伴随男人的喘息声	8s	（1）2s后叠黑屏，隔一秒又叠黑屏，再隔一秒再叠，闪一格回忆，又回到固定镜头。 （2）黑屏的时候伴有钟表声
28	3雕塑物前方的广场	大全景	固定镜头	男人捂着肚子踉跄地走向雕塑建筑物			环境声小，伴随沉重的脚步声和喘息声	2s	
29	1同上	中景	固定镜头	男人看着女人说话。女人背对着镜头蹲着	男：你记不起我了（呼吸）		环境声、呼吸声	4s	
30	1同上	近景	手持	女人低头为男人工作，男人1s后唱歌（画外音），女人听到男人唱歌抬头看男人		男人轻唱	环境声、工具声	4s	
31	1同上	中景	固定镜头	男人看着女人工作，为女人唱歌，女人背对镜头蹲着		男人轻唱	环境声、工具声	5s	

续表

镜号	场号	景别	镜头角度与运动方式	画面内容	解说词	音乐	音响	长度	备注
32	4 地下车库	全景	平　移——固定镜头	地下车库，一辆车入画，镜头随车平移，车擦到男人，男人躲一下		男人轻唱	扫地声、车驶来的声音	4s	改动一 声音转场，接 34 号镜头男人的歌声
33	4 地下车库	近景	固定镜头	男人转过身，摘掉一只耳机， 看车	男人戴着耳机扫地，被驶来的车 擦到		车的转弯声	2s	(1) 车库：男人后方一排摩托车，过道对面停着一排小汽车。 (2) 车库顶棚开着灯。 (3) 男人衬衫与 1 号景不同
34	4 同上	中景	固定镜头	男人侧背身往前走一步，高举右手冲车喊。背景是一排摩托车	男：小姐，小姐，走那边，那边		车声	2s	
35	4 众多车位之间	全景	平移镜头（从左　至右）	前景：几辆车停在前景处。 后景：一辆小车由左向右迅速开出。 画面左侧是一根地下车库的柱子。画面顶部有三排灯	（开车人听到男人的喊声，刹车）		刹车声	1s	
36	4 地下车库	近景	侧跟镜头	男人挥着右胳膊冲画外喊，左手拿着扫把。侧身对着镜头走	男：对！走那边		车声	2s	
37	4 众多车位之间	全景	固定镜头	前景是一排车，中景是车由远到近驶入画面	（车向正确的停车方位驶去）		车声、并伴有男人的喊话声	1s	

续表

镜号	场号	景别	镜头角度与运动方式	画面内容	解说词	音乐	音响	长度	备注
38	4地下车库	中景	固定镜头——平移镜头（由左至右）	男人看了一眼镜头左侧画外的车，把过道中间的垃圾箱拉走并唱着歌（男人手里拿着扫把）		男人唱歌	车声、拉动垃圾箱的声音	3s	把扫把放在垃圾桶旁边
39	4地下车库	中近景	手持	男人一边唱歌一边走近镜头，看见画外（车里的人）停止唱歌	（男人面带微笑地唱歌，看到女人后惊喜）	男人唱歌	车声	5s	
40	4同上	中近景	固定镜头、微俯	女人坐在车内，拔出钥匙，转身，左手抱住书，转过身侧面镜头，抬头微笑地看着男人，摇上车窗	（以男人的视角看女人）		钥匙声	3s	
41	4同上	近景	固定镜头	男人微弓着腰微笑着看着女人			摇车窗声音	2s	
42	4同上	近景	固定镜头	女人抱着书，摇好车窗			同上	1s	
43	4同上	中近景	跟镜头（跟女人下车到固定）	女人面带微笑走出车，左手抱着书，右手关上车门，看了男人一眼并对男人说话	（男人停止唱歌）	男人唱歌	关车门的声音、女人锁车门的声音	6s+3s	改动二
44	4同上	中近景——全景	从右到左平移一下——后拉镜头——固定镜头	俩人站在两辆车中间微笑，女人转向镜头手擦了一下鼻子并回头看了一眼男人，走向镜头，由镜头左侧出画，男人向前微走两步对着渐渐走出画面的女人唱歌	女：（笑）这首歌很好听。 男：（接女人的话）谢谢 （女人伴随着男人歌声离开，男人对女人一见钟情）	男人唱歌	女人高跟鞋的脚步声	10s	（1）男人歌声：在女人出画后更高亢。 （2）画面左侧放着垃圾桶和扫把

续表

镜号	场号	景别	镜头角度与运动方式	画面内容	解说词	音乐	音响	长度	备注
45	4同上	全景	固定镜头	前景右侧是男人的肩膀，手持，画面远景是车库的出口，女人打开门出去，门口右侧的墙上挂着两个消火栓，顶端有一盏灯	（女人离开车库）	女人走后男人唱歌	开门声、高跟鞋声	2s	
46	4同上	全景	固定镜头	男人摸着后脑勺在想下一句歌词		男人唱歌，突然停止		2s	
47	4同上	全景	固定镜头	女人打开门，半回头接了一句歌词，关上门		女人唱歌	开关门的声音		改动三
48	4同上	全景	固定镜头	男人惊喜一下（迎着镜头）追出去	男：（追过去时喊）小姐！小姐			2s	改动四
49	5楼梯口	中景	固定镜头——上摇镜头——固定镜头	打开狭窄的地下车库门，冲出，上楼梯，一边脱掉外套一边朝门口喊，跑着上楼梯，再打开建筑物门冲出去	男：（焦急地）小姐！能和我喝杯咖啡吗		跑步声、车库门开声	5s	显示出这是一个地下车库
50	3雕塑前方广场	大全景	固定镜头	雕塑的正前方，远景是商业街的高楼，锥形建筑物旁边是两块矮矮的平台，男人由雕塑下方的铁门冲出，张望四周寻找女孩	（男人冲出来寻找女孩）		（接）建筑物开门声	2s	
51	3同上	全景	固定镜头	男人背对镜头，四处张望，画面远景是一排地摊，右侧方停着一辆小面包车			环境声	1s	

续表

镜号	场号	景别	镜头角度与运动方式	画面内容	解说词	音乐	音响	长度	备注
52	3 同上	近景	上摇镜头——固定镜头，仰拍	男人向前走了两步，镜头从男人衬衫摇到男人的下颚，男人身后是雕塑建筑物，男人左右张望，表情焦急			环境声	2s	
53	1 广场雕塑下	近景	固定镜头	女人背对镜头，男人闭着眼睛手持着头虚弱地唱歌	（转回急救现场）	男人唱歌声	环境声、女人拍男人手臂的声音	4s	
54	1 广场雕塑下	近景	固定镜头	女人听着男人唱歌，盯着男人看，像在回想什么	（女人回忆起这个地下车库唱歌的男人，惊讶与悲伤）	男人唱歌声	环境声	5s	
55	4 地下车库	全景	固定镜头	男人背对镜头由近向远走去，车库老板拿着男人的扫把迎面走来，训斥男人，男人没搭理老板，接过衣服，沮丧地拍了一下腿，老板回身继续骂男人	老板：你干什么呢？快去，去干活！想偷懒是吗	画外音：男人的歌声渐小	男人脚步声	7s	（1）此场景是男人追车跑的场景。 （2）画面随着男人拍腿的声音黑屏
56	狭窄的房间	全景	固定镜头	男人躺在地上睡觉，被一个手持地址单的男人赶走。 男人气愤地掀开被子离开	新雇佣的人：你被炒了，这是我的地盘了			4s	
57	咖啡店	中景	固定镜头	男人低头摆弄着咖啡杯中的汤勺				2s	吉他声音

续表

镜号	场号	景别	镜头角度与运动方式	画面内容	解说词	音乐	音响	长度	备注
58	街道	特写	固定镜头	男人夹着烟，皱着眉头掂量着手中的几个银币				2s	
59	街道	全景	固定镜头	男人坐在雕塑旁，弹着吉他，身边放着几个包裹的行李				3s	
60	街道	中景	移动镜头，随男人的眼神	路过一个穿西装的男士，在男人的行李上放了几枚硬币				2s	
61	街道	近景	固定镜头	男人看了一眼这个男人，双眼布满红血丝				4s	今天的晚饭又有着落了
62	2广场	全景	固定镜头	男人在面包房前拿着一个法国长面包走向镜头，左肩背着红色旅行包，右肩背着吉他，走两步看前面像是发现了什么似的，放慢了脚步	（男人用路人施舍的钱买了面包，他出来的时候发现了一个身形酷似女人的背影）	画外音：吉他声	环境声	4s	第一场景的衬衫并加外套
63	2同上	近景	跟镜头	男人背对镜头，半个肩膀入画，向同样背着镜头正在一旁交谈的女人走去。右手放在女人的肩膀上	（男人认错人）	画外音：吉他声	环境声、交谈声	3s	女人身前有一群无所事事的青年
64	2同上	近景	手持	女人停止谈话扭头看男人，画面远方走过来一个小痞子		画外音：吉他声	环境声	2s	

续表

镜号	场号	景别	镜头角度与运动方式	画面内容	解说词	音乐	音响	长度	备注
65	2 同上	近景	手持——摇镜头	男人认错了人，小痞子站在男人左侧对路人女说话。男人看向小痞子	男：抱歉，我认错人了。 小痞子：（入画）认错人？你们认识吗？ 女：（画外音）不认识	画外音：吉他声	环境声	4s	
66	2 同上	近景	手持	男人站在右侧背对镜头，小痞子正对镜头，一脸不善地看着男人。画面远处隐约有一群小痞子入画。广场雕塑在画面左后方	小痞子：你想干什么？ 小痞子：（转向画外的另一个女人）你也不认识他	画外音：吉他声＋男人的唱歌声	同上	4s	
67	2 同上	中景	手持	男人正要吃长面包，小痞子看向男人的吉他，要求男人把吉他给他玩玩，小痞子在左侧。小痞子自己上前摘下男人的吉他，男人不情愿地让小痞子看吉他	小痞子：卖吉他吗？ 男：（有点紧张）不！不！不！ 小痞子：（一边伸手拿吉他一边说）别紧张！我会还你的！ 男：（一边摇头一边后退） 小痞子：（重复）会还你的！会还你的！（把吉他抱在自己怀里）	同上	同上	7s	
68	2 同上	中景	固定镜头——摇镜头	小痞子唱着歌抱着男人的吉他走向他的同伴，离开男人。小痞子的同伴不善地看着男人	小痞子：（唱着说）哈哈！想得美！归我了	（1）画外音：吉他声＋男人歌声、小痞子唱歌	同上	3s	

续表

镜号	场号	景别	镜头角度与运动方式	画面内容	解说词	音乐	音响	长度	备注
69	2 同上	中景	手持——摇镜头	男人紧张地张着手向小痞子走去。小痞子的同伴 1 拦了一下男人	男：你想干什么？还给我	画外音：吉他声 + 男人歌声	同上	2s	
70	2 同上	中景	手持	男人背对镜头在画面右侧，男人甩开小痞子同伴 1 的手，走向小痞子，同伴 2 从右侧入画在身旁推了男人一把	同伴 2：嘿！ 男：干嘛	同上	走路声、推打声、环境声	2s	
71	2 同上	中景	晃动	男人打了痞子 1 一拳，向小痞子跑去		同上	环境声、拳头声	2s	
72	2 同上	中景	晃动——平移镜头	前景是电线杆，后景是痞子 1 和男人。镜头从电线杆后迅速平移，画面出现痞子 1 拦住男人，推打的镜头	痞子 1：你知道这是哪儿吗	同上	推打声、脚步声、环境声	2s	
73	2 同上	特写	晃动	痞子 1 掏出刀子朝男人腰部迅速一捅		同上	环境声、刀子刺入身体的声音	1s	
74	2 同上	中景	平移镜头（从右侧的电线杆起，绕过电线杆平移）——固定镜头——摇镜头	男人痛苦地弯下腰，叫了一声“哦！”（正对镜头），所有的小痞子均出画。（摇镜头慢慢地摇到男人身后）男人侧着身子直着腰踉跄地走向画面左侧的雕塑建筑物，在走过去的期间闪了三次黑屏	男：（痛苦地）哦！ （虚）广场上有路人来回走动	同上	环境声、脚步声	11s	三次黑屏：在男人走向镜头远处左侧的雕塑建筑物的途中

续表

镜号	场号	景别	镜头角度与运动方式	画面内容	解说词	音乐	音响	长度	备注
75	1广场雕塑下	近景	固定镜头	女人一开始微笑地看着画外的男人，表情慢慢僵住，张了一下嘴想喊他。女人害怕，不敢相信男人的死，微微抬头，靠近男人，并伸出胳膊抚摸男人（但未入画）	（回到救护现场，女人惊恐地发现男人停止了呼吸）	画外音：吉他声+男人歌声（渐大）	环境声、救护车的声音	10s	
76	1同上	大全景	俯拍、固定镜头——拉远镜头（大摇臂）	男人不动，女人半蹲身子最后检查男人呼吸，人群在画面中央，男急救员蹲在男人旁边拿着急救袋，两个警察，一个警察腿入画，一个警察由右侧入画走到男人身前，拉起女人。镜头拉远，陆续有两个男急救员入画，围观人员和救护车出现在画中。女孩站起身转过头不看男人。背景从雕塑物的墙角慢慢全部入画	（男人停止呼吸，救护车迟迟赶到） 秃顶救护员：抱歉，让一下	同上	环境声	11s	机位不与墙线平行，近乎交叉

续表

镜号	场号	景别	镜头角度与运动方式	画面内容	解说词	音乐	音响	长度	备注
77	1同上	近景	固定镜头——手持——平摇镜头（从背后一直绕到女人的大侧面）	前景是女人略带肩膀的头，背身，远景是男急救员用担架把男人运上救护车。一个秃顶的男救护员由左侧入画转身面对女人和镜头，对女人说话。转身出画。镜头摇至女孩的侧脸，远景是围观的人群。继续摇至女人的大侧面，女人在左侧抬头无助地看着救护车，女人接过人家帮她买来的咖啡，握着咖啡杯的手止不住地颤抖，流下了一滴眼泪并伴有抽泣声	秃顶救护员：你是新来的吧？（提上救护包，转身看了一下担架上的男人） 帮女人买咖啡的人：小姐，你的咖啡	同上	女人的抽泣声、环境声	19s	所有救护人员均带着胶皮手套

第 5 章　视觉新潮流：立体影像

立体影像在 170 年前就诞生了，曾经流行一时之后又淡出了人们的视野。随着数字技术的应用，立体影像技术获得了新的生命，3D 电影《阿凡达》的热映，使得立体影像再一次焕发青春，并引发了广大影像爱好者拍摄制作立体影片的热潮。本章深入介绍立体影像拍摄制作的相关原理、设备及获取最佳立体效果的诀窍，为立体影像的摄制提供大量有价值的知识和技巧。

5.1　从平面到立体的奥秘：立体影像的原理

人的两只眼睛同时观察物体，不但能扩大视野，而且能判断物体的远近，产生立体感。人通过左右眼观看同样的对象，两眼所看的角度不同，左眼看到物体的左侧面较多，右眼看到物体的右侧面较多，从而在视网膜上形成不完全相同的影像，经过大脑综合分析以后就能区分物体的前后、远近，从而产生立体视觉。立体电影的原理就是用两台摄影机像人的眼睛一样，从两个不同角度同时拍摄，在放映时通过技术手段的控制，使人左眼看到的是从左视角拍摄的画面、右眼看到的是从右视角拍摄的画面，从而获得立体效果，使观众看到的影像好像有的在幕后面，有的脱框而出，并且似乎触手可及，给人以强烈的身临其境的逼真感。

5.2　分离图像：立体图像的观看技术

为了达到使左眼只看到左机画面、右眼只看到右机画面的目的，目前市场上已有多种技术手段，分别介绍如下。

5.2.1　偏振分光技术

1. 偏振光分光法

偏振光分光法是在影院中普遍采用的手段。从两架放映机射出的光通过偏振片后转换成偏振光。而且左右两台投影机前的偏振片的偏振化方向互相垂直，因而产生的两束偏振光的偏振方向也互相垂直。两束偏振光投射到金属银幕上再反射到观众处，偏振光方向不改变。观众用偏振眼镜观看，每只眼睛只看到相应的偏振光图像，即左眼只能看到左机放映的画面，右眼只能看到右机放映的画面，这样就会像直接观看那样产生立体感觉。这时如果用眼睛直接观看，看到的画面是模糊不清的。

偏振技术的观看方式简便且眼镜价格低廉，使得偏振投影系统为现阶段电影院采用的主流放映系统，这种系统由两台型号相同的投影机、两个方向相互垂直的偏振片和金属幕组成。投影时，将两偏振片分别置于两台投影机前端，并调整两台投影机位置，使得金属幕上的影像对齐，这样两束相互垂直的偏振光经过金属幕的反射后，观众通过佩戴两偏振片方向与之相对应的偏振眼镜，使得其左右眼分别看到左右投影机所投影的画面，如图 5-1 所示。

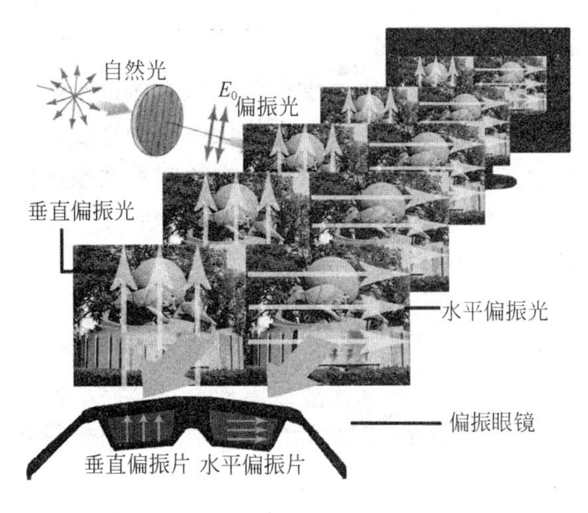

图 5-1　偏振技术原理

2. 偏振光分光放映系统

双投影机偏振光投影系统使用了两台 DLP 投影仪，两台投影仪发出的光线的偏振方向相互垂直。在使用 DLP 技术的投影仪的镜头前加上偏振方向相互垂直的两个偏振片，就可以使两个投影机分别投射出相互垂直的偏振光，叠加在同一块银幕上，带上偏振眼镜看银幕，左眼只能看到其中一台投影仪投出的画面，右眼只能看到另一台投影仪投出的画面。

双投影机偏振光投影系统不能使用 LCD 投影仪搭建，因为 LCD 投影仪的表面上已经覆上了一层偏振膜，从 LCD 投影仪发出的光线本来就已经是偏振光了，加上偏振方向相同的偏振片，不会产生任何影响；如果加上偏振方向垂直的偏振片，就会完全阻挡光的透过，无法投影。

此外，很重要的一个方面是偏振光分光放映系统必须使用金属幕作为投影幕，而不能直接使用白色的墙壁，因为当偏振光被白墙反射回来时，偏振光经过墙面的漫反射，偏振性遭到了破坏。而当偏振光被金属幕反射回来时，仍然能保持偏振方向不变。

3. 偏振光分光立体放映系统的搭建

为了搭建一个偏振光分光立体放映系统，首先需要让两台投影仪投出的画面大小完全重合，一般来说选择两台相同型号的投影机是一种简单的办法。此外需要一台能独立输出两路视频信号的计算机，为了实现这个目的，往往需要配置较新的独立显卡。最后就是需要一个 3D 播放软件，例如 Stereoscopic Player，它可以将左右并列或上下并列的立体影片同步播放到两个投影机上。

当做好了上述软硬件的准备之后，下一步就是让两台投影仪投出的画面重合起来，相同型号的投影仪调整起来相对容易一些。

调整的方法如下：

（1）将两台投影仪上下放置，这是因为上下关系的梯形校正比较容易，这可能需要特别定制的投影机机架。

（2）打开两台投影仪，输出两个不同的画面。

（3）调整两台投影仪投出的画面大小，使得画面大小保持一致。

（4）调整两台投影仪的角度，使得两个画面的边缘完全重合。

调整完成之后，将两个偏振方向相互垂直的偏振片放置在投影仪的镜头前，由于投影机工作时散热较高，偏振片与投影机的位置不宜太近。之后戴上偏振立体眼镜观看金属幕上面的影像，就可以看到立体影像效果。

4．偏振光立体液晶电视及立体显示器

目前已经有多种采用偏振光技术的立体液晶电视及立体显示器，使用这种设备可以更简单方便地观看立体影像。下面为截至 2011 年 6 月已经上市的一些立体液晶电视及立体显示器产品：

康佳 3D 电视型号：LC42MS96PD、988PD 系列。

TCL 3D 电视型号：4212C3DS、L65P10FE3D。

长虹 3D 电视型号：ITV37650X。

创维 3D 电视型号：E92 系列或者是 K08 系列，如 42E92RD、47E92RD、47K08RD 和 42K08RD。

海信 3D 电视型号：TPW42M78G3D、TPW50M78G3D、T29PR3D 系列及 XT39、LED 55T29PR3D、TLM37V78X3D 和 TLM42V78X3D。

宏基 3D 笔记本式计算机 Aspire 5738DG。

LG LW5700 偏光式 3D 电视。

LG D2341P 3D 显示器。

Aoc/冠捷 E2352PZ 3D 计算机显示器。

立体液晶电视及立体显示器一般使用圆偏光立体眼镜，而电影院里往往使用偏光立体眼镜，因此这两种眼镜是不通用的，购买的时候需要注意。

5.2.2 时分法立体影像技术

1．液晶快门眼镜技术

时分法是 NVIDIA 现在主推的一项应用，需要显示器或投影机和液晶立体眼镜的配合来实现 3D 立体效果。时分法需要显示器或投影机能够达到 120Hz 的刷新频率，也就是能

够使画面每秒刷新 120 次，液晶立体眼镜将会根据显卡输出的同步指令将其中奇数次的 60 次刷新用于左眼画面的显示，此时右眼处于遮挡状态，而与之交替刷新的另外偶数次的 60 次刷新用于右眼画面的显示，此时左眼处于遮挡状态，这样就可以使左右眼分别看到不同的画面，达到立体成像的效果，如图 5-2 所示。这种立体眼镜的两个镜片都采用电子控制，构造最为复杂，成本也最高。

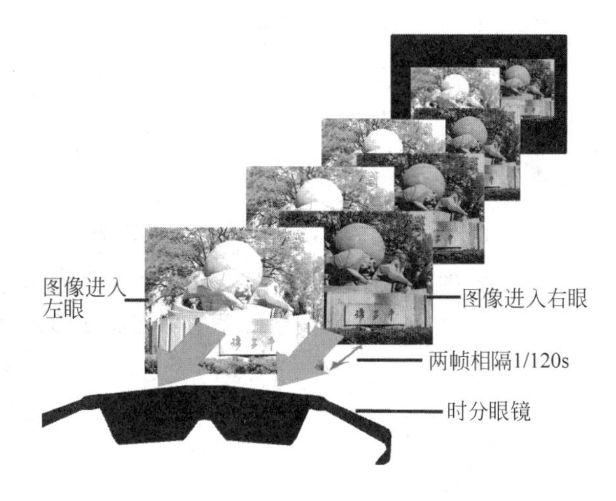

图 5-2　时分技术原理

以上两种方式多用于立体电影的观看，但也能用其观看立体摄影作品。

2. 时分立体显示

目前投影机、电视机和计算机显示器都有支持时分技术立体显示的设备，它们的特点是投影机和计算机显示器都是采用 120Hz 更新频率，而电视机则采用 240Hz 更新频率，以实现画面左右交替时的自然流畅。

时分立体显示只能使用专门的液晶快门眼镜，而这种眼镜的价格往往在数百元之多，与只要几元的偏振立体眼镜相比较之下眼镜的成本过高，而且高速的闪烁也往往会导致不适。时分立体显示技术最大的优势在于能够提供全高清分辨率的立体画面，而基于偏振光的立体液晶电视以及立体计算机显示器都是以分辨率降低一半为代价的。但是如果多人同时观看的话，眼镜的成本因素就凸显出来，而基于偏振光的立体液晶电视以及立体计算机显示器在我们距离稍远观看的时候分辨率下降对视觉效果的影响就已经不明显了。

5.5.3　偏振与时分的结合

时分技术的优势在于单机投影的便捷，而偏振技术的优势在于廉价的眼镜，那可不可以将两者的优点结合一下，既可以单机投影，又可以用偏振眼镜观看呢？要做到这一点，就需要将液晶眼镜“佩戴”在主频为 120Hz 的投影机上，具体原理如下：投影机射出的光束经过 45° 偏振片后，变成单一方向的偏振光，此方式同步的原理与时分技术相同，因为两者的区别只是将原本给观众带的眼镜带到了投影机上。在奇数的 60 次变成左眼 45°，右眼 135° 偏振光，经过金属幕布反射后，佩戴线偏眼镜过滤即可还原左右眼独立图像，如图 5-3 所示。LG 推出的全高清 3D 立体显示投影机 CF3D 就是这样的产品。

5.5.4 观屏镜技术

观屏镜（见图 5-4）是一种专用于观看呈现在计算机屏幕上的左右并列立体影片（见图 5-5）的设备，使用者通过调节可以使得左右眼分别只能看到左右画面。相比于其他技术，图像的光线没有任何损失，因而画面会非常清晰。图片左右并列将导致显示载体的有效分辨率折半，即图像最大只能是屏幕的一半大小。

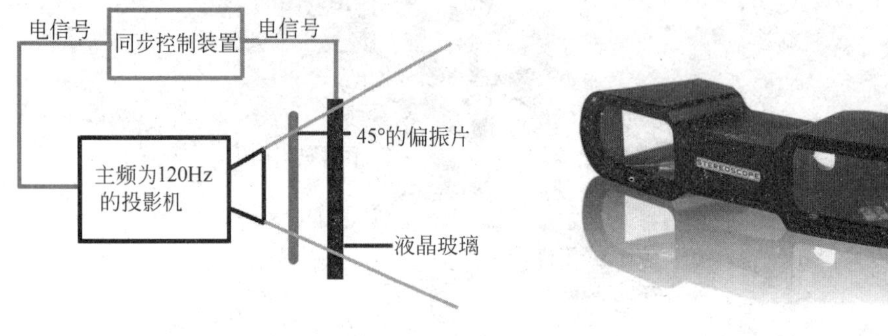

图 5-3 单投影机偏振技术示意图　　图 5-4 观屏镜

观屏镜的共同优点是画面清晰，立体效果好。缺点则在于画面利用率低，相当于损失了一半的分辨率。

图 5-5 左右并列立体影片

5.5.5 裸眼看立体

（1）将左右并列立体影片正对双眼（见图 5-6）。

（2）左眼盯着左边的图，右眼盯着右边的图。

（3）慢慢调适双眼，使左右图重叠，图像将在调适的过程中由 2 个变成 3 个。
（4）这个时候在中间的重合图像就是立体效果。
注意视线的焦点不要盯到屏幕上去，而是盯到半空中，也就是所谓的斗鸡眼。

图 5-6　左右并列立体影片《鸵鸟》

5.5.6　互补色分色技术

互补色分色技术是一种建立在数字图像处理基础之上的 3D 立体成像技术，如图 5-7 所示。互补色分色技术有红蓝、红绿和蓝棕等多种模式，如图 5-8 所示。分色法会将两个不同视角上拍摄的图像分别以两种不同的颜色呈现在同一幅画面中，这样仅凭肉眼观看到的是杂乱的重影画面，通过红蓝等立体眼镜却是一种立体的视觉享受。

图 5-7　分色技术原理

图 5-8　从左到右分别为：红蓝立体眼镜、红绿立体眼镜、蓝棕立体眼镜

以红蓝眼镜为例，红色镜片下只能看到红色的图像，蓝色镜片下只能看到蓝色的图像，两只眼睛看到的不同图像在大脑中重叠呈现出 3D 立体效果，如图 5-9 所示。

图 5-9 红蓝分色式立体影片《鸵鸟》

优点：眼镜价格低廉，影像则是普通电子文件，在任何显示设备上均可显示。

缺点：两眼存在色差，使得色觉不平衡，容易疲劳，而且色盲、色弱群体无法使用。

5.5.7 裸眼立体显示器

目前裸眼立体显示器主要使用透镜（Lenticular Lens）技术或视差障壁（Parallax Barrier）技术，其中透镜技术与光栅立体照片显示技术原理相似。

1. 透镜技术

透镜技术也被称为双凸透镜或微柱透镜。它相比视差障壁技术最大的优点是其亮度不会受到影响。它的原理是在液晶显示屏的前面加上一层柱状透镜，使液晶屏的像平面位于透镜的焦平面上，这样在每个柱透镜下面的图像的像素被分成几个子像素，这样透镜就能以不同的方向投影每个子像素，如图 5-10 所示。于是双眼从不同的角度观看显示屏，就看到不同的子像素。不过像素间的间隙也会被放大，因此不能简单地叠加子像素。让柱透镜与像素列不是平行的，而是成一定的角度，这样就可以使每一组子像素重复投射视区，而不是只投射一组视差图像。之所以它的亮度不会受到影响，是因为柱状透镜不会阻挡背光，因此画面亮度能够得到很好的保障。但是分辨率仍是一个比较难解决的问题。

2. 视差障壁技术

视差障壁技术也被称为视差屏障或视差障栅技术，由夏普欧洲实验室的工程师经过 10

年研究所得。它的实现方法是使用一个开关液晶屏、偏振膜和高分子液晶层，利用液晶层和偏振膜制造出一系列方向为 90°的垂直条纹。这些条纹宽几十微米，通过它们的光就形成了垂直的细条栅模式，称之为“视差障壁”。而该技术正是利用了安置在背光模块及 LCD 面板间的视差障壁，在立体显示模式下，应该由左眼看到的图像显示在液晶屏上时，不透明的条纹会遮挡右眼；同理，应该由右眼看到的图像显示在液晶屏上时，不透明的条纹会遮挡左眼，通过将左眼和右眼的可视画面分开，使观者看到 3D 影像，如图 5-11 所示。背光遭到视差障壁的阻挡，所以亮度也会随之降低。分辨率也会随着显示器在同一时间播出影像的增加成反比降低，导致清晰度的降低。

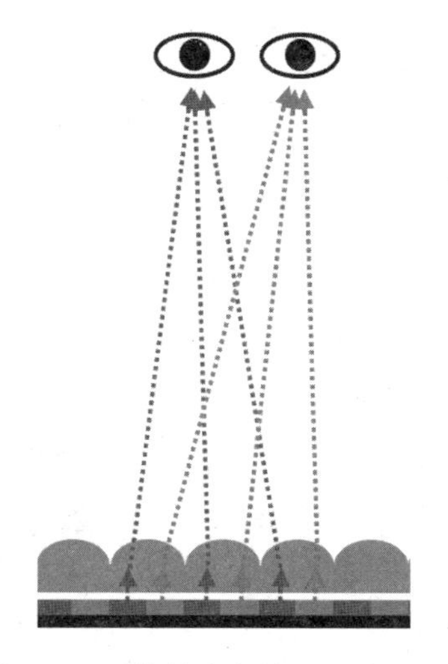

图 5-10　透镜技术立体显示原理

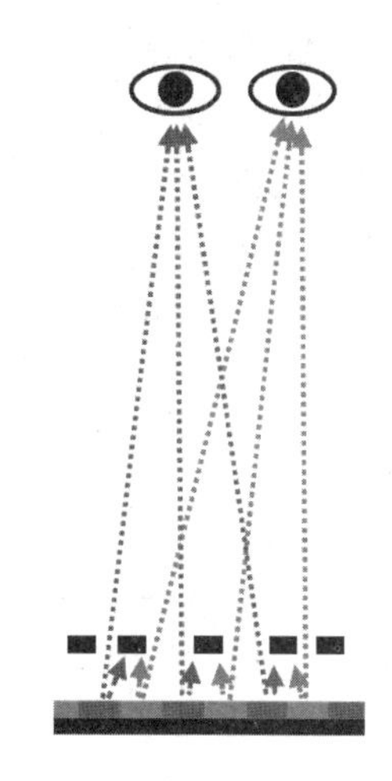

图 5-11　视差障壁技术立体显示原理

5.3　立体摄像设备及拍摄

目前立体影像的拍摄主要有以下几种方法：

（1）便携型立体摄像机。

（2）专业型立体摄像机。

（3）双机同步拍摄。

（4）使用能够拍摄视频的数码相机拍摄。

5.3.1　便携型立体摄像机

1. Sony TD10

索尼 HDR-TD10E 采用了两个索尼 G 镜头、两个总像素均为 420 万的 Exmor R CMOS 影像传感器和两个 BIONZ 影像处理器，其每一套单独系统都能拍摄出 1920×1080/50P 的高清 2D 影像，如图 5-12 所示。

图 5-12　索尼 HDR-TD10E

当工作在 3D 模式下，索尼 HDR-TD10E 的两套系统会全部工作，其每一套单独系统都能拍摄出 1920×1080/50P 的全高清影像，每一帧图像均遵循 1920×1080 分辨率的高清记录格式，最后封装为 MVC 格式的 3D 全高清视频。

TD10E 在 2D 模式下具有 12 倍光学变焦，等效于 29.8～357.6mm；而在 3D 模式下则能实现 10 倍光学变焦，等效于 34.4～344mm。

广角端的最近拍摄距离建议在 0.8m，因为如果距离过近，左右镜头的影像就不容易重叠。DV 机不同于人的眼睛，人的双眼在对焦近物体的时候可以改变双眼位置（即斗鸡眼）去对焦近物，而相机的镜头是固定的，所以参考拍摄距离的话，3D 效果会更好、更明显。

TD10E 的一大特色是配备了 3.5 英寸拥有 122.9 万像素的触控式 3D 液晶显示屏，这块显示屏覆盖了一层微透镜 3D 薄膜，能够向左眼和右眼传递不同的影像，也就是说左眼只看到左边镜头所拍摄的画面，右眼则看到右边镜头所拍摄的画面，从而产生视差效应，不用佩戴 3D 眼镜则能实现裸眼 3D 的效果。

可以用索尼摄像机随机附赠的 PMB 软件进行剪辑。过程是这样的：首先将 TD10E 内部的 3D 视频复制到计算机中，然后放入 PMB 软件进行编辑，这个时候在 PMB 软件中显示的仅是 2D 影像，编辑完之后将这段视频再复制到 TD10E 就可观看剪辑后的 3D 视频了。之所以能够这样做是因为 TD10E 视频封装格式为 MVC，这种封装格式会将左右镜头拍摄的视频分别记录，最后再合成，方便后期剪辑。

2．JVC GS-TD1

JVC 3D 采用 HD TG 双镜头、5 倍光学变焦，最大光圈为 f1.2，含超低色散镜片及非球面镜片；配备 332 万像素的 CMOS 传感器，左右镜头各录制 1080i 视频影像；为方便实时观察拍摄效果，摄像机采用了 3.5 寸的裸眼 3D 液晶触摸屏，如图 5-13 所示。

JVC GS-TD1(3D)支持全高清 3D 视频的录制，支持 1080i 规格，分辨率为 1920×1080 的 AVCHD(3D/2D)高清视频格式。

3．松下HDC-TMT750

松下 HDC-TMT750（见图 5-14）采用了一支 f1.5 光圈的 Dicomar 镜头（35～420mm），并且通过 3D 转接镜头的方式实现 3D 影像拍摄，配合 3MOS 技术，可将 RGB 三原色作独立处理，更完美地重现色彩、层次等细节。

图 5-13　JVC GS-TD1

图 5-14　松下 HDC-TMT750（左为 3D 转换镜 VW-CLT1）

TMT750 在加装 3D 转换镜 VW-CLT1 后，即可成为一台 3D 摄像机。这个 3D 转换镜的功能是将入射光线分为两路，分别对应左右眼拍摄画面在感光元件的不同部位成像，拍摄出的是 960×1080 分辨率的一种左右并列方式的立体画面，可以在松下 VIERA 3D 电视上观看，而在机身液晶屏上预览时只会显示左眼画面。使用 3D 模式拍摄时可以使用防抖功能，但很遗憾的是，由于聚焦方面的原因，这个摄像机在 3D 模式下无法变焦，只能使用广角端拍摄。

5.3.2　专业型立体摄像机

1. Sony PMW-TD300

Sony PMW-TD300（见图 5-15）可提供索尼公司的 XDCAM EX 拍摄支持，采用了紧凑的肩部安装扩展设计，并降低了用户在开始拍摄 3D 视频之前所需要进行的安装设置复杂程度。索尼 PMW-TD300 摄像机配备了一对 3 芯片 1/2 英寸 Exmor Full HD CMOS 传感器，因此这台专业机器可以提供高品质的 3D 立体视频拍摄功能，它的拍摄分辨率可以达到 1920×1080P 的全高清级别。

除此之外，Exmor Full HD CMOS 专业 3D 摄像机还可以支持索尼公司独有的 XDCAM EX 工作流程，以便改善用户的 3D 视频拍摄体验。索尼 PMW-TD300 专业 3D 摄像机配备 4 块 64GB 存储卡，在 HQ 模式之下可以达到 400 分钟之久的拍摄时间，同时作为一款专业 3D 数码摄像机，索尼 PMW-TD300 还配备了一块尺寸为 3.5 英寸的 Type Colour LCD 显示屏作为取景窗。索尼 PMW-TD300 专业 3D 摄像机可以支持的拍摄格式包括："视频：MPEG2 HD（4∶2∶0）"、"HQ 模式：35Mbps"、"SP 模式：25Mbps"、"音频：Linear PCM（4 声道，16 位，48 kHz）"。这款摄像机采用 H.264 MVC（Multi-Views Coding）多视图编码技术实现双路全高清记录，并把多视图编码结果记录在一个单一文件中。在 2D 摄制模式下会把左眼和右眼影像同时记在左卡和右卡上，成为彼此冗余备份。

2. Sony HXR-NX3D1U

紧凑型手持式摄录一体机 HXR-NX3D1U（见图 5-16）是索尼 NXCAM®产品线的最新产品，在 3D 模式下可支持 60i/50i/24p 的记录，并且允许用户通过机身上的转轮来调整左右眼的差异，同时在 LCD 上无需眼镜即可观看 3D 效果。这款摄像机的 G 镜头允许在 3D 模式下的 10 倍变焦，为 3D 拍摄带来了更多的矫捷性。

图 5-15　Sony PMW-TD300

图 5-16　Sony HXR-NX3D1U

3. Sony单镜头立体摄影技术

索尼的单镜头 3D 数码摄像机使用单镜头 3D 摄影系统，能够以 240fps 的速度同时捕捉左侧和右侧的图像，记录自然平滑的 3D 影像，如图 5-17 所示。

单镜头系统解决了可能导致双眼光学特征差异的任何问题。它通过使用反射镜替代快门，入射光线可以同时被分离进入左侧和右侧的影像，并在到达重放镜头的平行光区域（在此区域目标物体焦点处发出的分离光线变成平行光线）时被记录下来。分离的左侧和右侧影像随后被左右影像传感器分别处理和记录。由于左右眼的影像被捕捉时没有时间差异，记录自然平滑的 3D 影像成为可能，甚至是快速运动的场景。

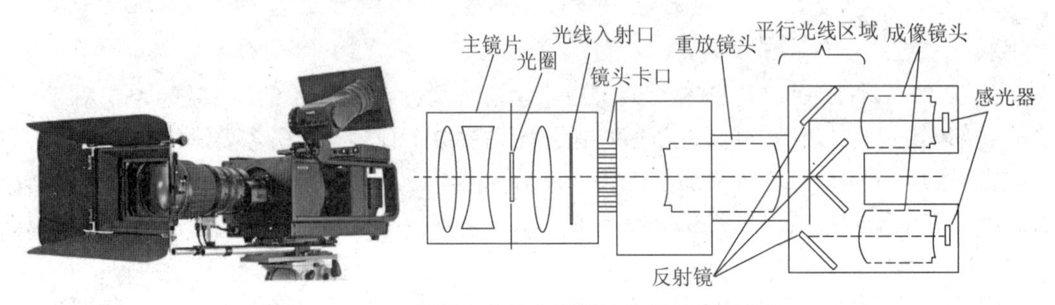

图 5-17　Sony 单镜头立体电影摄影机及其光路结构

4. JVC GY-HMZ1

JVC GY-HMZ1（见图 5-18）是一台手持式摄录一体机，可以同时记录左右图像，分辨率均为 1920×1080，拥有双 CMOS 传感器 3.32 万像素，并提制 34Mbps 的 AVCHD 格式的三维影像（录制普通 2D 影像时为 24Mbps）。60i 的规格可流畅地记录运动画面的内容，24p 的规格可以录制电影般的效果。

5. 松下AG-3DA1高清3D摄像机

松下 AG-3DA1（见图 5-19）由两套 3MOS 图像传感器和两个镜头组成，每个图像传感器尺寸为 1/4 英寸系统，其动态有效像素也是 207 万像素×3×2，即每块 MOS 有 207 万像素，分为两组，每组是 207 万像素×3，两组就是 207 万像素×3×2 了，因此总共使用了 6 块图像传感器。由于体积原因，松下 AG-3DA1 的镜头光学变焦倍数只有 5.6 倍。松下 AG-3DA1 的 LCD 为 3.2 英寸，拥有 122.6 万像素，机身上还有 HDMI 接口。机器的体积为 158×187×474 mm，机器的重量为 2.4kg。

图 5-18　JVC GY-HMZ1

图 5-19　松下 AG-3DA1

5.3.3　使用 Sony TD10E 拍摄立体视频

1．拍摄距离控制

广角端拍摄 3D 影像时，需要与拍摄对象保持约 0.8m 以上的距离。拍摄距离与变焦有关，如图 5-20 所示。变焦时，保持大致最短必要距离，推荐在 0.8～6m 之间拍摄。注意以下参数仅针对 Sony TD10E。

图 5-20　广角端最佳拍摄距离

图中蓝色实心区域表示突出的 3D 效果，半透明区域表示较柔和的 3D 效果。灰色区域代表拍摄对象不能正常形成 3D 影像的距离。

3X 变焦时，推荐在 2.5～10m 之间拍摄，如图 5-21 所示。

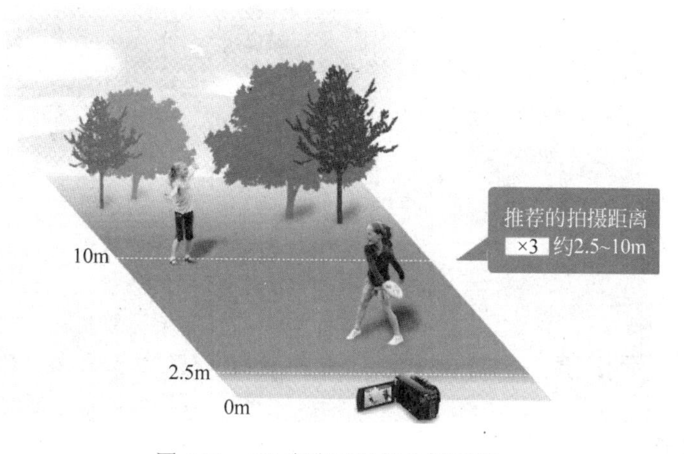

图 5-21　3X 变焦时最佳拍摄距离

长焦推荐在 7.5～20m 之间拍摄，如图 5-22 所示。

2．其他注意事项

录制中避免摄像机摆动，如果要移动摄像机，可以在保持摄像机水平的情况下缓慢地平移。

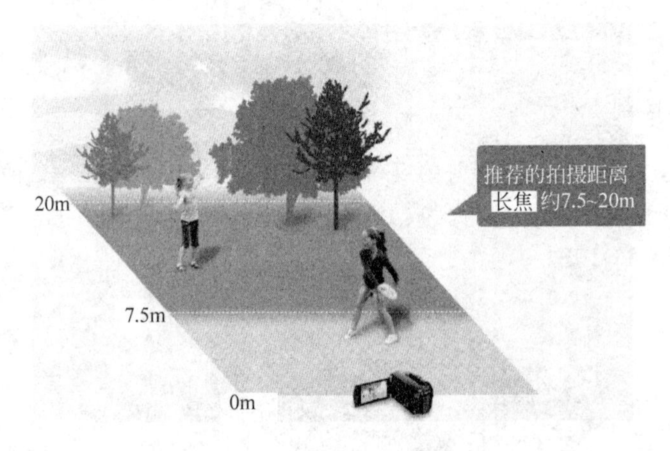

图 5-22　长焦端最佳拍摄距离

为了获取较好的立体效果，可以通过将装饰用的物体放在主要拍摄对象前方或后方来创建层次，如图 5-23 所示。

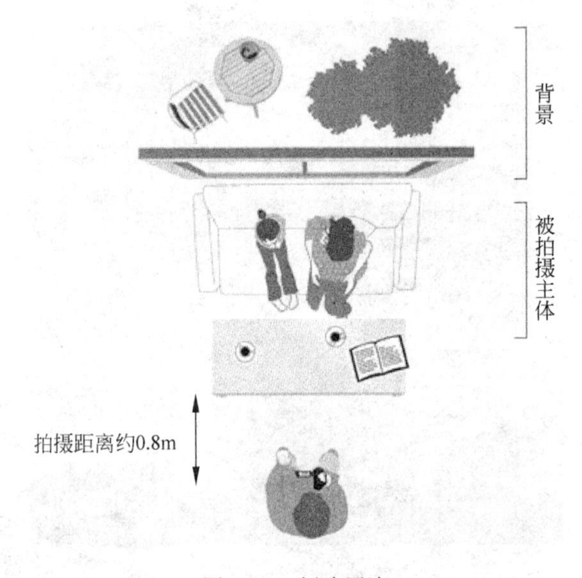

图 5-23　创建层次

5.3.4　双机同步拍摄

1. 双机同步拍摄的注意事项

双机拍摄一般使用双机云台将两个摄像机固定在一起，如图 5-24 所示。使用双机进行立体同步拍摄最大的优势在于双机间距可调，因此灵活多变，适应性强，尤其是拍摄远景的时候，由于单机双镜头的摄像机的镜头间距无法调整，获取的画面立体感比较微弱，而双机同步拍摄能避免这种情况。双机拍摄同时由于需要拍摄者自制拍摄装置，因此需要注意以下事项：

（1）为了保证双机参数相同，最好是选择相同型号的机器进行拍摄。

（2）双机要在同一水平线上，并且两个镜头要保持平行，拍摄时一定要用三脚架，不宜手持拍摄，因为一点点的摇晃就会导致相机无法保持在水平线上，这种情况下拍摄出来的照片在后期合成立体图像时会很麻烦。

（3）拍摄时，要使用遥控器遥控两台摄像机同步拍摄，使两台摄像机保持同步操作。

2. 具有双机同步设置功能的摄像机

Canon XF105（见图 5-25）以及 Canon XF100 型号的摄像机内置了 3D 拍摄辅助功能，能够让用户在机内完成双机的画面对齐，提高 3D 节目前期制作效率的同时降低后期双机画面调整的工作压力。

图 5-24　双机示意

图 5-25　Canon XF105

XF105/XF100 采用了国际广电行业广泛采用的主流 MPEG-2 Long GOP 影像压缩格式，使以往肩扛式大型数码摄像机专用的能够满足电视台质量要求的 4∶2∶2 色彩采样率在手持小型机上得以实现，还支持业界标准封装格式 MXF 以及 CF 卡记录等。为了实现 XF105/XF100 的小型化，采用了新设计的影像感应器以及变焦镜头。此外，这两款摄像机支持红外拍摄功能，能够在黑暗的环境下使用红外线进行拍摄。

（1）光轴调整功能：通过移动防抖镜组，调整镜头光轴，修正由于变焦引起的光轴偏移或调整和另一台摄像机镜头光轴的对应关系，如图 5-26 所示。

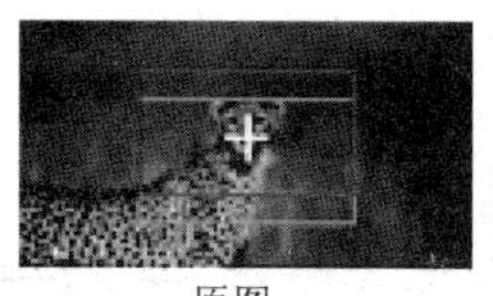

原图

即使变焦中心也不发生偏移

变焦时中心发生偏移

图 5-26　光轴调整功能

（2）焦距调整功能：调整好一台摄像机的镜头焦距后，能够提供视角变化信息用于调整另一台摄像机，保证双机画面对齐，如图 5-27 所示。

（3）反向扫描功能：在安装市售的 35mm 镜头转接器显示逆转图像时，用自定义菜单可改变为垂直翻转、水平翻转、垂直水平翻转记录，如图 5-28 所示。

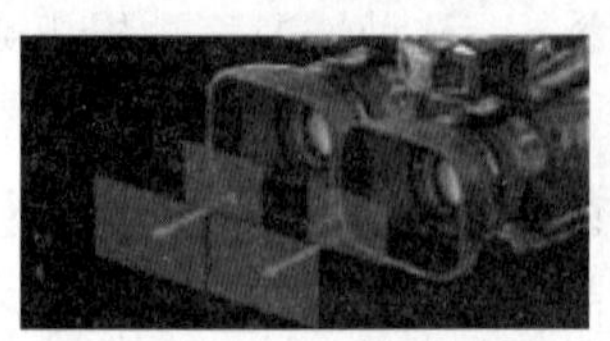
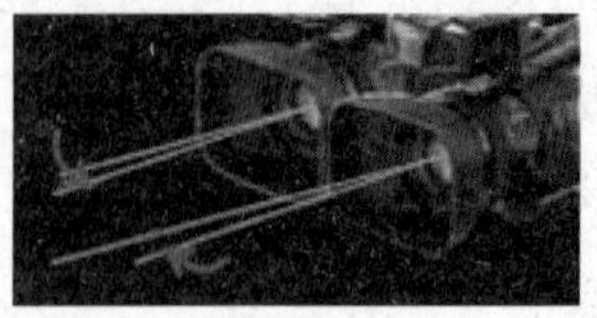
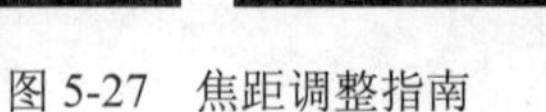

图 5-27 焦距调整指南

图 5-28 反向扫描功能

5.3.5 使用数码相机拍摄立体视频

1. 具有视频拍摄功能的单反数码相机配合专用立体镜头

英国的 Loreo 公司生产了几种适合于单反相机使用的专用立体摄影镜头，如图 5-29 和图 5-30 所示。将这种镜头安装到具有高清视频拍摄功能的单反相机上即可用于立体照片以及立体视频的拍摄，它在拍摄时将左右画面并排成像在一张胶片或感光器平面上，因此实际上画面的利用率降低了一半，同时由于左右画面的交界处有一个模糊的区域，实际画面利用率还不到一半，如果使用照相机的全高清视频拍摄模式进行拍摄的话，有效画面尺寸小于 1080（高度）×960（宽度）。另外，Loreo 镜头的左右间距是固定的，而且是手动对焦方式，光圈也比较小，所以它的使用有一定的局限性，当然将其安装到数码单反上拍摄近景还是比较方便的。

图 5-29 Loreo 生产的 APS 画幅立体镜头

图 5-30 Loreo 生产的 APS 画幅微距立体镜头

2. 能拍摄立体影像的立体照相机

专用的立体相机都具有左右两个镜头，用于捕获左右画面。富士推出的数码立体相机 W3 可以直接获取数字化的立体照片以及立体视频，如图 5-31 所示。

图 5-31 富士 W3 数码立体相机

使用这种立体相机进行拍摄最大的好处在于使用操作简易方便，无须考虑太多，而且左右画面同步得到相机自身的支持，这种相机每次拍摄即可获取左右画面。缺点则在于由于左右镜头的间距是固定的，因此当使用这种相机拍摄远景的时候获取的照片立体感不强，往往只适合于拍摄较近的景物。

5.4　双眼的延伸：立体影像的相关理论

前面提过，立体图像的拍摄实际上是对人眼成像原理的模拟，用两个镜头分别拍摄左右眼观看的图像，这两个镜头就好像是双眼的延伸。为了更好地模拟双眼的观看效果，可以选择专门的立体相机，也可以使用两台相同的相机组合拍摄，但是无论采用何种方式，为了拍摄出的画面有更好的立体效果，首先需要了解如下的理论。

5.4.1　拍摄可视点：12°夹角理论

据统计，亚洲人的双瞳距平均为 65mm（欧美人的双瞳距平均为 58mm），人们在观看与眼睛距离为 0.3m 的物体时立体感最强，因为此时双眼所看到的物体表面最多，此时的双眼视线夹角为 12°，这就是 12°夹角理论。当然，如果这个夹角小于 12°，也能够产生立体感，只是随着夹角变小，立体感会变弱。反之，如果夹角大于 12°，则大脑反而不能将左右画面判断为同一物体，产生不舒服的感觉。

将理论进一步扩展，距离越远，立体感越弱。天上的太阳对于我们来说就好像一个发光的圆圈，几乎没有立体感。相反，距离越近，立体感越强，但是会让人感觉不舒服，距离太近，物体就会发“虚”而看不清楚。可以将一支笔慢慢地向眼前移动来体会一下这种感觉。

然而在实际拍摄时，我们拍摄的对象不可能仅局限在 0.3m 以内，而且两个相机镜头间的距离也不止 65mm，所以往往需要根据被拍摄物与镜头之间的距离来调节两个相机间的距离，以接近 12°夹角，但是不能超过 12°。另外，相机焦距的变化使得相机的视角也会随之变化，这给把握好相机间的距离增加了难度。

5.4.2　拍摄可视范围：多景深机距计算公式

我们往往拍摄的对象不是单一物体的可视点，而是具有不同景深的多个物体的可视范围，根据经验，不同景深的物体越多，整体的立体效果就越好。但此时拍摄单个物体适用的 12°夹角理论就不管用了，为了估算出拍摄多景深立体图像时两相机间的距离，就需要用新的公式。具体来说，如图 5-32 所示。

其中，L_{camera} 表示两个镜头轴线之间的距离，L_{Max} 是可视范围中最远处距离相机或摄像机成像平面的距离，L_{Min} 是可视范围中最近处距离相机或摄像机成像平面的距离。假设镜头的焦距为 f，相同物体在左右两机成的像在重叠之后的最大距离为 k，则有：

$$L_{camera} = \frac{k \times (L_{Max} \times L_{Min})}{f \times (L_{Max} - L_{Min})}$$

借助上述公式，可以根据可视范围的最远处、最近处与镜头的距离，结合镜头的焦距

以及适当的 k 值来对两机之间的合理距离进行估算，这样便可以获得逼真自然的立体效果。

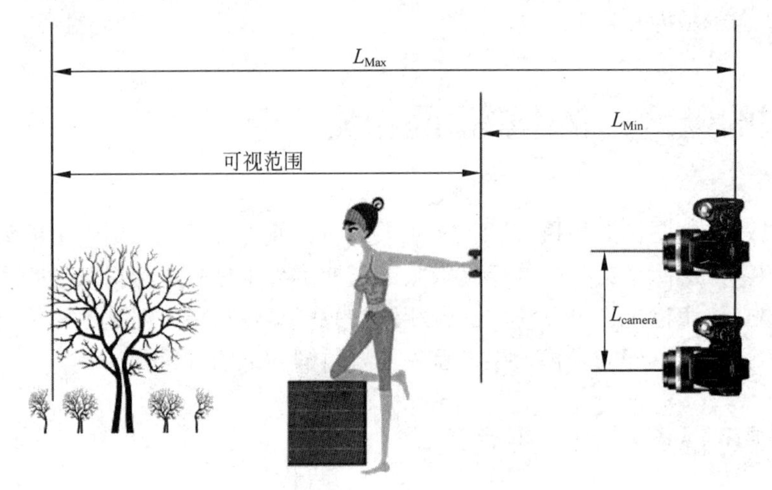

图 5-32　多景深机距示意图

从上述公式中还可以直观地得出：

镜头的焦距越大，两相机间的距离应该越小，反之则越大；被拍摄的可视范围整体越远，两相机间的距离应该越大，反之则越小。所以，一般拍人像时把两部摄像机靠在一起就差不多了，如果拍摄的主体是远方的风景，两机就得分开一些。

k 值与影像最终的呈现尺寸及其与眼睛的距离有关，成正比关系，同时 k 越大，立体感会越强，但同时有可能使人感到涨眼、不适。

立体影像的成像区域不宜太大，一般情况下，立体成像有效区域在目标距离的 1/2～3/2 之间比较合适，如图 5-33 所示。超出有效成像区域之外的影像往往会给眼睛带来不适感。

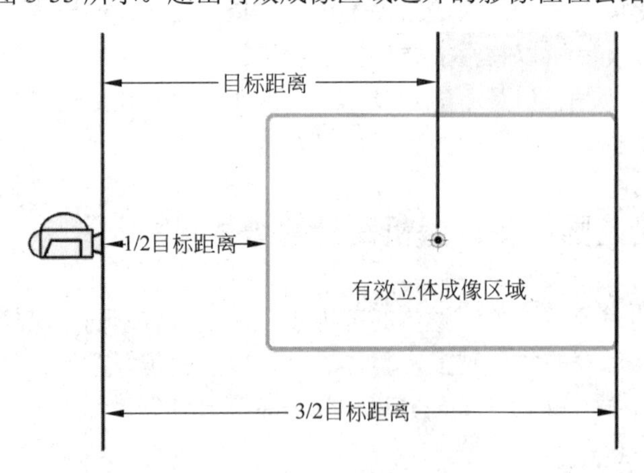

图 5-33　立体成像有效区域

5.4.3 景深、出屏与入屏

举个小例子来辅助理解上面的理论，如图 5-34 所示。画面中，拍摄对象由景深不同的三个物体组成：小虫、小花和背景。为了获取理想的立体效果，一般情况下应该把要突出的主体放在画面的中央。这里将小花放在画面中央，并将相机的焦点对准小花，这样拍摄出的图像在观看时就会产生小虫“出屏”、背景“入屏”、小花仍在画面上的立体效果。

下面来计算一下两相机间的距离。假设小虫到镜头的距离为 5m，背景到镜头的距离为 10m，焦距 f=50mm，拍摄后两图像重叠后的最大距离 k=1mm，带入公式可以计算出：

两相机距离 L_{camera}=200mm

5.4.4　互补色分色式立体影像的制作

当拍摄得到左右两个图像后，接下来就可以将它们合成为立体图像。一个简单易用的免费合成软件是 StereoMovieMaker（见图 5-35），可以从 http://stereo.jpn.org/eng/stvmkr 下载。在这个软件中打开左右影片之后，可以根据我们最终的呈现方式选择相应的格式合成及输出立体影片。

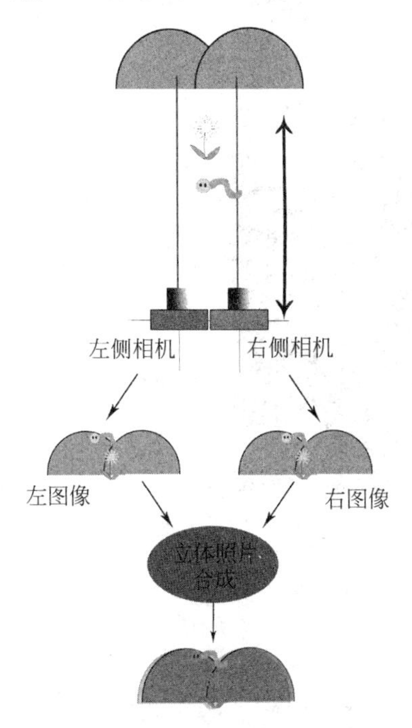

图 5-34　立体照片合成示意

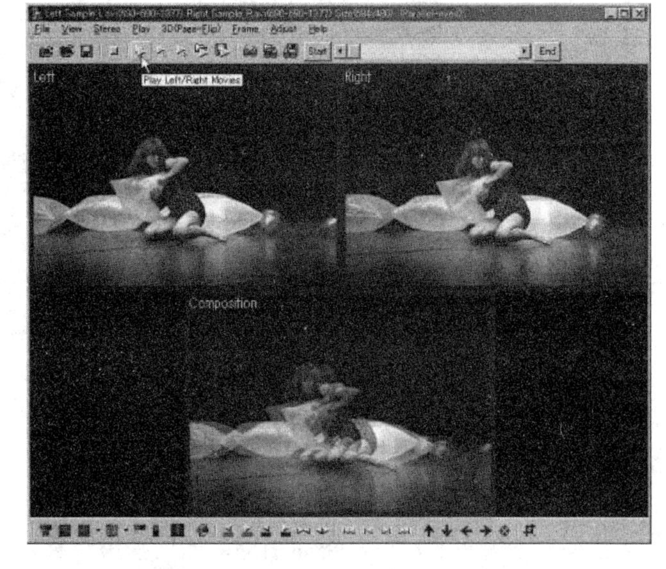

图 5-35　StereoMovieMaker

打开左右影片之后，左右影片会出现在软件界面的上部，而下面则是左右影片合成的效果图，可以根据输出的目标选择输出格式。该软件能够支持各种立体显示设备所使用的格式，如分色立体常用的红蓝立体影像，专门立体显示器使用的左右并列或上下并列格式，光栅立体显示器使用的光栅格式等。

可以通过调整软件界面下方的上下左右按钮来调节左右影像画面的重迭程度，同时这种调节也会影响到立体感的强弱、出屏效果等。

5.5 3D 拍摄获取最佳立体效果的诀窍

3D 立体摄影中，选景、构图及后期制作对立体效果有着巨大的影响，本文将结合作品案例对相关经验进行系统的介绍。本部分作品均采用红蓝立体格式。

5.5.1 静物或近景立体摄影

选择结构精巧、层次丰富，但是整体画面在纵深空间方向相对比较“薄”的对象进行拍摄，如图 5-36 所示。

图 5-36 《木雕》（需要红蓝立体眼镜）

5.5.2 人物或动物立体摄影

如果是拍大头照，可以正面拍摄，如果拍摄全身，则最好采用侧面姿势拍摄，使被拍摄对象与相机镜头的距离有一个远近变化，并且最好选择细节较丰富的拍摄对象，如图 5-37 所示，这样可以将人物或动物拍的富有立体层次，但背景最好比较简单。

5.5.3 选择连续地从近处蔓延到远处的场景进行拍摄

蔓延的树枝或网状结构，如图 5-38 和图 5-39 所示，这种结构整体感极强，远近层次连续而缓慢地变化，因此能够塑造出一个整体感极强的空间。如果远近层次没有连续性，而是忽然变化很多的话，拍摄得到的立体影像容易使眼睛产生不适感，从而影响立体效果的体验。

图 5-37　《骆驼》（双机同步拍摄，需要红蓝立体眼镜）

图 5-38　《阳朔・大榕树》之一（双机同步拍摄，需要红蓝立体眼镜）

图 5-39　《阳朔・大榕树》之二（双机同步拍摄，需要红蓝立体眼镜）

5.5.4 拍摄风光要选择远近层次丰富的场景

立体风光摄影与传统风光摄影相比较在构图上更注重层次感，远近层次丰富是影响立体效果非常重要的因素，例如《阳朔山水》这幅作品（见图 5-40），如果水面上少了漂来的游船，则画面层次就少了很多，立体效果也会逊色很多。

图 5-40 《阳朔风光》（双机同步拍摄，需要红蓝立体眼镜）

5.5.5 使用黑白素材

对于红蓝分色立体照片来说，如果色彩信息并不重要的话，将素材转换为黑白图再合成立体照片效果往往更好，因为红蓝分色立体照片中，素材本身的颜色会对表示左右眼图像的红蓝重影产生干扰，从而影响立体效果，尤其当照片中某些局部是红色或蓝色的时候，这些局部产生的干扰更严重。而使用黑白素材则可有效避免这种干扰，如《漓江牛鹭》中原图中的天空和水面比较接近蓝色，会干扰立体效果，改成黑白则避免了这个问题，如图 5-41 所示。而在前面介绍的照片《阳朔山水》中，船上面的伞中灰色的部分其实本来是红色的，如果不修改的话，伞上面红色的部分就会向红蓝立体眼镜传递错误的信息，干扰立体效果。

5.5.6 出屏、入屏与立体感控制

在后期制作中，对红色及蓝色重影的调节会影响到立体感中出屏与入屏的效果。在调整对齐左右图像的过程中，重影最小甚至没有重影的区域在观看时会给人位于照片平面的感觉，而以这个区域为参照，在其前面的区域将会产生出屏效果，在其后面的区域将会产生入屏效果。在《桂林溶洞·石麒麟》（见图 5-42）中，将石麒麟尾部的重影调整到最小，则其头部会显得跃然而出（出屏效果），而背景的溶洞则显得在照片后面（入屏效果）。

图 5-41　《漓江牛鹭》（双机同步拍摄，需要红蓝立体眼镜）

图 5-42　《桂林溶洞·石麒麟》（双机同步拍摄，需要红蓝立体眼镜）

照片的印制尺寸是另外一个直接影响到立体感的因素，相同的立体照片，印制尺寸越大，观看时立体感就越强。

5.5.7　抠除背景

抠除掉跟主体相比较距离相机太远的背景，以减轻远景产生的太大的重影导致眼睛产生的不适感，并且更加关注主体，如图 5-43 所示。

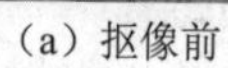

（a）抠像前

（b）抠像后

图 5-43 《亨利摩尔雕塑》的抠像前与抠像后的对比（需要红蓝立体眼镜）

第 6 章　DV 拍摄的技巧

本章以介绍 DV 拍摄前期的相关知识为核心，通过实例介绍，探讨 DV 影视语言技巧，关注影视技术在数字化领域的发展动向，帮助广大 DV 爱好者理解画面构图、景深、色彩、灯光和景别等影视语言，努力引导其向专业 DV 创作者迈出第一步。

6.1　画面构图的要素：景深、色彩、灯光

6.1.1　画面构图的定义

画面构图在不同的艺术创作领域有着不同的注解。影视作品与绘画、摄影中的画面相比，它们虽然都是在二维平面内表现客观事物，但其对事物的表现方式却是不同的。绘画和摄影表现的是一种静态的画面，而在影视中画面不仅仅是在某一个视点上进行表现，而是充分地描述了被摄物体运动和发展的过程。随着拍摄过程中 DV 角度、焦距的变化，对主体进行持续的、多角度的拍摄，使得画面的画框、景别也发生变化。可以说，影视的画面构图既是静态构图，也是动态构图。

DV 画面构图主要是指在 DV 拍摄中对被摄物体以及各种造型元素加以有效地组织、选择和安排，以塑造视觉形象，形成画面样式的一种创作活动。好的构图会使画面具有美感、形式感，同时完成影视作品中的叙事和象征作用。因此，画面构图是 DV 拍摄的一个重要环节，是拍摄者将内心想法转化成为影像画面的重要手段。对于 DV 初学者而言，了解并掌握画面构图的基本规则十分必要。

下面简要介绍在 DV 拍摄中需要遵守的几大规则。

1．画面构图的平衡性

1）DV 机位保持水平

在拍摄前要使得 DV 处于水平位置，通过液晶显示屏观察，确保被摄对象的平衡性，避免拍摄影像歪斜、倾倒，画面失衡会使人的视觉产生不舒服的感觉。但是有时失去平衡的画面更能够表达纪实等其他效果，所以实际操作中为了表现某些特定主题，创作者也可使用反常规的画面构图。

2）色彩平衡

色彩不仅是点缀生活的重要角色，在 DV 创作中也应该得到足够的重视。在 DV 拍摄中强调色彩平衡是因为虽然现实生活中色彩斑斓，但 DV 创作作为反映生活的艺术手段并非是色彩越丰富影像就越好，画面构图要求遵循对立统一的原则，各种色彩在空间位置上的相互关系必须是有机的组合，不同色彩之间必须按照一定的比例、有秩序的加以组合。设计时应避免等量、对称和零乱，同时还要充分考虑色彩之间的主从关系，依据被摄主体

的颜色，尽可能选择与其相对的色彩背景，也可调整主体的颜色，这样能使主体更加突出，画面更具有层次感。

电影《英雄》就以色彩的出色应用而成为典范，图中场景以蓝色为基调，通过色彩平衡使得画面干净利落，同时演员甄子丹身着土黄色（暖色系），区别于蓝色的冷色调，清晰地突出了其主要地位，如图6-1所示。

图6-1　电影《英雄》画面

2. 画面构图的简洁性

画面构图讲究布局，在拍摄中将充分考虑画面中各元素的大小、体积和颜色等，并且尽量避免杂乱的背景。过于复杂的背景容易分散观众的注意力，又因为DV的画面构图具有动态的特点，杂乱的背景会造成主次不分，使得观众不能够清晰理解拍摄者的创作意图。

从另外一个方面来讲，画面构图考察的是一种实体形象和空白形象的比例关系，由于受到“视觉中心”的影响，创作者在构图时要清楚地表明自己的拍摄意图，合理地安排主题外的其他物体、空白对象与主题之间的关系，使其成为主题的补充。画面主体是否得到很好的突出在一定程度上也是考量构图简洁的重要方面。只有在有限的取景框中妥善处理好主体、陪体以及环境的关系，在陪体和环境方面尽量优化，才能做到画面构图主次分明、相互照应、轮廓清晰、井然有序。

图6-2的左图的画面容纳的元素过多，容易让人产生不知所云的感觉。图6-2的右图通过调整画面主题与环境的关系，则很明显让人知道房屋是画面的主体。

3. 画面构图的艺术性

作为一门综合性的艺术，在画面构图时需要充分考虑画面的表现力以及美感。比如，合理地运用拍摄对象的位置、大小、色彩、形状、高低、明暗、质感和线条等元素，充分调动拍摄对象空间上的造型能力，以求发挥出最大限度的艺术表现力。当然，艺术性的表现是基于平衡性和简洁性的基础之上，拍摄者的综合能力的表现，对DV创作者素质要求较高。为此，DV 拍摄者应该加强自己的艺术审美能力以及创作能力。

图 6-2　画面主题与环境的关系

《辛德勒的名单》中导演斯皮尔伯格在黑白背景上突出红装小女孩，通过无助的小女孩和高大的纳粹士兵之间强烈的对比强化了电影主题情感的表达，让观众感受到了生命的脆弱、战争的残酷，如图 6-3 所示。

图 6-3 《辛德勒的名单》画面

6.1.2　景深

景深是什么？简单来说，就是 DV 镜头清晰成像的范围，也就是最远的清晰成像点到最近的清晰成像点的距离，即被摄物体能清晰成像的空间深度。

DV 拍摄相较于电影制作，由于受到成本、存储方式以及创作人员本身素质的约束，除了在光线布局、拍摄手法等方面不足之外，在景深表现力方面也有所欠佳。影响景深的因素是由镜头的孔径、长焦和物距三要素决定的，下面详细介绍一下它们对景深分别有什么影响。

（1）光圈。当镜头焦距相同，拍摄距离相同时，光圈越小，景深的范围越大；光圈越大，景深的范围越小。

（2）焦距。在光圈系数和拍摄距离都相同的情况下，镜头焦距越短，景深范围越大；镜头焦距越长，景深范围越小。

（3）物距。在镜头焦距和光圈系数都相等的情况下，物距越远，景深范围越大；物距越近，景深范围越小。正确地理解和运用景深有助于DV创作者的主题表现。

针对不同的表现需求，可运用不同的景深加以表现：

（1）如果拍摄需要展示整个大环境，则多会使用大景深，使得场景前后都很清晰。大景深适合交代故事背景，方便观众了解全貌。

（2）倘若目的在于交待人物关系，则可通过景深聚集变化来阐述人物之间的关系。

（3）景深也可用来表示影片人物的主观视线，实际拍摄中可用小景深来表现人物视线转移的效果。比如用镜头表现画面由模糊转换成清晰，则可表现病人苏醒或其他特殊效果。

（4）小景深有强调主体、重点或细节的作用，因为小景深可以在繁杂的环境中突出被摄体，强调事件的某一重点或细节。

（5）当影片需要创造某种特定的情绪，比如当表现梦境、神奇、虚幻的感觉，就可采用小景深的画面造型。采用小景深还可以使环境虚化，创造出神奇虚幻的感觉。在景深范围内景物影像的清晰度并不完全一致，其中焦点上的清晰度是最高的，其余的影像清晰度随着它与焦点的距离成正比例下降。

景深是影视艺术中一种富有创造性的表现手段，它能够增加画面的艺术表现力和审美价值。巧用景深可以使画面更有质感和表现力，DV创作者要在实践中不断地丰富自己的经验，以期创造出更加完美的景深效果。

一般情况下，新闻类题材由于交代细节的需要，往往采用景深较大的设备；而艺术类题材出于画面艺术感表现的需要，往往采用景深较浅的设备。

6.1.3 色彩

列宾曾说“色彩即思想”。色彩作为对人的视觉最有冲击力的元素，在DV拍摄中色彩对影片的效果影响是不言而喻的，合理地运用色彩可以在影视作品中起到均衡画面构图、表达作品思想、渲染气氛等作用。那么如何把握好色彩，才能使得DV创作者的作品更有生命力和表现力？下面来简要介绍一下色彩的相关知识。通过对于色彩的把握和理解，会让你的创作如虎添翼。

1. 色彩基调

色彩基调即是色彩的基本色调，也是画面的主要色彩倾向，就一部影片或一个段落而言，指的是以某一种色彩为主导所构成的统一和谐的总体色彩倾向。影视作品的主题多种多样，可以是欢快的，也可以是伤感的，可以是浪漫的，也可以是忧郁的，这些主题在表现时就需要创作者注意将情绪基调和情感倾向与色彩相结合。通过色彩在空间、时间因素的布局安排上合理体现，时间因素是指色彩在整个DV作品中的时间长度。空间因素即色彩在单一画面中所占有的空间面积。作为色彩基调的色彩，必须在时间长度和空间面积上都有重要表现，两者缺一不可。

色彩基调可基本分为暖色调和冷色调两种，其中暖色调以红、橙、黄为代表，给人以温暖、热烈、奔放等感觉；而冷色调则以蓝、青、紫为代表，多给人恬静、淡雅、清凉感。

第81届奥斯卡的最佳动画短片《积木之屋》的作者运用暖黄的色调充分渲染了影片

气氛、影响观众情绪，烘托故事主题，如图 6-4 所示。

图 6-4　《积木之屋》画面

电影《七宗罪》中通篇镜头以蓝青色为基调，冷色调带给观众一种惊悚、恐怖的感觉，如图 6-5 所示。

图 6-5　电影《七宗罪》画面

2．色彩构图

色彩构图也就是色彩布局，在画面构图中就已经强调了色彩平衡的重要性，色彩平衡是色彩构图的一种方式。在空间位置上各种色彩之间必须是有机的组合，它们需要按照一定的比例，有顺序、有节奏地彼此联结、依存、呼应，从而构成和谐的色彩整体。在影片创作中，要想让画面丰富，需要注意将色彩构图和视觉中心统一起来，视觉中心是画面的核心，跳跃、明亮的色彩也最能吸引眼球，利用色彩对比与调和让画面最终既多样丰富又统一和谐。

6.1.4 灯光

DV 拍摄的成功与画面构图、景深设计、色彩基调有关，同时还与布光角度的选择、合理的构图用光分不开。一般来讲，DV 拍摄因为受到条件限制可能只会使用自然光，但在有条件的情况下运用灯光补充照明，对提升画面质感、增强 DV 作品感染力会有很大的帮助。在实际操作中我们发现，灯光因其变幻莫测的表现可以完成虚拟与现实的完美结合，为我们带来全新的体验和遐想。

DV 灯光照明根据拍摄环境可分为外景灯光照明和室外灯光照明。外景灯光照明主要作为自然光线的适当补充，并不起主要作用。而在室内环境中，因为自然光线可能不够充足，此时应充分考虑室内环境的特性，科学地布光。

1. 光种的基本分类

光种按照光源可分为自然光和人造光，按照光线性质可分为散射光和直射光，按照光位可分为顺光、侧光、侧逆光、逆光、底光和定光等。下面分别作介绍。

1）自然光

自然光是指以太阳为光源照射到地球上的光线。既包括晴天的阳光，也包括阴、雨、雪、雾天气所反射出来的光线，甚至夜晚的月光和室内没有人工照明所见到的光线都可称之为自然光。对于 DV 拍摄而言，自然光虽然采用方便，但因为其在亮度以及颜色上难以把握，所以在使用自然光的时候要准确考虑和掌握光照强度、角度、光线性质以及色温变化的规律。

2）人工光

相较于自然光，人工光是指人工光源发出的光线。其在使用上有较多的优越性。DV 拍摄者可以根据拍摄意图和内容需要来安排，利用人工光可充分发挥创作者的主观能动性，即通过控制光线的角度、方向和强弱等营造出各种艺术效果。

3）直射光

又称为“硬光”。光源直接照射到被摄物体的受光面会产生明亮的影调，而非直接受光面则会形成明显的投影。可以明显地表达出被摄物体的形状、轮廓以及结构，构造出立体感。正是因为直射光的造型能力强，所以在实际应用中多作为主光使用。

4）散射光

又称为“软光”。散射光的特征是光线软，没有明显的投射方向，照明均匀，受光面和背光面过渡柔和，层次细腻，因此对被摄对象的形体、轮廓、起伏表现不够鲜明。这种光线柔和，宜减弱对象粗糙不平的质感，使其柔和。在拍摄人物时使用散射光，则会使人物显得柔美年轻。

5）背光

在营造空间感时常常使用背光，通常用来区分拍摄主体与背景，在屏幕上构造三维立体感。

6）主光

画面中的主要光源，在塑造人物形象、体现人物轮廓和肤色气质时有很好的效果。灯的方位角度要依据人物的面向和脸部特征而定，同时主光可形成画面的明暗对比。

2．基本布光方法

影视布光因为拍摄环境的多样性、不确定性，常被视为很复杂的问题，解决起来需要有专业知识和丰富的经验。但事实上，在 DV 拍摄过程中，布光还是有据可循的，只要掌握一般性“规律”就可以从容应对。首先在对被摄物体进行布光时，需确定光位，测定光照强度，调整光比，纠正干扰。其基本步骤为：

（1）布光准备做好后，对被摄对象、机位都基本定位，并根据要表现的影像主调，对闪光光源的光性也大体选定。接着就可以对主光光位进行调整和定位。

（2）针对主光形成的暗部，使用辅助光来弥补主光的照射不足，照亮主光所不能照亮的侧面，可以突出被摄对象阴影部分的质感，改进未被主光照明部分的造型。

（3）为突出被摄主体，使得主体与背景相区分，可使用轮廓光照明。轮廓光又被称为“隔离光”、“逆光”、“勾边光”，是来自被摄体后方或侧后方的一种光线，它如同自然光照明中的逆光照明一样。根据实际拍摄需要，这种光线有时可能是正逆光，有时也可能是侧逆光，有时又可能是高逆光。展示了被摄体视觉上的三维效果。

（4）需要注意的是，在大多数情况下，被摄体与背景的亮度不同，因为光源的照明随着距离的增加而减弱，背景要比被摄体暗许多。这时可考虑使用背景光，背景光可照明被摄对象周围环境及背景的光线，使用背景光可调整任务周围的环境和背景影调，营造气氛。

灯光照明在 DV 拍摄时并非是一成不变的，相反，应基于影片本身灵活变换，这需要创作者在学习理论知识后，根据实践积累一定经验后才能灵活掌握。在影片拍摄中，布光既不是一个简单的照明问题，也不是单纯的制造气氛，应根据剧本以及构思意图创作出颇具创造性的灯光艺术。

6.2　景别、运动、角度和机位

6.2.1　景别

在 DV 制作中，拍摄景别的选择和变化是画面构图的重要手段之一。景别是指由于 DV 与被摄体的距离不同而造成被摄体在电影画面中所呈现出的大小不同。景别的划分是以成年人全身在画面中占据的部位为标准，一般可分为远景、全景、中景、近景和特写。但有时可根据创作者不同的需要而涵盖更多，如大远景、中近景和大特写等，如图 6-6 所示。

图 6-6 远景、全景、中景、近景和特写示意图

1. 远景

从表现功能上细分的话，远景还可以包含大远景和远景两个层次。大远景与远景有所区别，常用于表达宏大的场面，所包含的景物范围最大，更适合表现辽阔深远的背景和浩渺苍茫的自然景色。航空拍摄 2010 年上海世博会时期就常见到这种景别，在介绍园区布局以及各国展馆时可使观众在银幕上看到广阔深远的景象，使得拍摄的景物更为壮观宏伟，如图 6-7 所示。

图 6-7 《飞越疯人院》大远景

远景则更侧重于对背景环境的介绍，主要被摄体约占画幅高度的一半左右，这种景别在介绍人物与环境关系、推动剧情展开方面比较常用。其作用重在渲染气氛、抒发情感，如图 6-8 所示。

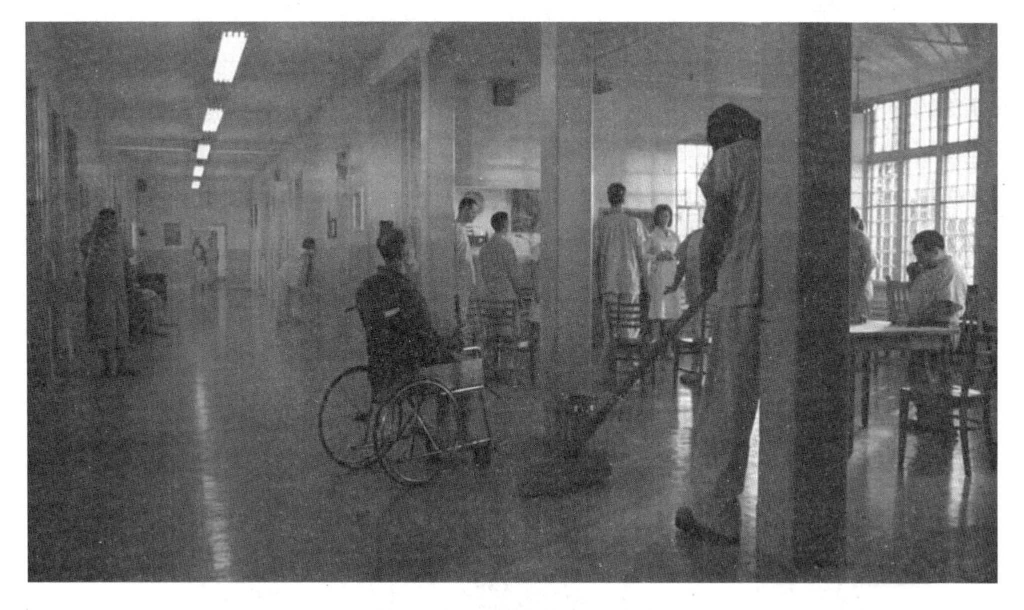

图 6-8 《飞跃疯人院》远景

2. 全景

全景的表现范围要比远景小，画面中交代场景的全貌或人物的全身动作，可用来表现人物之间、人与环境之间的关系。使用全景时，要注意被摄体与周围环境的呼应关系，同时还要注意对画面细节的取舍问题，应尽量做到画面丰满但不杂乱，如图 6-9 所示。

图 6-9 《飞跃疯人院》全景

3．中景

中景是指人物的膝盖以上部分都在拍摄范围之内，比全景的表现范围小。因为中景主要表现的是被摄人物的人物关系，比如在被摄人物双方对话、交流时就常使用中景。中景能够很好地表现人与人之间的情感交流、人与物之间的呼应关系，同时兼顾部分细节，反映出人物的身份、动作等。此时，背景环境的重要性则会降低，不作为画面的主要表现元素，但使用中景时也不能完全忽略背景环境，应尽量保持两者的和谐，如图 6-10 所示。

图 6-10 《飞跃疯人院》中景

4．近景

近景是指拍到人物胸部以上，所表现的被摄体局部细节比中景更深入。近景在拍摄时更注重刻画人物的面部表情、动作形态，甚至是内心世界的表达，在表现人物性格方面比其他景别更为突出，如图 6-11 所示。

图 6-11 《飞跃疯人院》近景

5．特写

特写集中在人物的肩部以上，对被摄体的局部进行描写。特写为美国早期电影导演格里菲斯（David Wark Griffith，1875－1948）所创用。特写能够带来很强烈的视觉冲击力，可集中地、精细地、突出地描绘和刻画，具有高度的真实性和强烈的艺术感染力，引导人们的视线和关注点集中到被摄体身上，对拍摄物起到突出强调的作用，如图 6-12 所示。因为特写画面的范围最小，所以就要求画面构图尽量简洁，避免过多的细节影响观众理解。虽然特写镜头在内容表达、气氛烘托方面有很强的表现力，但使用时应小心谨慎，过多的特写镜头反而会适得其反，让观众一头雾水，抓不住重点。

图 6-12 《飞跃疯人院》特写

6.2.2　运动

运动是 DV 创作的生命，正是有了运动这一丰富多彩的形式，DV 才同其他视频艺术一样充满了在“流动的时间中运动的美”。

运动主要可分为三种：被摄对象的运动、DV 摄像机的运动以及综合运动。

被摄对象的运动比较容易理解，即画面中人或物的运动，但这种运动也并非是简单的物理运动，由于视角变化产生的相对运动感也是其中的一种。所以在理解被摄体运动的同时，应该充分发挥自己的想象力，因为运动有些是有形的，但有些是无形的。

DV 摄像机的运动稍微复杂一些，这需要我们简要了解一下 DV 运动的几种主要方式：推、拉、摇、移、跟、综合运动等。

1．推（推镜头）

推镜头是指 DV 沿直线向前移动或采取变焦距镜头，从短焦距调至长焦距，使得画框内景物逐渐放大。推镜头可引导观众进入故事环境，对营造气氛起到很好的作用。同时因为 DV 摄像机与画面逐渐靠近，被摄主体可以从众多的被摄对象中突显出来，这在某种程度上可起到特写镜头的效果。

人物位置不动，摄像机从特写处或其他景物处移向人物的近处变成近景或特写，其效果使观众能从拍摄到的素材中深刻感受到人物的内心活动。

2．拉（拉镜头）

拉镜头与推镜头正好相反，它是指被摄体在画面中表现为由近至远，从表现细节到展示整体，使得画面内可容纳的对象更为丰富多样。拉镜头的作用主要是强调主体和环境之间的关系。

人物位置不动，摄像机从特写处或其他景物处移向人物的远处变成中景或全景，以表现人物进行的活动或对象与人物和环境的关系。

3．摇（摇镜头）

在拍摄一个镜头时，保持 DV 的机位不动，借助三脚架机身作上下、左右的旋转等运动。它一般分为左右平摇、垂直摇镜头、快摇和慢摇等。常用的有左右平摇和垂直摇镜头两种技巧。

摇镜头的主要作用是介绍环境。其次，当镜头从一个被摄主体转向另一个被摄主体时，摇镜头也可作为场景切换的表现镜头，同时还有表现人物的运动、代表剧中人物的主观视线、表现剧中人物的内心感受等其他作用。

4．移（移镜头）

在保持被摄对象不动，焦距也不发生变化时，DV 沿水平方向做各方面的移动。这种拍摄方式的语言意义与摇镜头比较相似，但是比较起来，移镜头所能产生的视觉效果更为强烈些。同时移镜头可代表主观视线的改变，也可作为表达拍摄者创作意图的工具。

5．跟（跟镜头）

DV 跟随被摄主体一起运动，并且与主体的运动趋势相一致。在人物拍摄时常会使用跟镜头，这种镜头可造成连贯流畅的视觉效果。在跟的同时，对于 DV 拍摄者的要求较高，需要拍摄者始终保持敏感性，保证两者运动的速度一致，同时被摄人物在画面中的位置相对稳定，既不出现人物出画，又能保持景别大致统一。

跟甩也是摄影常用的技巧。跟指的是摄影机空间的各个方面始终跟随着拍摄一个在行动中的表现对象；甩镜头指的是镜头突然从摄影对象身上甩开。此外，还有晃镜头和使镜头变“虚”，变模糊等。

摄影技巧产生了素材内容上的丰富多彩。影片的制作爱好者在这一方面要学会分析，不仅仅在摄影方面，在其他的特殊效果方面也要随时学习，这样才会在将来的制作中积累丰富的经验。关于这一点将在以后章节中详细分析。

6．综合运动

综合运动是指将 DV 摄像机与被摄对象运动不同程度地、有机地结合起来，两种运动同时发生的结果。这种运动方式会创造出更加丰富且更具冲击力的影像画面。因为涉及到各种运动的组合，综合运动的运用需要创作者在拍摄前做好充分的准备，对场面调度的设计要准确到位，镜头的运动也应力求保持平稳，机位运动时注意焦点的变化，不同角度和景别的镜头可产生各种层次的纵深效果。

6.3　镜头组接与蒙太奇

6.3.1　镜头组接

镜头是构成画面的最基本元素，电影或者电视节目都是由一系列的镜头按照一定的顺序组接而成的，DV 拍摄中除了需要注意镜头内部的逻辑关系外，镜头之间的排列组合也是关注的重点。只有按照一定的规律来组接镜头，才能构成叙事或表意性的画面，传达创作者的主题思想。

在 DV 创作时，有一些一般规律和方法可给予初学者指导，在这些基础知识的积累下，初学者可通过自身的 DV 实践提高对镜头组接的理解。

1．镜头的组接必须符合生活逻辑规律

这是镜头组接的最基本规律，因为只有满足了生活逻辑规律，观众才有可能理解影片内容，从而探寻导演的主题思想。这里的“符合生活逻辑规律”简单来讲就是要求创作者学会换位思考，充分考虑观众的思想方式，DV 创作时要表达的主题与中心思想必须要明确，在这一基础上才能确定根据观众的心理要求即思维逻辑选用哪些镜头以及怎样将它们组合在一起。同时，因为影视艺术具有其独特的表现规律，创作者也应加以注意。

2．镜头的组接要注意遵循“轴线规律”

所谓轴线是指由被摄对象的视线方向、运动方向和不同对象之间的关系所形成的一条假想的直线或曲线，即分为方向轴线、运动轴线及关系轴线。轴线规律是 DV 拍摄以及创作所必须遵循的规律，也是初学者最容易犯错之处。举例来说，当被摄体进出画面时，我们拍摄就只能选取轴线的一侧（左或者右）拍，但如果拍摄时或剪辑时造成上一个镜头向左运动，下一个镜头向右运动，这样就是“跳轴”，而跳轴的画面除了特殊的需要外是无法组接的。因此，遵循“轴线规律”是为了避免引起观众的方向感以及思维混乱，从而影响影片的理解。

3．镜头的组接要尽量避免动静组接

这里的动与静是指在剪接点上被摄主体和摄像机的运动状态是运动还是静止。在剪辑时，主张动接动，静接静。也就是说，如果前一个镜头的主体是运动的，那么下一个镜头的主体也应该是运动的；相反，如果前一个镜头的主体是静止的，那么下一个镜头的主体也应该是静止的。这样的组接方式可以保证镜头的连贯流畅，避免观众产生视觉跳跃的不舒适感。当然，这一规律并不是一成不变的，动接静或者静接动的方式在影视作品中也时有出现，如果要采取这样的镜头组接方式，就需要选择好剪辑点，寻找较为理想的镜头作为转换依据，这样才能使前后镜头衔接自然。

4．镜头的组接要保持画面色调的统一

由于 DV 拍摄的局限性，拍摄的素材有可能因为天气、光线等环境因素造成不同拍摄时间的影像色调不一致，那么除了在拍摄时注意考虑灯光照明、场景布局外，在镜头组接时也要注意避免将两个明暗或色彩对比强烈的镜头组接在一起，这样会让人感觉到生硬和不连贯，对于影片的整个表意都会有很大的影响。

5．镜头的组接要注意景别变化的“渐进式”

在介绍景别时，提到景别可分为远景、全景、中景、近景和特写等。从特写到远景，景别的范围相差很大，如果上一个镜头表现远景，而下一个镜头紧接着便描写特写，则会让观众感觉视觉范围跳跃太大，产生不知所云的误解。因此，在拍摄和剪辑时要采取“渐进式”的方法，景别的变化可以慢慢地变化成不同视觉距离的镜头，这样才能造成流畅的叙事，方便观众更好地理解。

图 6-13 是电影《巴黎谍影》的一组镜头，描写了主人公回家时发现血迹的过程，镜头的景别一直在做切换，但都遵循了“渐进式”的原则，这个段落中导演使用 6 个镜头便可将叙事表达清楚，且流畅简洁。

图 6-13　电影《巴黎谍影》的一组镜头

6. 镜头的组接要考虑镜头的时间长度

每个镜头的时间长度是不同的，而时间的长短主要还是依据镜头所要表达内容的难易程度决定。在镜头组接时，要考虑上下镜头的时间长度，避免两个太长或太短的镜头组接，太长会造成观众的视觉乏味，而太短有可能使观众未能及时理解画面的内容而造成误解。所以根据影片本身内容确定镜头长度，该长则长，该短则短。同时，镜头的长短可很好地控制影片的节奏，长镜头之间的组接可营造出真实感，而时间短的镜头组接在一起会形成欢快、紧张的节奏。

6.3.2　蒙太奇

蒙太奇是一种电影艺术的独特表现手法，它最早被运用于建筑学，用来表示装配、构成。在 19 世纪末期延伸到影视艺术当中，蒙太奇的使用让电影产生了质的飞跃，后来逐渐在视觉艺术等衍生领域被广泛运用。简单来说，蒙太奇方法就是将两个或者多个元素合成一个全新内容的方法。当不同的镜头组接在一起时会产生各个镜头单独存在时不具有的含义。

回顾电影的发展史，我们发现最早的电影只是简单记录生活的影像，例如卢米埃尔兄弟拍摄的《工厂大门》、《火车进站》和《水浇园丁》等只能称作“现实的搬演”，制作者根本没有剪辑的概念，所以早期的电影甚至不能被称为艺术。蒙太奇剪辑方法的出现使得电影的艺术可能性无限扩大，通过镜头的组接使得单一镜头构成完整的意义，甚至不同顺序的镜头组接会传达不同的意思。

图 6-14　《阳光灿烂的日子》的三个镜头

图 6-14 是姜文导演的《阳光灿烂的日子》的三个镜头，三个镜头便完成了蒙太奇的叙事。图一中表现的是年幼的马小军把书包扔上天空，图二则是书包在空中的场景，紧接着图三接书包的马小军已经长大，成功地完成了时间空间的转换。

蒙太奇的手法可分为许多种，分别是叙事蒙太奇、表现蒙太奇和理性蒙太奇。

叙事蒙太奇由美国电影大师格里菲斯等人首创，是以展示时间、说明事实为目的，主要依据情节发展的时间、逻辑顺序来组合镜头，重在叙事功能。作为影视作品中最常用的一种叙事方法，这种蒙太奇手法在剪辑时主要依循动作、声音、情绪和节奏等因素作为逻辑因素来组合镜头，过程的分解和组合是叙事蒙太奇的重要环节，而组合的方式则一般有渐进式、后退式和片段式。

表现蒙太奇强调通过镜头队列和画面中各种形象的不断发展、更换，传达出超出表面现象的更深刻的意义和情绪，是以“意义”而非时空作为组接镜头的依据，其剪辑形式多种多样，主要有平行的剪辑、对比的剪辑、积累的剪辑、隐喻的剪辑和象征蒙太奇等技巧。

理性蒙太奇是通过画面之间的关系，而不是通过单纯的一环接一环的连续性叙事表情达意，它是以人们主观思维来连接镜头，使得人们可以根据自己的生活经历，通过思考来做出判断。其中包括杂耍蒙太奇、反射蒙太奇和思想蒙太奇。

通过蒙太奇，电影的叙述不再单纯地依赖时间和空间上的刻板逻辑，通过镜头与镜头之间连接派生出新的含义，创造出 1+1>2 的艺术效果。蒙太奇的出现和发展保持了影片叙事的完整性和关联性，因为在实际的拍摄过程中会不断地开机关机，素材都是零散琐碎的，只有通过镜头的排列组合，才能使没有叙事意义的单一镜头表达出创作者的思想意图。同时，镜头与镜头的连接可以产生新的含义，比如可将两个不同空间的运动并列与交叉，则会造成紧张的悬念，这在影片《罗拉快跑》中得到很好的使用。蒙太奇的运用使电影创作者可以大大压缩或扩展生活中实际的时间，造成所谓的“电影的时间”，而给人以一种非生活中实际时间的感觉。再者，蒙太奇充分调动了观众的参与性，通过积极地发挥联想，与影片产生共鸣。但是，蒙太奇手法的使用需要注意分寸，过长会使观众觉得乏味，过短又显得仓促。观众借助影视作品提供的视听形象，既要了解情节和细节，又要弄清故事梗概，还要对其思想有所领悟。蒙太奇的运用既要考虑表达内容的需要，又要考虑画面之间的相互关系，防止无目的的滥用。蒙太奇是影视艺术的基本修辞手法，可以说，没有蒙太奇就没有今天的影视艺术，相信随着电影剪辑的不断发展，蒙太奇会为我们带来更多的惊喜。

6.4 应用声音：旁白与对白、音效与音乐

6.4.1 旁白与对白

自从 1972 年有声电影《爵士歌王》出现后，电影终于成为了一门视听艺术，它融合了画面和听觉音响，使得电影观念发生了本质的变化，声音的出现使得“哑剧”般的电影终于摆脱了无声的苦恼。诚然，卓别林的精彩表演让无声电影也同样出色，但声音的介入无疑使得电影语言变得更加丰富和多样。

人声是影视艺术中的声音三要素之一，也是观众最为熟悉、最易接受的影视声音表现手段。人声是指人的发声器官发出的声音，其中最为重要的是语言，因为人声本身的特点（音调、音色和音高等），语言具有表达情绪、展示人物性格等作用。影视作品中语言主要以对白、旁白、独白、解说几种形式出现。而旁白作为声音成分中的一种，自从出现之初到现在电影中的大量使用，已经成为影视创作中不可或缺的部分。

旁白是指影片中声音的画外运用，它不是画面中的人或物直接发出的声音，而是画外的声音。旁白可分为客观性和主观性叙述两种，客观性旁白是影片的创作者以客观角度对

影片背景、人物、时间直接进行议论或抒情，而主观性旁白是影片中某一人物以个人角度追溯往事，叙述所回忆、所思所闻。

旁白的作用如下：

（1）交代故事背景、详略得当，突出主题。

通常这种旁白会在影片开头时便介绍故事发生的时间、地点、人物关系，甚至是人物之间的冲突等。这样做的好处是通过旁白可直接将观众带入影片所属的那个特定时空，从而对剧情有一个初步的了解，并对以后的剧情发展做了铺垫。

2008 年，张艺谋导演的影片《千里走单骑》的开头就使用了旁白，介绍了高田和儿子高建一断绝往来已有十几年的时间了，当高田得知儿子患病的消息后就从所居住的渔村赶往东京探望。寥寥几句，便将背景人物关系清晰地介绍出来，同时展现了故事冲突。

（2）发挥叙事功能，推动事件发展。

影片结构并非仅仅是按照时间顺序发展，有时创作者为了避免使影片形式单一俗套，往往会采用倒叙、插叙的方式使得影片更有悬念，而使用旁白作为辅助可以有机地将过去、现在、未来的时空加以连接，并可任意转换而不显得突兀，从而使观众更清楚了解电影中发生的故事。

（3）渲染情绪，表达人物内心状态。

主观性旁白是影片人物的一种情绪表达方式，作为观众，我们不可能清楚剧中人物的内心想法，而以旁白的形式给出，则给观众提供了了解洞察人物心理特征的途径。当然，主观性旁白更需要创作者对影像画面和旁白设计的准确把握，只有创作者充分考虑两者的关联性和独立性，才能使影像和声音在同一段放映时间中发送叙事中的双重信息，使声音发挥主观性表现的作用。

对白则是指戏剧、电影中角色之间的对话。在剧本创作时就应该充分考虑人物的特点，根据角色的定位来设计对白。对白是否精彩是影片质量的重要考核点，一些经典影片中除去宏大场面、精美画面、独特的设置手段外，经典的对白也会给我们留下极其深刻的印象。所以一部成功的影片离不开鲜活的人物的塑造，要想成功塑造一个人物，除了要有好的故事情节之外，还必须要能彰显人物性格的独特独白。电影《大话西游》就以一段“曾经有一份真诚的爱情放在我面前，我没有珍惜，等我失去的时候我才后悔莫及，人世间最痛苦的事情莫过于此。”的对白让观众记忆犹新，使得该影片仍旧风靡至今。

电影或电视都是一门多形式的艺术，影片中的人物对白是其中不可或缺的艺术手段，一个精彩的故事可以让观众记住一部电影，而一段精彩的对白同样也可以让一部影片流芳百世。

6.4.2　音效与音乐

所谓音效就是指由声音所制造的效果。在影片制作中为了让影片的最终效果更精彩，进一步增强场面的真实感和烘托气氛，常在影片中配上音效。

声音包括了乐音和效果音，它们都是由一些基础的元素构成，包括音调、响度、音色、节拍和旋律等。通过这些元素的组合，音效能够用来产生某种气氛，带动观众入戏。从听觉元素上来说，当单纯的人声和环境声达不到观众的听觉要求时，音效可以作为补充，使得影片增加美感和感染力，恰当地使用音效可提升影视作品的质感。

音乐常常被用来当成配乐，但有些时候存在“仁者见仁，智者见智”的问题，这是因为我们在欣赏音乐时，往往会调动我们自身的情感与经验，赋予音乐以意义，使得音乐不能像语言那样清晰地表情叙事。当音乐的使用在发展中逐渐成熟，它渐渐也具有了对影片内容解读的作用，电影通过音乐与具体的影像相结合，使得音乐更加具象化。配合不同的影片主题表达可使用不同类型的音乐，比如喜剧片、卡通片多选取轻松、欢快、活泼的音乐，而灾难题材的影片则会选取伤感、悲痛的音乐，惊悚片、恐怖片更是通过音乐塑造恐怖气氛的典型代表，相较于画面中不断推陈出新的惊悚元素，观众时常会觉得恐怖片中的音乐更让人毛骨悚然。好的音乐使用可以为影片增色不少，但是如果使用不当，则会将“加法”做成“减法”，并不利于影片的整体艺术表现。在选择音乐时，要考虑音乐与画面的配合性，也就是音乐出现在影片中时不应该是“强势”的，而是“柔和”的，音乐应该悄无声息地进来。其在影片中的渗透可以是温柔的、微妙的，观众不仅不会察觉到音乐对自己的干扰，反而会在无形中有助于观众对电影中情绪的体会认知，更加轻松和敏感地感受导演的表达。

图 6-15 《天堂电影院》

《天堂电影院》（见图 6-15）中音乐的使用就值得我们称道，每当音乐响起，都会充分调动观众的情绪，尤其在片尾，中年的多多在放映厅观看弗雷多留给他的胶片拷贝时，舒缓优美的音乐响起，伴随着剧中放映厅银幕上接吻镜头的蒙太奇，美妙无比。这是音乐和画面在导演的处理下的和谐统一，这样的完美配合使得电影成为了艺术，视听成为了一种享受。

6.5 此处无声胜有声

画面语言中最基本的构成单位是镜头，而镜头是指从开机到关机所拍摄下来的一段连续的画面或者两个剪辑点之间的片段。在介绍蒙太奇的概念时，便提到一个镜头的表意是不清楚的，不准确的，而几个镜头有机组织起来便可表达一个完整的意思。

影视画面与其他艺术形式有着相同之处，文学中强调空位，绘画中强调留白，而不论是“空位”还是“留白”，它们都是采取一种省略的方式，从而造成一定的空白，但这不同于省略，它妙在以“一切尽在不言中”的策略追求“此时无声胜有声”的表达效果。观众可以在谜一样的影像空间中获得更多的审美快感。

影视留白是通过有形和无形的对比，疏和漏的穿插，组成明朗概括的视觉形象，但这种留白并非是空洞的，而是以无衬有、以有衬无，有无相应。这种留白主要包括色彩留白、声音留白、叙事留白和对白留白等多种形式。

1．色彩留白

色彩留白是通过留白的方式突出主题、强化重点并达到简约但不简单的效果。色彩多样无疑会使画面丰富，但色彩的泛滥更容易造成色彩的无力，从而减弱了对画面内容的有效传达。在当今繁乱、喧嚣的色彩冲击下，人们对于朴素、单纯的色彩世界更容易接受和理解。所以，在影视作品中对色彩的处理上要充分考虑到观众的视觉感受，清新、质朴、明快，这些都是留白带给观众的切身感受，同时也扩展了他们的思考空间和想象力。

2．声音留白

电影《独自等待》中的一个片段就充分突出了声音留白的魅力。在酒吧里，大家蹦迪时设想把音乐关掉，只看大家蹦迪时的夸张动作和闪烁的灯光来感受这是一种什么场景，这种假想的声音留白能烘托出当时主人公复杂的心理，虽然自由但是不羁，释放自己心理上的空虚感的同时又厌倦了这种场合。

3．叙事留白

叙事留白在烘托情绪、引发观众思考方面有着特殊的表现力。著名纪录片《俺爹俺娘》，题材虽然朴实无华，但内容深厚感人，被认为是我国第一部原生态电视剧。本片通过焦波拍摄“俺爹俺娘”作为线索，片子中没有大的起伏、夸张的音乐，始终在淡淡的讲述中把观众带进一种氛围，使观众被浓浓的亲情所感动。片子后半部分，父亲去世，焦波静静地坐在父亲坟前，望着父亲的坟，整个段落没有解说，没有音乐，观众看到这里也会随之屏住呼吸，仿佛空气也凝固了。此时此刻，观众深切地体会到主人公的内心世界，感受到父子之间的爱。此时无声胜有声，小小的留白带给观众的却是震撼，真正达到了“此处无声胜有声”的效果。

4．对白留白

“言有尽而意无穷”是中国艺术所追求的情趣，留白就是这样一种传达方式。对白留白较平常多见，多出现在人们的交谈中，在影视作品中是展现人物关系的最好手段，片中人物之间相互交谈，通过语言的接轨，情感的交流来反映人物内心情绪。交谈中的留白恰恰起到言语无法替代的作用。

影视作品虽然多数强调叙事，但也有部分重在营造意境，“此处无声胜有声”的留白手法便是这样一种意境。意境在影视作品中强调的是一种美，使得作品更具有诗情画意，让观众从一个个镜头中产生丰富的联想，给人以美的享受。

6.6　特殊题材的拍摄

6.6.1　特殊环境

1．沙漠

沙漠中无数细微的粉尘无疑是对相机和摄像机最大的威胁，这些粉尘虽然肉眼看不到，但是它们对相机、摄像机镜头中的对焦马达却是致命的，因此在沙漠中拍摄需要认真保护好设备。一般情况可以将相机，摄像机用保鲜袋包起来，使之与沙尘隔绝。对于相机而言，也可以选购专用的防水防沙袋，如图 6-16 所示，这种袋子能够将相机很好地与水或沙隔离开来。由于沙漠地区气候变化反复无常，有时候会忽然下雨，这种袋子可谓一物两用。

图 6-16 相机专用的防水防沙袋

由于沙丘起伏不平，广角与长焦镜头都会很有用，但是切忌在沙漠中更换镜头，因此使用大变焦比的镜头就会很方便。同时为了稳定拍摄，可以考虑携带独脚架，这种架子较为轻便，而且还能够当作拐杖使用。

在沙漠中拍摄，早上 9 点之前与下午 3 点之后是光线、色调、造型最迷人的时间。该时间段的光线照度不是很强，沙子表面的反光也很小，加之此时色温偏暖，所以有利于产生金沙的效果，同时沙子的纹理与质感也能得到很好的表现，能够表现出沙漠和沙丘所特有的起伏连绵并富有动感的优美曲线，如图 6-17 所示。

图 6-17 沙漠

2. 冰雪

1）用光

雪景反光强、亮度高，单纯拍摄白雪往往容易发白，缺少细节，可选择较暗的背景或将其他物体拍摄在一起，以形成明暗对比，丰富画面层次，如图 6-18 所示。

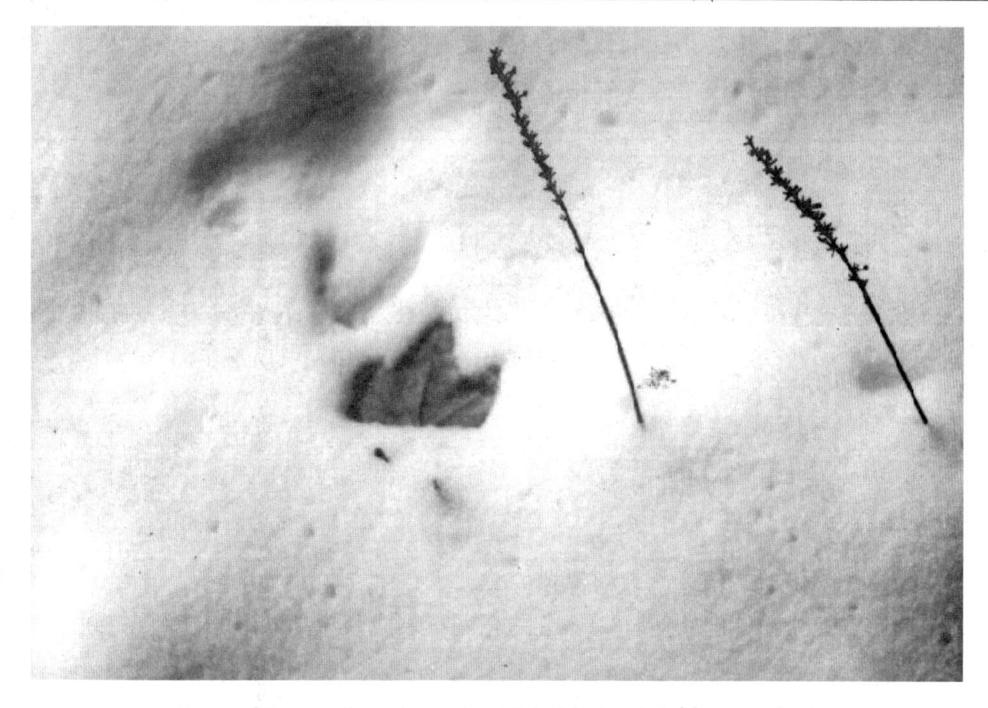

图 6-18　雪景

使用偏振镜可以吸收雪地反射的偏振光，降低雪地亮度，调节影调。

在不同的光线环境下要随时校正摄像机的白平衡，以保证雪景的白色能够正确还原。

拍摄雪景一般应采用侧光和逆光进行拍摄，以避免画面过亮刺眼，层次减少。

拍摄雪景时，雪地的反光往往会使测光产生误差，因此一般要使用数码摄像机的手动曝光功能进行曝光控制。

2）拍摄者及设备保护

在寒冷的地方拍摄雪景要注意手的保护，单皮手套在保暖的同时操纵摄像机也比较方便。除了自身保暖之外，摄像机的保护也很重要，UV 镜可以保护镜头，避免意外的雪水粘到镜头上。如果是在阴天拍摄雪景的话，可以为机器加装一个防雨雪罩。另外，寒冷的温度下电池的使用时间会缩短，因此需要多备几块电池。

当摄像机从寒冷的室外拿到室内时很容易有湿气凝结在镜头及机身上，为了避免这种情况，可以将数码摄像机装在塑料袋中密封好，在室内过一阵子之后再打开塑料袋。

3. 弱光及夜景

1）红外辅助拍摄

目前许多摄像机具有近红外线拍摄的功能（INFRARED）。这类摄像机往往采用独创的镀膜，提高镜头对红外线的感应度，在红外线较少的情况下也能进行拍摄。

有的摄像机还搭载了近距离拍摄用的内置光线散射器 IR LED（红外线）灯，能均匀扩散红外线的照射光，让更广的范围能获得自然的亮度，实现近红外线摄影。拍摄的影像除了有近红外线摄影特有的偏绿色效果以外，还能选择自然的黑白模式。由于搭载了 INFRARED（红外线）模式，使得在昏暗又无法采用照明的场景下，如想拍摄熟睡的孩子或夜行动物时，也能拍出被摄体的自然状态。图 6-19 为佳能 XF105/XF100 在普通模式、红外偏绿色模式及红外黑白模式下拍摄的影像。

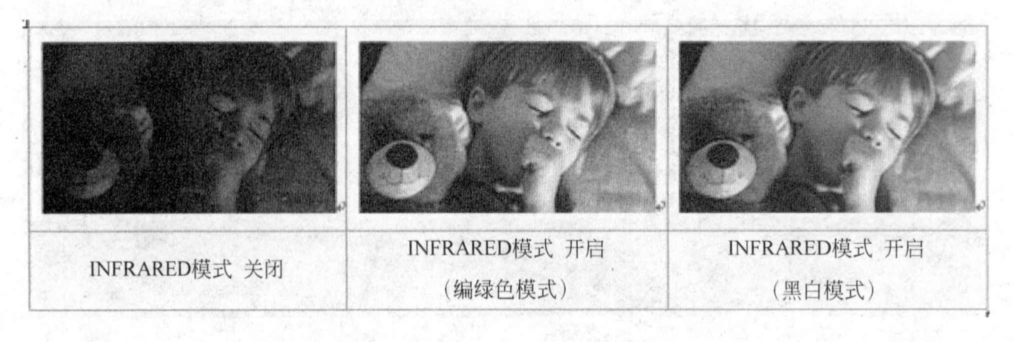

图 6-19 佳能 XF105/XF100 在普通模式、红外偏绿色模式及红外黑白模式下拍摄的影像

2）慢门拍摄：流光溢彩

快门速度越慢，运动物体就虚糊得越厉害。快门速度在 1 / 30～1s，甚至 1s 以上都属于慢速快门，慢速快门能够将运动物体中的亮光记录成为流动的线条。图 6-20 为天安门夜景。

图 6-20 天安门夜景

6.6.2 特殊被摄对象

1. 花卉

1）拍摄技巧

静止的花展现细节的魅力，随风舞动的花展现花卉的风姿。

长焦及微距拍摄容易实现浅景深背景虚化的迷人画面，突出花卉的主体造型，尤其是使用单反进行摄像的话，浅景深更加突出。

而使用小面积感光器的摄像机在广角端进行微距拍摄时往往具有较大的景深，能够表现出花朵丰富的层次和细节。

拍摄花卉一定要在清晨，这时晶莹剔透的露水密集在花瓣上，像宝石一样将花卉点缀的珠光宝气。微微细雨中的花卉往往也能拍出这种效果。而且很多花是在早晨开放，姿态最优美，午后花瓣就开始合拢，没有了精神。

有时候发现一朵优美的花卉，背景却很杂乱，不容易虚化，这时可以考虑使用一片深色的背景布遮挡在花卉后面，以突出花卉，同时使用逆光进行拍摄往往能够拍摄出花卉通透的质感，如图 6-21 所示。

图 6-21　使用深色的背景布遮挡在花卉后面且逆光拍摄的樱花

小昆虫或小鸟是花卉的伙伴，拍摄下它们与花卉的互动能够增加趣味性。

2）四季花卉主题

（1）春天——樱花、桃花、梅花。

这些花的花瓣一般比较小，除了表现花瓣飞舞时用大全景外，一般多用近景和特写。可用长焦端近距离拍摄特写，以获得浅景深效果，虚化背景，突出主题，如图 6-22 所示。

（2）夏天——荷花。

由于荷花生长在水塘中，很难微距拍摄，往往要使用长焦拉近，这样正好可以营造出浅景深效果。荷花拍摄中，水珠、青蛙、鱼、蜻蜓、蜜蜂、小鸟可以使得画面变得生动活泼而有趣，如图 6-23 所示。

（3）秋天——菊花。

菊花形态多姿多彩，尽量多角度拍摄，展现菊花的细节，尤其逆光可以展现菊花的丝丝花蕊，在光的作用下像金丝银丝，非常华丽。

图 6-22　雨中春梅

图 6-23　荷花

（4）冬天——梅花。

“梅花香自苦寒来”，在下雪或冰雪融化的时候，可以拍出梅花在冰雪中绽放的画面，如图 6-24 所示。而清晨或细雨中的梅花上面会有一些露水，可以表现粉嫩的感觉。

图 6-24　腊梅

2．野生动物

1）设备选用

脚架或豆袋有助于获取稳定的画面，如果需要拍摄动物快速运动的画面，平顺的云台就非常重要。

可更换镜头的摄像机在野生动物纪录片拍摄中能够提供更高的灵活度，如 Canon XL 系列摄像机可以使用焦段丰富的单反照相机镜头，如图 6-25 所示。

如果要微距拍摄蝴蝶、蜗牛或者蚂蚁这类微小的动物，采用具有较小面积感光器的小 DV 就会比较方便，因为这类 DV 机景深相对较大，在微距拍摄中比较方便。

光学变焦是选择拍摄野生动物的摄像机时需要重点考虑的一个指标，有较大光学变焦比的摄像机使用起来更灵活。但是要区别其与数码变焦的差别，数码变焦是采用插值放大的方法实现的，会严重降低图像质量，实际拍摄时最好把数码变焦功能关掉，只使用光学变焦。

图 6-25　Canon XL2

尽量考虑选用可以连接外接话筒和耳机的摄像机，这样就可以把无线麦克风放置在很靠近动物的地方（比如放在鸟窝里），或者用强指向性话筒录制远处动物的声音。

当然，大多数电视播放的野生动物节目是后期制作的，往往是通过录音棚或者把野外单独录制的声音加进去。或者在后期使用模拟动物相应动作的声音，比如通过咀嚼芹菜来模拟老虎咀嚼动物的声音等。

如果要在水下拍摄鱼群的画面，则需要使用防水罩。小型 DV 摄像机由于体积小容易操作，并且防水罩相应也不是很贵，是理想的水下摄像机。制作水下节目通常还需要照明灯、取景器防水罩等。

要在夜间拍摄动物，则需要能够进行红外线拍摄的摄像机，这些摄像机通常都在摄像机的镜头旁边安装了红外照明灯，但这类照明灯往往只能照亮几米的距离。

2）拍摄技巧

动物拍摄时最佳的焦点是动物的眼睛，尤其是在微距和特写拍摄的时候，更应该把焦点聚在眼睛上，如图 6-26 所示。

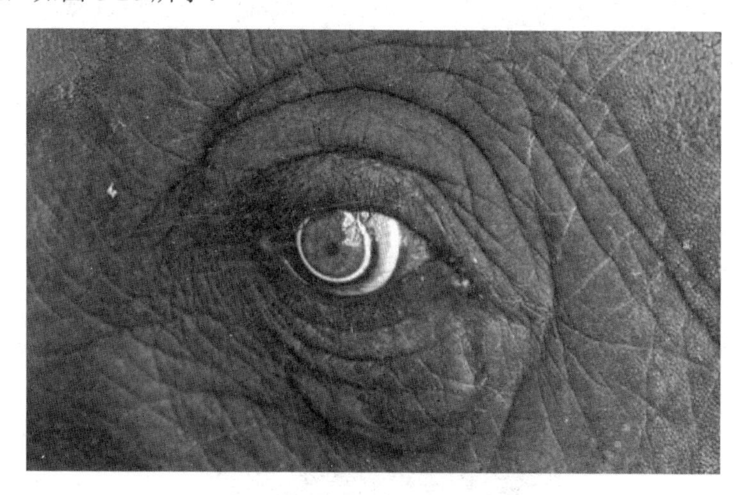

图 6-26　眼睛

由于摄像机的自动对焦往往会耗费不少时间，因此有时候使用手动对焦能够提高拍摄的成功率。另外一方面，为避免按动开始或结束拍摄按钮时对摄像机的触动而导致画面抖动，可以考虑使用遥控器控制拍摄，或者结束一段拍摄后再多录几秒，以便给剪辑留出画面稳定的素材。

拍摄运动中的动物时，在构图上要留出移动的空间，以保证动物在画面中的完整性，或者至少是动物头部的完整性。

3. 飞鸟

大变焦比的摄像机对于拍摄飞鸟来说会非常方便，此外具有视频功能的单反相机结合望远镜也是一种解决方案。为了减少鸟类对器材的注意力，可以在望远镜头外面套上保护罩，即所谓的“炮衣”，以使镜头不太刺眼而干扰鸟类。拍摄鸟一般使用双筒望远镜会比较方便，因为这样的话便于寻找及追拍鸟。

同时由于这类长焦镜头都很重，需要选择重型脚架以稳定画面，现在都使用圆管的脚架，以便于在野外风中使用时减少风的阻力。液压云台比较稳定，在拍摄鸟时可以大大提高拍摄的成功率。

为了实现在高空追拍飞鸟，还可以使用遥控的航模携带摄像机进行拍摄，航模一般有固定翼模型飞机航模和直升机模型，前者成本较低，但需要20～30m的跑道起飞和降落，有一定局限性；后者灵活度较高，控制较为复杂，同时成本也高，如图6-27所示。遥控器一般要使用6通道以上的，如图6-28所示。

图6-27 遥控直升机

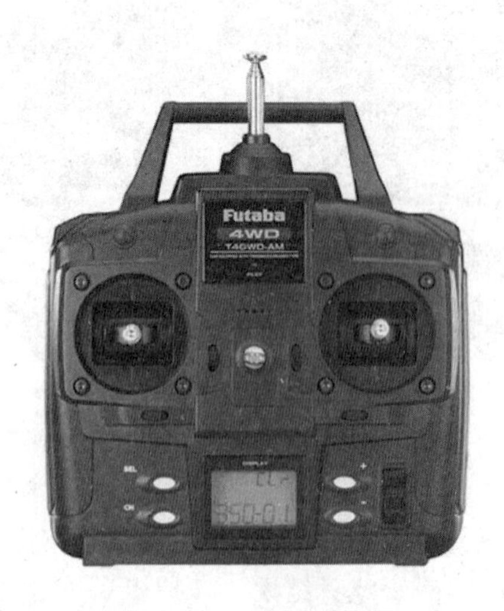

图6-28 6通道遥控器

选择可以载重 2～3kg 的遥控飞机模型就可以装载小型 DV 机来拍摄，一般可以在几百米的范围飞行。

由于摄像机的防抖系统一般是针对手的抖动设计的，对航模的电机震动没有作用，因此使用航模携带摄像机拍摄时要关闭摄像机的防抖功能。同时在绑定摄像机到航模的时候使用橡胶柱、海绵等物可以有效降低航模电机的震动。

航模携带摄像机拍摄时，摄像机的镜头最好放在最广角的位置，并且将对焦模式设置为手动对焦，焦点设置在无限远，以避免无法自动对焦时画面虚掉。

图 6-29 为 BBC 纪录片《迁徙的鸟》剧照。这部片子的拍摄中，摄制者使用了遥控航模对飞鸟进行追拍，航模有时候甚至就在鸟群中飞翔，因此获得了许多极具震撼力的画面。

（a）剧照之一

（b）剧照之二

图 6-29 《迁徙的鸟》剧照

4．无法直接看到的景象

有时，为了记录一些特殊的题材，摄影师需要借助特殊的手段来获取普通手段无法获取的影像。

《国家地理》杂志制片人 Peter Chinn 制作了一个“在子宫内的特别动物”的纪录片，这些还未出生的小动物包括大象、海豚、小狗、企鹅、鲨鱼……，如图 6-30 和图 6-31 所示。他使用三维超声波技术、微型相机和计算机技术拍摄到这些小生命从受孕到即将出生的神奇过程。

图 6-30 子宫内的海豚

图 6-31 子宫内的小象

5. 高反差场景的拍摄

在拍摄具有较大反差的场景（见图 6-32）时，往往难以呈现其肉眼看到的效果，此时可以考虑首先对其高亮部位进行曝光，展现其细节，然后将镜头转移到其他部位，通过连续的动态展示来表现被拍摄对象。

6. 拍摄计算机/电视显示屏

当 DV 的场扫描频率与显示器的场扫描频率不一致时，由于扫描不同步，消隐信号就会形成向下滚动的水平深色条纹，并且 DV 场频越高，图像向下滚动越快。由于数码摄像机的扫描频率一般在 60Hz 以上，直接拍摄肯定会出现条纹和闪烁，因此尽量使 DV 快门速度与电视和计算机的刷新频率相同。

图 6-32　高反差场景

在一些专业数码摄像机上有专门用来拍摄屏幕画面的同步扫描模式。而家用 DV 一般都有 SLOWSHTR（慢速快门）的功能，一般选择 1/15s 的快门速度就可以拍摄到满意的电视画面。

7. 表现蓝天白云及消除反光：偏振镜

偏振镜能够使蓝天更蓝，同时加强白云的对比度，如图 6-33 所示，在需要对水面或玻璃后面的物体进行拍摄时，水面及玻璃往往会产生强烈的反光，影响画面内容，而采用偏振镜之后可以轻松地将这种反光降低甚至消除，如图 6-34 所示。

图 6-33 蓝天白云

图 6-34 消除反光

第 7 章　影像叙事的艺术

数字影像的非线性存储及剪辑方式直接决定了它能够以更加灵活多样的手段进行叙述。本章介绍了影像叙事的各种手法，通过大量典型案例为读者提供影像的叙事语言及技巧。

7.1　修辞手法的应用

修辞手法指的是通过修饰、调整语句，运用特定的表达形式以提高语言表达作用的方式或方法。在使用影像语言进行叙事的时候，修辞手法同样重要。

7.1.1　反复

反复是有意重复某个意思，以强调语意的修辞手法。

在 Caio Gomes da Costa 创作的《Ai Gabi Chega》（见图 7-1）中，一只狗在窗口来回不停地上下跳跃，仿佛是经过专门训练似的，然而当我们足足看了有一分钟之后，却不由感到怀疑，这只狗真的能够如此专业么？原来这只狗其实只跳了一次，我们所看到的狗跳跃几十次的效果只是一个通过复制与粘贴得到的效果。

图 7-1 《Ai Gabi Chega》

7.1.2 夸张

夸张的作用主要是深刻、生动地揭示事物的本质，增强语言的感染力，给人以深刻的印象。为了表达强烈的思想感情，突出某种事物的本质特征，运用丰富的想象力，对事物的某些方面着意夸大或缩小，作艺术上的渲染，这种修辞手法叫做夸张。

由 Michael Guimbard 创作的《The Leaf》（见图 7-2）中，前后两个片段衔接在一起之后，令人产生了这样的联想：吹风机如此强大，以至于将树叶吹到沙漠里。

图 7-2　《The Leaf》

7.1.3　排比

排比指的是把三个或三个以上结构和长度均类似、语气一致、意义相关或相同的片段排列在一起，从而强化特定的意念或趣味。

1．作品：《Traffic》

在 Ramesh Lyer 的作品《Traffic》（见图 7-3）中，堵车时不同车辆的驾驶员都在做着相同的动作：抠鼻子，而这部片子其实就是不同的驾驶员在抠鼻子的镜头的组合，从而将堵车时人们无聊而又无奈的烦躁心情表现得淋漓尽致。

图 7-3 《Traffic》

2．作品：《Where is my Romeo》

在 Abbas Kiarostami 的《Where is my Romeo》这部作品（见图 7-4）中，并没有出现电影《Romeo》的任何画面，影片所记录的完全是不同的人们在观看这部片子时候的生动表情，观众深深地受到电影的感染而悲伤涕零，而多位不同观众的表情则强化了这部电影的感染力。

图 7-4　《Where is my Romeo》

3．作品：《Our Time is Up》

Rob Pearlstein 的《Our Time is Up》（见图 7-5）中，影片对心理医生斯坦例行公事的生活采用了排比式的表现，在得知自己只剩 6 个月寿命后，斯坦改变了自己对待病人的态度——开始残酷的对他们说实话。斯坦面无表情的脸配上病人们气急败坏的反应使影片充满了笑料。

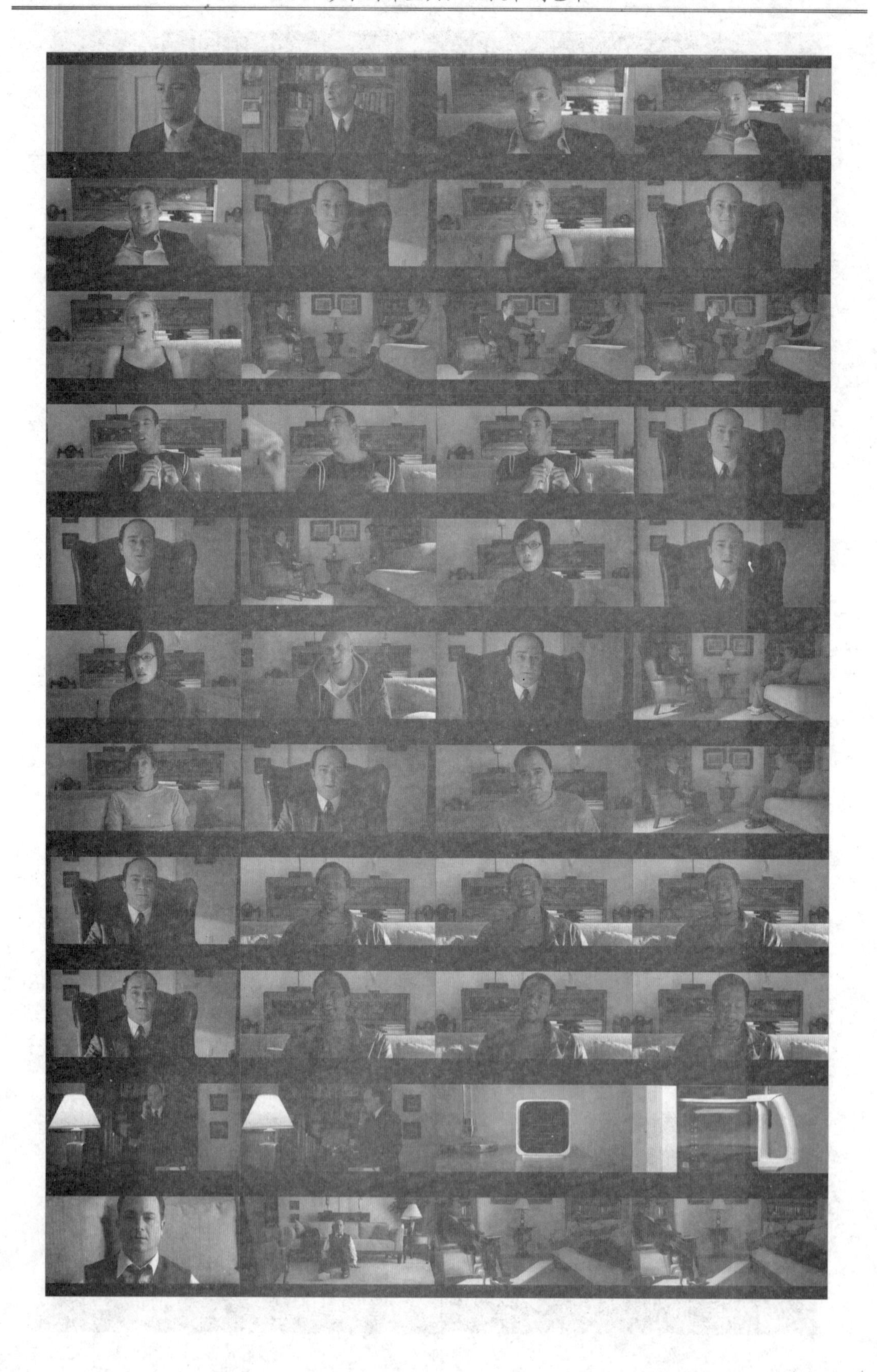

ICONS
- LIZA
- BABS
- LIZ TAYLOR
GROOMING
- WAXING
- PRODUCT
FOR SALE

图 7-5 《Our Time is Up》

7.1.4 比喻

比喻是指抓住两种不同性质的事物的相似点，用跟甲事物有相似之点的乙事物来描写或说明甲事物的修辞手法。

在由 Luciano Podcaminsky 以及 Armando Bo 导演的短片《Zoo》（见图 7-6）里面，用了大段的篇幅以排比的手法表现了动物园的清洁工处理动物粪便的镜头，最后这位清洁工拿到一天的工钱，走进乐器商店购买了一把吉他，然后出现一行字幕：Life is Shit Without Music，以比喻的手法概念化地图解表达了热爱音乐的主张。

图 7-6 《Zoo》

7.1.5　拟人

拟人就是根据想象将物当做人来叙述或描写，使“物”具有人一样的言行、神态、思想和感情。这种手法又叫做“人格化”，能增强语言的美感、表现力，使之更加生动、形象。

1．作品：《Home to Home》

在 Metteo Pellegrini 导演的《Home to Home》（见图 7-7）中，许多有着两个窗户和一个门的房屋被表现得如同调皮的小孩一般，让人忍俊不禁。

图 7-7 Metteo Pellegrini 导演的《Home to Home》

2．作品：《闪婚》

徐唯毓创作的《闪婚》如图 7-8 所示，作品聪明地撮合了一对手机婚姻，又神奇地安排了一个 MP3 私生子，人的故事由物主演，现实世界童话呈现。作品令电子产品有了性别和悲喜，每个情节和对话都对应着现代人，暗讽着“手机人”时代。观众看到的是手机，想到的是同类。

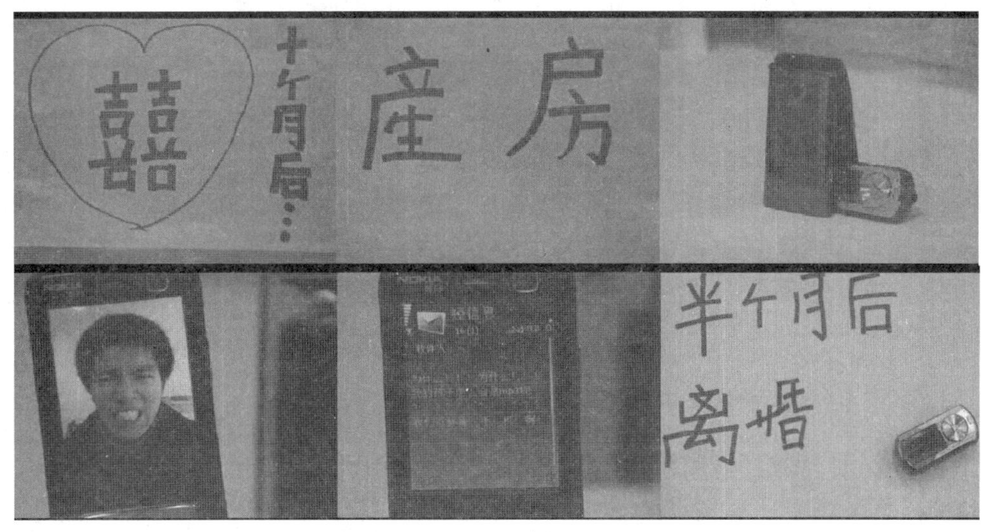

图 7-8 《闪婚》

7.2　在真实与虚拟之间交融

7.2.1　低概率事件的虚构

Kin Geldenhuys 导演的《LEAF》（见图 7-9）中，一片树叶从树枝飘落到地上。一辆路过的车将其带起，并且被吸在车前，然后又飞进车内。在它被车主扔出车外之后，又挂在轿车的天线上，然后飘向空中。最后，这片树叶居然又回到了车门的把手里面！

图 7-9　Kin Geldenhuys 导演的《LEAF》

这个短片通过系列镜头的拼接，虚拟了一个可能性极低的事件。

7.2.2　不可能事件的虚构

在《to work with animals》这部短片（见图 7-10）中，作者将主持人与各种动物在会议室中貌似进行交流的各种神态、表情撷取后拼接成为一段能够自然地衔接的画面，使得观众信以为真地觉得这位主持人真的是在跟这些动物们进行着亲密无间的交流。

图 7-10 《to work with animals》

7.2.3 概念性过程的虚构

1. 作品：《MOTO PEBL》

在摩托罗拉的广告《MOTO PEBL》（见图 7-11）中，一块陨石从天而降，落到地球上，并且经历了风吹雨打。

之后，这块陨石落入大海，在经历漫长的磨砺之后，终于呈现在人们眼前，就是这款 PEBL 手机，从而将 PEBL 手机的高贵气质和优良品质的概念传达给观众。

2. 虚实交融

Gus Yan Sant 导演的《First Kiss》营造了一个概念化的美梦成真的情节。

（1）电影放映员是一个英俊的小伙子，当他打开电影机之后，电影机往银幕上投射出一片碧蓝如画的海面，如图 7-12 所示。

图 7-11　《MOTO PEBL》

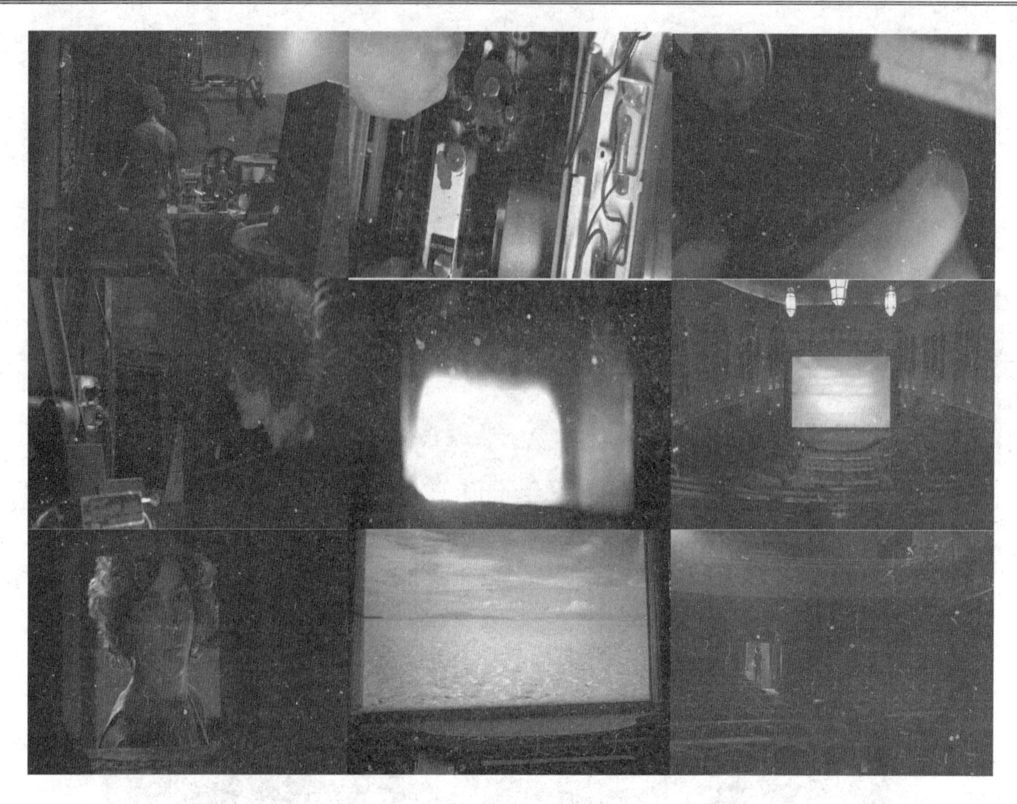

图 7-12 《First Kiss》片段之一

（2）海边一个美女款款走来，并且向放映员挥挥手，如图 7-13 所示。

图 7-13 《First Kiss》片段之二

（3）放映员脱掉外衣，只穿着游泳衣向美女走去，并且走进了电影画面，与美女亲吻在一起，而影院里的放映员也消失了，只剩下银幕上两人亲吻的画面，如图 7-14 所示。

图 7-14 《First Kiss》片段之三

7.2.4　在真实与虚构之间：总统之死

Gabriel Range 拍摄的《总统之死》虚构了采访前美国联邦调查局有关人士以及布什被杀后采访英国政府人士的情节。

导演在布什到达芝加哥的真实影像资料基础上，加上演员对布什不同侧面的诠释，虚构了布什 2007 年到芝加哥演讲的画面。影片用计算机技术将布什的头“嫁接”到演员身上，虚拟了布什被两颗子弹射中脑袋的一幕，如图 7-15 所示。

War IS
STOP BUSH
LIKE
A ROCK
only
dumber
WITH
KOREA
LIAR
BUSH
$ for
Education
NOT
occupation
JOBS
GROWTH
OPPORTUNITY
America's
Economy
≥ COLUMBUS ST
CAM 089
19.46
10/19/2007
≥ E ILLINOIS
CAM 086
19.47
10/19/2007

≥ E ILLINOIS
19.48
10/19/2007
CAM 086
08.06P 10/19/2007
WEST ENTR 1
WEST ENTR 1
08.13P 10/19/2007
WEST ENTR 2
COMMS
CNTR
10.19.2007
MCC
HOLDING
8.15PM
10.19.2007
10.19.2007
BREAKING NEWS
SHOTS FIRED AT BUSH
Illinois
Jesse White - Secretary of State
DRIVERS
LICENSE
FRANK MOLINI
1226 E CHASE ST APT 21
CHICAGO IL 60626
POLICE DEPT.
DISTRICT 029
Frank Molini

图 7-15　《总统之死》

这部片子在真实人物及影像的基础上进行了虚拟情节的演绎，并且采用纪录片的形式展开，对美国外交政策如何限制民权、伊拉克战争的后果以及美国安全保障系统等真实存在的诸多主题进行了深刻的揭示，在表现形态上是一个大胆的创新。

7.2.5　影像的解构与重构

中国大陆自由职业者胡戈在电影《无极》和中国中央电视台社会与法频道栏目《中国法治报道》的基础之上进行了重新改编和剪辑，并且根据口型配上了无厘头的对白，还穿插了搞笑另类的广告，制成了一段20分钟长的滑稽恶搞的视频片段，如图7-16所示。

图7-16　《一个馒头引发的血案》

这部短片毫无疑问侵犯了电影《无极》的版权，但却也是一次对影像进行解构与重构的成功试验，这也是对于影像作为一种非线性媒体所能够提供的表现形态可能性进行探索的一次尝试。

目前另外一种流行的影像的解构与重构的尝试则是类似于《五分钟带你回顾2010年好莱坞电影》的短片，这些短片由爱好者进行制作，他们会根据一年内各个好莱坞电影的镜头之间的相关性将其剪辑出来进行串接，往往每部影片只出现几秒钟的镜头，但是所有影片的这些镜头却能够自然而然地连接在一起。图7-17为来自其中一种串接版本的一个片段，在短短十几秒钟的时间里，依次呈现了《猫头鹰王国：守卫者传奇》、《禁闭岛》、《嗜血破晓》、《游客》、《哈利波特与死亡圣器上》、《黑天鹅》、《无情》、《盗梦空间》、《危情时速》、《爱丽丝梦游仙境》和《127小时》等电影大片的镜头，并且镜头之间的衔接自然流畅。

图 7-17　《五分钟带你回顾 2010 年好莱坞电影》片段

7.3　叙事的展开、发展和结束

7.3.1　悬念的诱惑

“悬念”是纪录片经常使用的表现手法。通俗地说，“悬念”就是“卖关子”。巧妙地运用“悬念”有助于纪录片主线的展开和情节的形成，同时也是吸引观众把这部片子继续看下去的重要手段。它集中、突出地提出矛盾，然后由远及近、由表及里地分析矛盾、解决矛盾，使影片的主题逐步深化，使影片的结构跌宕起伏、层次分明。

1．作品：《丽哉勐僚》

在《丽哉勐僚》的片头（见图 7-18）中，作者连续提出多个疑问，牢牢抓住观众的心理，同时就此展开叙述。

图 7-18 《丽哉勐僚》片头

2. 猎奇的主题：《伴》

好奇是人的天性，奇异的事件对于人们来说同样充满诱惑，人们总会以探究的心情去尝试了解他们所不熟悉的新鲜事件，因此猎奇的主题往往也很容易抓住观众的心理。

由冷也夫等摄制的纪录片《伴》（见图 7-19）讲的是湖南某山区，一位 76 岁的刘老太太饲养了世界上最大的猪（2600 斤）。湖北电视台的创作人员不仅把镜头对准刘老太太一天两次为大猪捡食的过程，更关注饲养大猪中的一些波澜起伏的故事。特别是该片围绕这头 7 年的大猪卖还是不卖的焦点，老太与儿媳的矛盾……直至刘老太太突然病倒，大猪的生死也随之陷入困境……

图 7-19　《伴》

7.3.2　调胃口的冲突

一集电视纪录片的长度一般在 30 分钟左右，也有超过 60 分钟的大制作。如何让观众在这么长的时间里一直保持兴奋度和观赏欲是影片创作者需要解决的难题。

影片中如果能够巧妙地从现实素材中挖掘出一个个悬念和冲突，可引导观众从一个兴奋点进入到另一个兴奋点，使片子扣人心弦，让观众身临其境。

1．作品：《贝尔灯塔》

距离苏格兰东海岸 11 英里远有一处礁石，每天只在两次退潮的时候会分别露出水面两个小时，长达 20 小时的时间里它一直隐藏在贴近水面的下方，几世纪以来成了无数船只的墓场。

拯救船只的最好办法无疑是灯塔，但是这样一块半暗礁上要想建灯塔的难度是极高的。1800年，30岁的年轻工程师史蒂文生提出了在这里建造灯塔的方案，但是方案遭到了种种质疑，同时受造价的影响，一直无法获得支持，在需求和实现之间产生了重重的冲突。

4年之后，英国海军军舰约克号在贝尔礁石触礁沉没，500名海军官兵全部罹难，在政府和军方的压力下，北方灯塔委员会不得不同意建造灯塔。而在灯塔的建造过程中同样遇到重重困难，角度延长，工人不断遇难，甚至在建造期间史蒂文生的3个幼子全部病死。为了解决灯塔的灯光问题，史蒂文生还设计出当时最先进的灯光系统。

即便在灯塔建成之后（见图7-20），矛盾与冲突仍然没有结束，史蒂文生和灯塔的总工程师雷尼就谁是灯塔的设计者相互不服，当然，人们都认为史蒂文生才是灯塔真正的建造者。

图7-20 《贝尔灯塔》

2. 作品：《小恐怖分子》

Ashvin Kumar的作品《小恐怖分子》改编自真实的事件：2003年年初，一个12岁的巴基斯坦男孩误穿印巴停火线，之后印度前总理瓦杰帕伊送这个小男孩回到了他在巴基斯坦的家，一扫当时印巴之间的紧张局势。

在《小恐怖分子》中，雅迈尔是一个10岁的巴基斯坦穆斯林男孩，为了捡回掉到雷区里的板球，误入印巴边界，他吓得尿了裤子，印度士兵以为有恐怖分子入侵，展开了追捕，这时他遇到了印度婆罗门人Bhola。

（1）Bhola向印度士兵谎称看到男孩走了很久，帮雅迈尔躲过一劫，如图7-21所示。

（2）印度士兵搜查Bhola的村庄要逮捕这个越过界的“小恐怖分子”，Bhola的侄女Rani想出一个办法，将雅迈尔剃成光头冒充和尚，并且让他假装是哑巴，从而躲过印度士兵的搜查，如图7-22所示。

图 7-21 《小恐怖分子》片段之一

图 7-22 《小恐怖分子》片段之二

（3）Bhola 和 Rani 趁黑夜带着雅迈尔再次穿过雷区，将他送回家，如图 7-23 所示。

图 7-23 《小恐怖分子》片段之三

（4）生气的母亲看到雅迈尔回来后将他痛打了一顿，如图 7-24 所示。

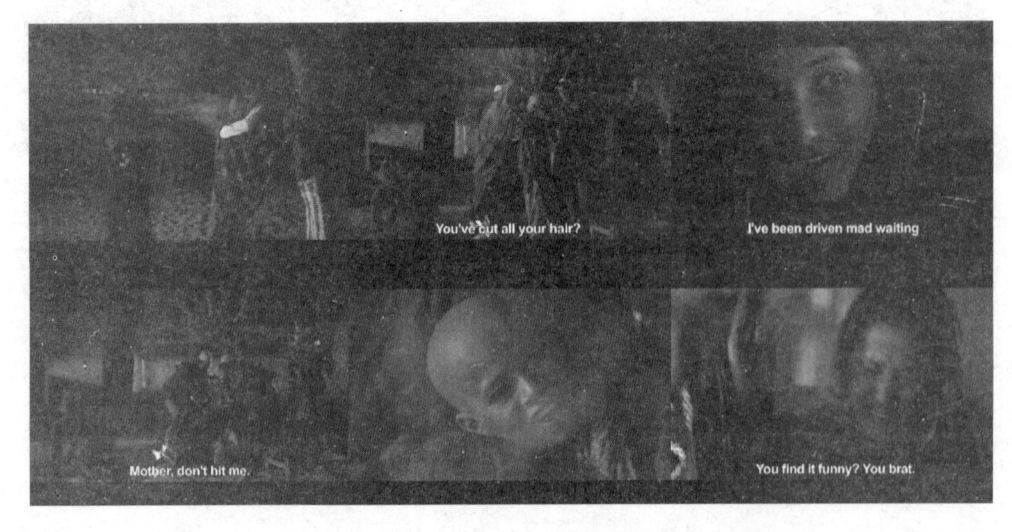

图 7-24 《小恐怖分子》片段之四

在这个作品中，雅迈尔涉足雷区、印度士兵的追捕、印度士兵在村庄的搜查构成一次又一次的冲突，引导着观众欣赏着不断高潮迭起的影片。

7.3.3　发人深思的结局

悬念和冲突是创作者用以抓住观众眼球的重要手段和途径，那么一个优秀的结局则能够让人在观看片子之后使主题得到升华，发人深省，耐人寻味，构成主题的哲理美。

1. 作品：《巴洛克》

董为的作品《巴洛克》采用硬朗的黑白片拍摄手法，采用荒诞幽默的手法进行演绎，将现实空间的情节转换为超现实空间的情节。

（1）在这部短片中，两个小青年由于借钱还钱的事情发生矛盾厮打在一起，这时候出现一个手拿箱子的女孩，如图 7-25 所示。

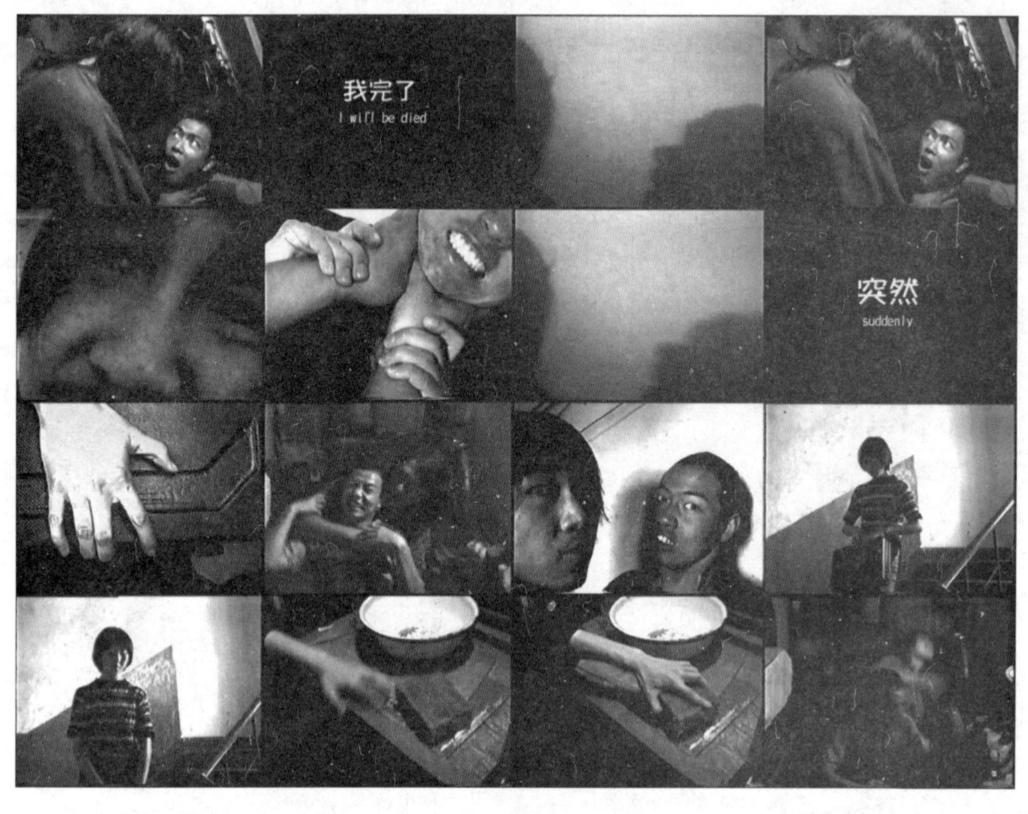

图 7-25 《巴洛克》片段之一

（2）在他们再次厮打在一起的时候，手拿箱子的女孩再次出现。箱子里到底有什么？两个男青年决定合伙去抢这个箱子，如图 7-26 所示。

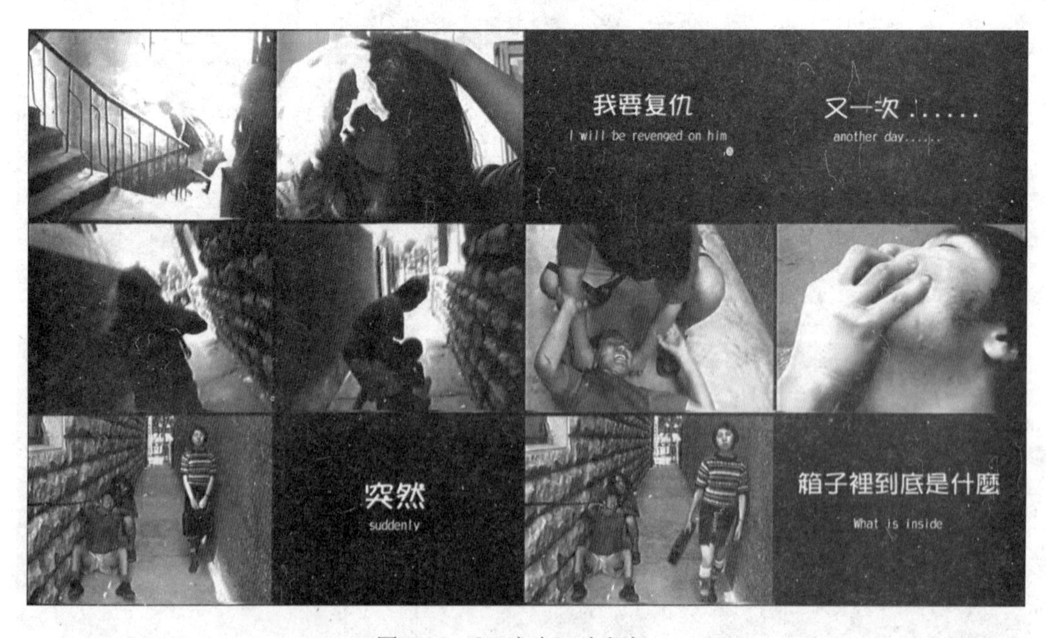

图 7-26 《巴洛克》片段之二

（3）当他们终于把女孩逼到墙角，忽然一道刺眼的白光亮起，女孩消失了，箱子掉落地上，一个男青年迫不及待地打开它，却感到很失望，如图 7-27 所示。

图 7-27 《巴洛克》片段之三

（4）最后，另外一个男青年打开这个箱子，取出里面的东西，原来是写着“The end”（剧终）的一张纸，如图 7-28 所示。

图 7-28 《巴洛克》片段之四

这样的结局貌似荒诞，但却反映了一种生活的哲学本质：很多我们苦苦追寻的事情，一旦得到，甚至是经过不择手段得到之后，却会发现所有的追寻仅仅是为了这个结局而已。

2．作品：《狗》

在 Steve Pasvolsky 导演的《狗》（Inja）中，在某个南非的庄园中，黑人男孩特贝尔得到一条小狗，他俩很快成为好朋友，每天快乐地在庄园中玩耍。

（1）使用了法国国旗的画面，交代了时代背景，此时这里还是殖民地，如图 7-29 所示。

图 7-29 《狗》的片段之一

（2）特贝尔很喜欢这条小狗，他偷偷割下旗帜下面的绳子，为小狗编织了一条项圈，如图 7-30 所示。

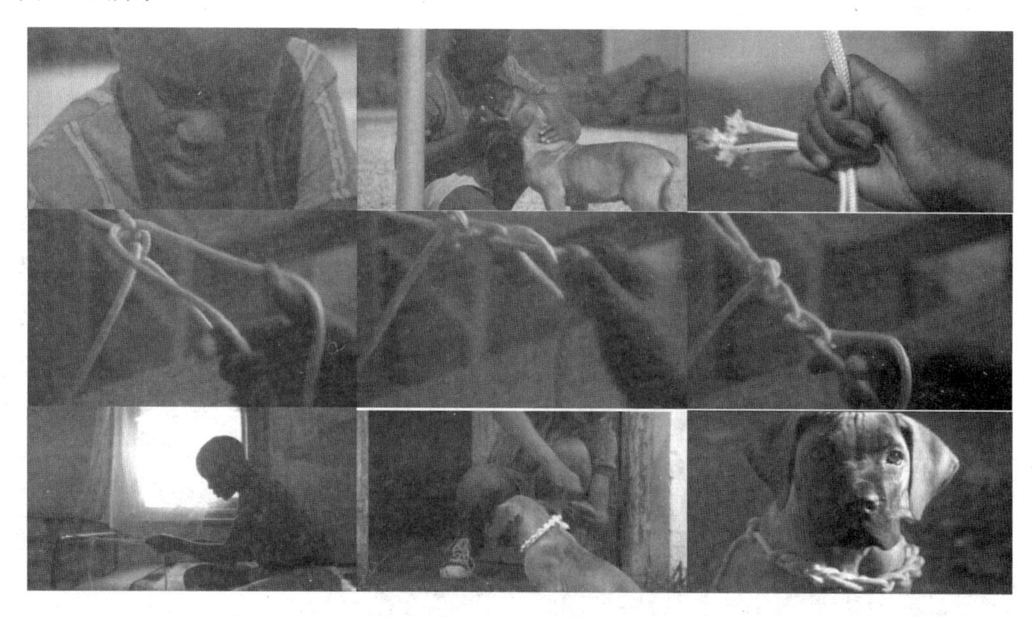

图 7-30 《狗》的片段之二

（3）庄园领主尤昂尼斯让特贝尔把狗装进袋子里，一顿狠踢，然后用枪胁迫着特贝尔放出狗，特贝尔流了眼泪，说它会以为是他做的，他和小狗的关系从此疏远，如图 7-31 所示。

图 7-31 《狗》的片段之三

（4）转眼十多年过去，此时国旗已换，不再是殖民地，特贝尔已经长成结实的男人，童年的伙伴也成为一条勇猛的大狗，但是这条狗却一直对黑人充满厌恨，如图 7-32 所示。

图 7-32 《狗》的片段之四

（5）某天，主仆俩带着狗去修筑篱笆，尤昂尼斯表现得对狗异常亲热，将肉骨头丢给狗吃，身为农场主的尤昂尼斯甚至还帮特贝尔拔树桩，过去的狠毒似乎不复存在，如图 7-33 所示。

图 7-33 《狗》的片段之五

（6）尤昂尼斯突然感到不适，这时一件意想不到的事情发生了，狗以为特贝尔要伤害它的主人，歇斯底里地阻止试图拿药给尤昂尼斯吃的特贝尔，奄奄一息的尤昂尼斯躺在地上向特贝尔发出指令，射杀了它，如图 7-34 所示。

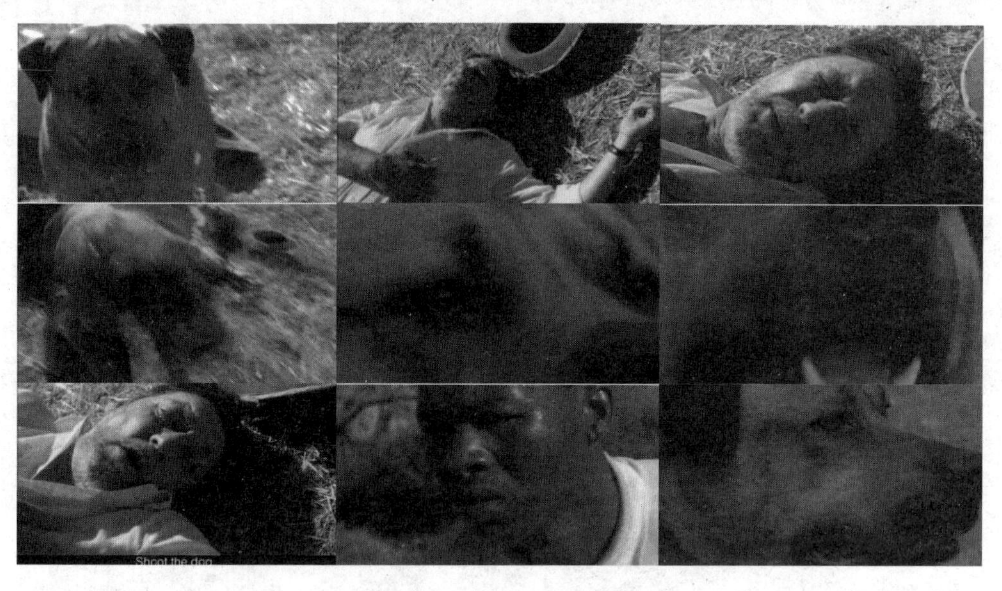

图 7-34 《狗》的片段之六

可怜的特贝尔一直背负着狗的敌视，而可怜的狗恐怕直到最后一刻也不知道事实的真相。对于观众而言，这个意味深长的短片也对他们的诸多观念产生了强烈的冲击，什么是事实，亲眼看到的就是事实吗？什么又是真相？置身纷繁复杂的各种事件中的人们，到底在充当着或者被充当着什么样的角色？

7.4 叙事的层次与线索

很多艺术手段都具有叙事表意的功能，电影作为一种综合艺术，简单来讲就是通过造型手段来进行叙事。DV 创作过程中，要充分挖掘电影叙事主题和叙事线索两个方面的可能性，学习如何让故事更精彩。

总结发展至今的电影叙事手段，可以发现叙事一般从两个方面来理解：

1. 讲什么样的故事

故事的内容千姿百态，但以法国乔治·普尔梯对故事片剧情的分法，比较固定的剧情模式有 36 种——求告、援救、复仇、骨肉间的报复、捕逃、灾祸、不幸、革命、壮举、绑劫、释谜、取求、骨肉间的仇视、骨肉间的竞争（为了爱恋）、奸杀、疯狂、鲁莽、无意中的恋爱的罪恶、无意中的伤残骨肉、为了主义而牺牲自己、为了情绪的冲动而不顾一切、必须牺牲所爱的人、两个不同势力的竞争（为了恋爱）、奸淫、恋爱的罪恶、发现了所爱的人的不荣誉、恋爱被阻碍、爱恋的一个仇敌、野心、人和神的斗争、因为错误而生的嫉妒、错误的判断、悔恨、骨肉重逢、丧失所爱的人等。

2. 如何讲故事

不同的导演对于如何讲故事有不同的理解，这种理解会逐步发展成为该导演的某种影像风格，他们通过如何构思故事和使用什么样的手段来把故事呈现以区别于他人。首先是叙事结构的问题，是正叙，倒叙还是插叙？不同的叙事结构会带来不同的观影效果；其次是叙事角度的问题，平铺直叙诚然让观众容易理解，但是多角度的叙事会带给观众不同的视觉体验；最后，在如何讲故事中，导演可以通过挖掘故事的深层内涵，把握影片的主题追求。

7.4.1　单线索叙事

闻名世界的悬念大师希区柯克就是讲故事的高手，其讲故事的方式绝大多数是以单线索叙事为特点，通过戏剧化的故事演绎达到反思现实以及警世的作用。

单线索叙事就是指电影线索按照单一的时间流程且空间流程发展的结构。单线索叙事的作品线索明细、环环紧扣，更容易使观众注意力高度集中，从而将观众带入情境。以悬念片为例，单线索叙事的方法可以在影片故事形成意外后相对于其他叙事方式更为戏剧化，效果更强烈。

2009 年的影片《无人区》（见图 7-35）是导演宁浩首次尝试单线索叙事的作品。影片以男主人公开车去西部的一段旅程为背景，在路上不断地遇到形形色色的人，从而发生一连串的离奇故事。宁浩表示：采用单线索叙事结构，要将故事讲的精彩会更难一些，这也正是《无人区》最大的挑战。而《无人区》更注重人物的刻画，着重挖掘人内心的情感。

虽然单线索叙事有着其他叙事的优势，但是不可否认的是，单线索叙事对于人物形象的塑造偏于单薄无力，大多数人物都只具有某个特定人物的视角下的单一人格，而多线索或是双线索叙事则属于比较稳健的叙述手法。

7.4.2　多线索叙事

与单线索叙事相对应，多线索叙事是指电影线索发展按照单一的时间流程，有多个并列关系的内容，多条线索独立发展。多线叙事在当下电影中比较常见，这种采用多线索、时空交集的方式，在其背后往往涉及多个人物且关系复杂的故事。但是，这种多条线索并非是支离破碎的，相反，它需要导演对多个故事片段的准确把握，并使角色间建立牵连、内容间建立联系。

比较经典的多线索叙事影片有 1994 年昆汀·塔伦蒂诺的《低俗小说》（见图 7-36），1999 年保罗·托马斯·安德森的《木兰花》，还有盖·里奇导演的《两杆大烟枪》。多线叙事的手法容易造成张弛有度的节奏，展现了导演对影片出色的掌控能力和编剧才华，容易烘托出影片主题上的深层含义。

电影《低俗小说》由“文森特和马沙的妻子”、“金表”和“邦妮的处境”三个故事以及影片首尾的序幕和尾声 5 个部分组成。看似独立的小故事里面，却又有环环相扣的人和事。

电影《两杆大烟枪》（见图 7-37）充满英式风格的黑色幽默，一环接一环的叙事结构让人耳目一新，导演巧用多线索叙事将 10 个分段串联起来清晰地呈现于银幕。

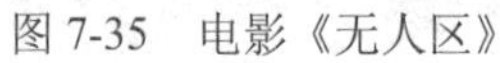

图 7-35　电影《无人区》

图 7-36 《低俗小说》

电影《木兰花》（见图 7-38）的拍摄手法以及故事情节都让人称赞，出乎意料的剧情发展像一个永远猜不透的谜语。

图 7-37 《两杆大烟枪》

图 7-38 《木兰花》

是选择单线索叙事还是多线索叙事要依靠影片内容本身来确定，叙事技巧只是为了使影片在内容表述上锦上添花，没有一个让人印象深刻的故事核心，再怎么摆弄高超的叙事手法都没有用。

在张艺谋导演的短片《看电影》中，在短短三分钟的影片里，围绕露天电影这一使得整个村子欢腾的事件，使用了两条主线来进行叙述，一个是乡村电影放映员和山村姑娘之间懵懂的情感，另一个是调皮小男孩对电影的热情和好奇。

（1）当看到电影放映车的到来，山村沸腾了，小孩儿们欢呼着跑来，如图 7-39 所示。

图 7-39　《看电影》片段之一

（2）此时使用了两个镜头交代了另外一个线索的画面，即乡村电影放映员和山村姑娘相视而笑，如图 7-40 所示。

图 7-40　《看电影》片段之二

（3）接着对乡村电影放映员和山村姑娘分别给了一个特写镜头，如图 7-41 所示。

图 7-41　《看电影》片段之三

（4）两条线索继续交替，调皮小男孩的兴奋举动，山村姑娘为电影放映员端水，如图 7-42 所示。

图 7-42 《看电影》片段之四

（5）小孩们搬来凳子，热切地关注着电影放映准备工作的进展，如图 7-43 所示。

图 7-43 《看电影》片段之五

（6）调皮小男孩不耐烦地等待已久，天终于黑了，电影机试开，如图 7-44 所示。

图 7-44 《看电影》片段之六

（7）调皮小男孩把鸡高高抛起，将其影子投影在幕布上，引得乡亲们哈哈大笑，如图 7-45 所示。

图 7-45 《看电影》片段之七

（8）可是电影还没开始，因为电影放映员还没吃好饭，如图 7-46 所示。

图 7-46 《看电影》片段之八

（9）放映棚的挡布上放映员吃饭的影子如同皮影一般生动有趣，然而调皮小男孩已经有些困了，如图 7-47 所示。

图 7-47 《看电影》片段之九

（10）当电影终于开始时，两条线索再次交替，山村姑娘受到了特别待遇，坐在放映棚里面看电影，而调皮小男孩则已经睡着了，如图 7-48 所示。

图 7-48 《看电影》片段之十

7.4.3 意识流叙事

这种叙事结构抒情性较强，故意摒弃内容层面之间显而易见的逻辑关系，如《广岛之恋》、《野草莓》和《Love》等。这种结构追求艺术效果，但往往晦涩难懂。

1．作品：《Love》

在 Matthew 与 Noel-Tod 创作的短片《Love》（见图 7-49）中，女主角的情感起伏与看起来有着微妙联系的自然风光交错进行，强化了抒情的意味。

2．作品：《Surya》

Laurent Van Lancker 导演的《Surya》（见图 7-50）是在一场跨越欧亚的旅行中，来自比利时、斯洛伐克、土耳其、塞尔维亚、库尔德斯坦、伊朗、巴基斯坦、印度、尼泊尔、中国西藏与内地、越南的不同文化的 10 位故事讲述者，以故事接龙的模式共同创造了一部虚构的史诗。从一位讲述者到另一位，他们每个人都以自己的风格和语言延续了一位英雄的生命篇章。随着故事的讲述，故事中的远古英雄 Nemo 经历了许多磨难，最后死去，却又在新的讲述者口中复活，并且改名为 Surya，而当讲述快结束的时候，Surya 已经成为讲述者自己，从而在想象和现实、记录与虚构之间游荡。

图 7-49 《Love》

图 7-50 《Surya》

7.4.4 回忆叙事

按照主角或非主角的回忆进行现实与回忆的交叉叙事，例如《泰坦尼克号》(见图 7-51)、《大鱼》和《公民凯恩》等。这些影片的叙事随着记忆而展开，并且不断与现实形成交叉。

图 7-51 《泰坦尼克号》

7.4.5 环形结构叙事

汤姆·提克威导演及编剧，Isis Krüger 与 Thomas Wolff 主演的短片《尾声》(Epilog) 中，整部影片充满了循环的意味，形成一个环形叙事结构。

（1）影片开始展现了如同记忆中的影像效果一般的纳加，这一画面将与影片中间丈夫雷尼尔的记忆影像形成呼应，如图 7-52 所示。

图 7-52 《尾声》片段之一

（2）然后镜头围绕纳加和她的丈夫雷尼尔转着圈拍摄。值得一提的是，这一拍摄手法同样与影片的叙事手法相呼应，在这个拍摄的过程中，留着鼻血的纳加（Isis Krüger 伊西斯•克鲁格饰）与丈夫雷尼尔（Thomas Wolff 托马斯•沃夫饰）发生争吵，纳加厉声呵斥雷尼尔离开，如图 7-53 所示。

图 7-53 《尾声》片段之二

（3）愤怒的雷尼尔走向抽屉，拿出藏在里面的手枪，杀死妻子纳加，如图 7-54 所示。

图 7-54 《尾声》片段之三

（4）纳加倒地身亡，镜头拉近到雷尼尔面部，他闭上眼睛，此时出现画面烧焦的效果，而这一效果与本片末尾同样形成呼应，如图 7-55 所示。

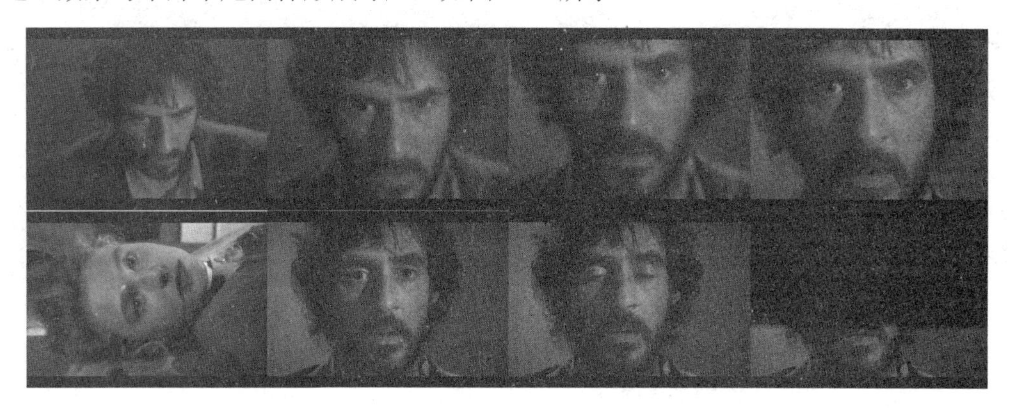

图 7-55　《尾声》片段之四

（5）雷尼尔的脑海里浮现出纳加模糊的影像，并且回忆起悲剧发生的始末，如图 7-56 所示。

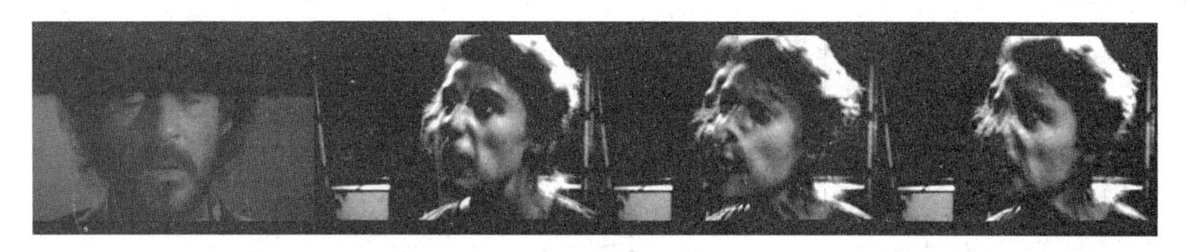

图 7-56　《尾声》片段之五

（6）一切始于他回到家中的时刻，雷尼尔看到妻子正与一个陌生人通话，完全不知道他已经回来，这里使用了一个超现实的表现：当雷尼尔走进房间，沙发自动向他滑过来，他默默坐下。这个细节预示了本片不会是一个寻常的故事，如图 7-57 所示。

图 7-57　《尾声》片段之六

（7）雷尼尔听着背对自己的妻子向另一个人倾诉婚姻的苦恼与绝望，如图 7-58 所示。

图 7-58 《尾声》片段之七

（8）电话挂断后，两人发生了争吵，如图 7-59 所示。

图 7-59 《尾声》片段之八

（9）此处再次使用了一个超现实的细节，纳加伸出手，电话自动向她滑过来，如图 7-60 所示。

图 7-60 《尾声》片段之九

（10）愤怒的雷尼尔打了纳加一巴掌，纳加终于爆发，大声斥责丈夫的缺点，这一切令失意的雷尼尔丧失理智，如图 7-61 所示。

图 7-61 《尾声》片段之十

（11）然后镜头再次围绕纳加和她的丈夫雷尼尔转着圈拍摄，这与之前一段的拍摄手法相呼应，如图 7-62 所示。

图 7-62 《尾声》片段之十一

（12）雷尼尔想起抽屉中的手枪，走向柜子打开抽屉，然而里面空无一物，如图 7-63 所示。

图 7-63 《尾声》片段之十二

（13）正当雷尼尔惊愕之际，“不是这样的”，纳加已经拿出手枪，枪声响起，雷尼尔应声倒下。雷尼尔中枪向床上扑去，床自动移开，雷尼尔倒地身亡，如图 7-64 所示。

图 7-64 《尾声》片段之十三

（4）影片最后对纳加采用了与之前拍摄雷尼尔打死妻子之后相同的镜头和效果：镜头拉近到纳加面部，她闭上眼睛，此时出现画面烧焦的效果，似乎预示着新一轮的循环即将开始，如图 7-65 所示。

图 7-65 《尾声》片段之十四

7.4.6 倒叙线性叙事

倒叙线性叙事，按照反正常时间叙事。例如，《5︰3︰2》全片以男主人公夫妇离婚为开篇，家庭生活矛盾为第二节，结婚为高潮，相识为结尾。

7.4.7 乱线性叙事

整部影片毫无逻辑性，可以说是把所有片段、情节、人物全部搅乱，让人无从得知现在、过去和将来，如《21 克》、《迷墙》和《我们的音乐》。

在 Martin MacDonagh 的《Six Shooter》中男主人公一天之中连续经历 6 次死亡事件：自己的妻子、叛逆少年的母亲、叛逆少年、两个猝死的婴儿、自杀的婴儿母亲，其中还穿插了一个关于胀气的奶牛爆炸的故事，而这些事件并没有组成一个完整的故事，这些事件之间也没有很强的逻辑性，这似乎告诉我们一个哲理：生活并不是一个故事，而是无数个故事的随机排列组合，即便有时候这些故事看起来似乎有条有理地发生。

（1）男主人公得知妻子的死讯，已经是一件足够悲伤的事情，连医生也希望能够多安抚一下这个中年丧妻的男子，但是无奈太忙了，这个早上还有一个脑袋都没了的遇害妇女和两个猝死的婴儿，如图 7-66 所示。

图 7-66 《Six Shooter》片段之一

（2）悲剧太多，有的近有的远，男主人公就这样踏上了回家的列车。列车上男主人公遇到一个口无遮拦，缺乏同情心的叛逆少年，一对悲伤的夫妇。原本素不相识的人在同一趟列车上相遇，远的变成了近的，比如那对夫妇就是猝死孩子的父母，而那个叛逆少年昨天刚刚把自己母亲的脑袋打飞了，如图 7-67 所示。

图7-67　《Six Shooter》片段之二

（3）叛逆少年冷漠残忍的语言将失去孩子的母亲逼入自责，并终于跳车身亡，如图7-68所示。

图7-68　《Six Shooter》片段之三

（4）男主人公则倾听了叛逆男孩的童年记忆，一个关于胀气奶牛爆炸的故事。这也是一个关于死亡的故事，一头奶牛离奇的死亡，如图7-69所示。

图 7-69　《Six Shooter》片段之四

（5）男主人公亲眼目睹了叛逆男孩死在警察的枪下后，也萌生了死亡的念头，他将叛逆男孩的枪带回家中，如图 7-70 所示。

图 7-70　《Six Shooter》片段之五

（6）一天之中连续经历 6 次死亡事件，即自己的妻子、叛逆少年的母亲、叛逆少年、两个猝死的婴儿、自杀的婴儿母亲，而且都离自己这么近，好像有某种暗示，自己正和死亡如影随形，这使得男人恍惚觉得自己也仿佛走到了生命尽头，然而最后的一颗子弹却走火了，如图 7-71 所示。

图 7-71　《Six Shooter》片段之六

7.4.8　重复线性叙事

整部影片在时间上会有一个重复的时间点和多个故事结局，每个故事都会从这个时间点上再次开始，如《罗拉快跑》。

在德国柏林，黑社会喽罗曼尼打电话给自己的女友罗拉，曼尼告诉罗拉：自己丢了 10 万马克。20 分钟后，如果不归还 10 万马克，他将被黑社会老大处死。

为了得到 10 万马克和营救曼尼，罗拉在 20 分钟之内拼命地奔跑，如图 7-72 所示。同时，曼尼在电话亭中不断地打电话到处借钱。

图 7-72　《罗拉快跑》

电影表现了罗拉奔跑、罗拉找钱营救曼尼的三个过程和三种结果。

第一种结果：罗拉没借到钱，罗拉和曼尼抢超市，罗拉被警方击毙。

第二种结果：罗拉在银行抢到钱。曼尼被急救车撞死。

第三种结果：罗拉在赌场赢钱，曼尼找回丢失的钱。罗拉、曼尼成为富人。

第 8 章　DV 视觉表现

图和文一样，都具有语言的功能，即可以用来交流思想和传授知识。用文字描述具有线性的特点：事要一件一件地讲，话要一句一句地说，正所谓“一张嘴表不了两处事”；而画面则以二维画面形式显示事物，很多信息可同时呈现在观众面前。

通过形、色、空间和环境等综合表达创作人的思想，通过画面上的图形进行交流，可以形象地反映客观事物，具有直观、易懂的特点。而 DV 作为一种以动态视觉为载体的艺术，如何拍摄，如何通过镜头去“看”，如何营造画面语言，如何使用画面本身进行艺术表达是本章论述的重点。

8.1 “看”的艺术

8.1.1 艺术地看

每一个事件都会有很多个方面，每个方面可以有很多种观察的角度，选择合适的视角能够事倍功半地表现主题。

1. 鱼眼及超广角对视角的夸张

鱼眼及超广角镜头有着巨大的视角，能够极大地改变事物正常的比例及位置关系。图 8-1 为 8mm 鱼眼成像效果，图 8-2 为 15mm 鱼眼成像效果。

图 8-1　8mm 鱼眼成像效果

图 8-2　15mm 鱼眼成像效果

2. 新视角

在 Anita Sarosi 的作品《viewpoint》（见图 8-3）以及本书作者的作品《表情》（见图

8-4）中，鱼眼镜头被不谋而合地用于表现新的视角，球形的天空和极度变形的表情令人耳目一新。

图 8-3　Anita Sarosi 的作品《viewpoint》

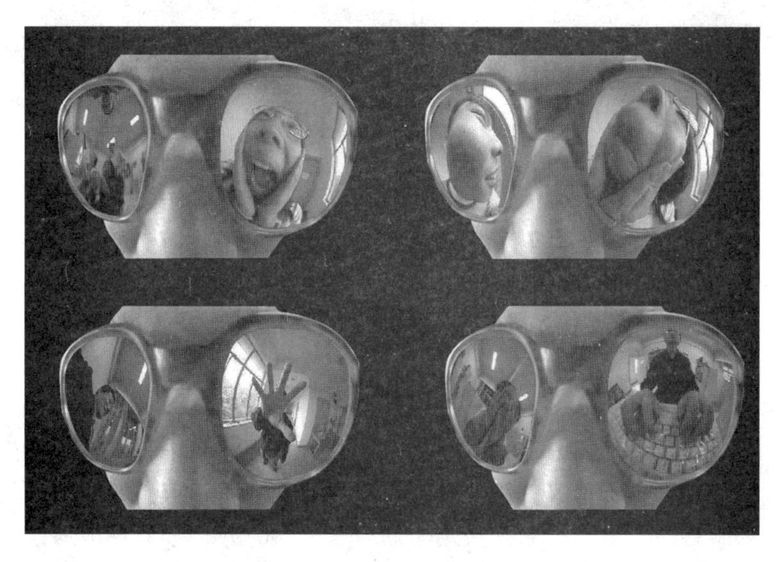

图 8-4　本书作者的作品《表情》

3．打破习常思维

在 Thierry Mandon 的《Promenade Nocturne》（见图 8-5）中，一开始画面拍摄的是一个衣柜，然后有个男子向衣柜走来，并且打开了衣柜的门。

然而男子在打开衣柜之后并没有从里面取出衣服，而是走进衣柜里面，他走进去并且离衣柜越来越远，这时我们才发现原来这根本就不是一个衣柜，而是一扇设计的像衣柜一样的门。

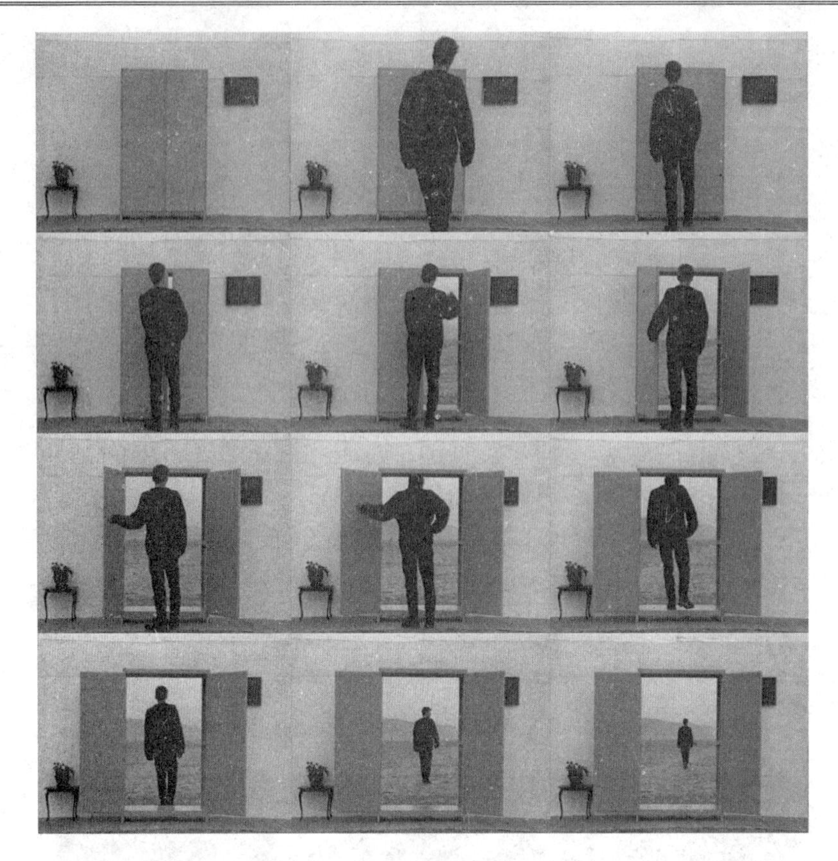

图 8-5 《Promenade Nocturne》

8.1.2 新技术创造的视角

1. 作品：《子宫内日记》

国家地理频道的纪录片《子宫内日记》记录单一细胞如何在母亲子宫里成长为四肢完整的婴儿，带给观众大量前所未有的视角：胚胎睁开双眼、张嘴打呵欠、伸出小舌头等令人惊奇的画面，如图 8-6 所示。这是人类生命最初的 9 个月，但是人们从来不曾记得这段经历，也无法亲眼目睹，这部纪录片采用了新一代的 4D 超声波立体成像技术，真实的画面和先进的计算机合成影像技术（CGI）带领观众深入探究前所未见的子宫内部，首度呈现暗无天日的子宫中从未被人得知的世界。

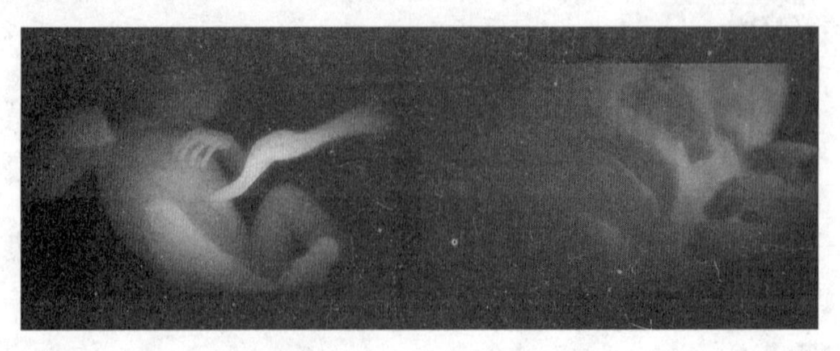

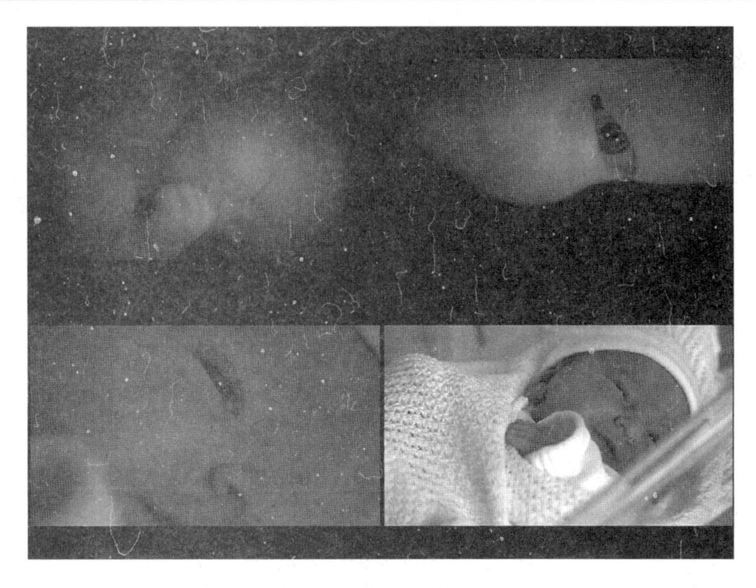

图 8-6 《子宫内日记》

伦敦国王学院附设医院（London's Kings College Hospital）技术高超的史都华·坎贝尔博士（Dr Stuart Campbell）运用实时 4D 扫描，显示 11～12 周大的胚胎会在所谓的踏步反射中踢踢小腿。在最后的三个月，4D 影像发现胚胎可以听到穿透体液的较大噪音和低沉的声调，甚至也能经历快速眼动睡眠。

2. 作品：《孤岛》、《夏》

任何摄像机的光学镜头在相同焦距的时候都具有相似的成像效果，因此也只能获得相似的视角。在本书作者的短片作品《孤岛》（见图 8-7）和《夏》（见图 8-8）里，每一帧画面都是由 8～12 张超广角数码照片合成得到的，并通过数学方法对合成得到的素材进行逐帧的制作，获取了一种不可能的镜头的成像效果。

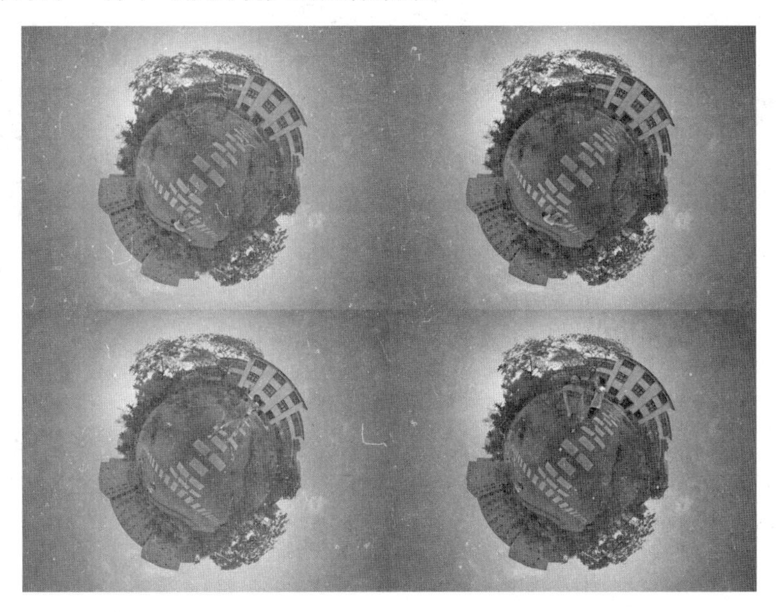

图 8-7 《孤岛》

短片《夏》将夏天荷花池边上男孩女孩们消遣夏天的情趣以一种诗意而超现实的画面效果呈现出来。

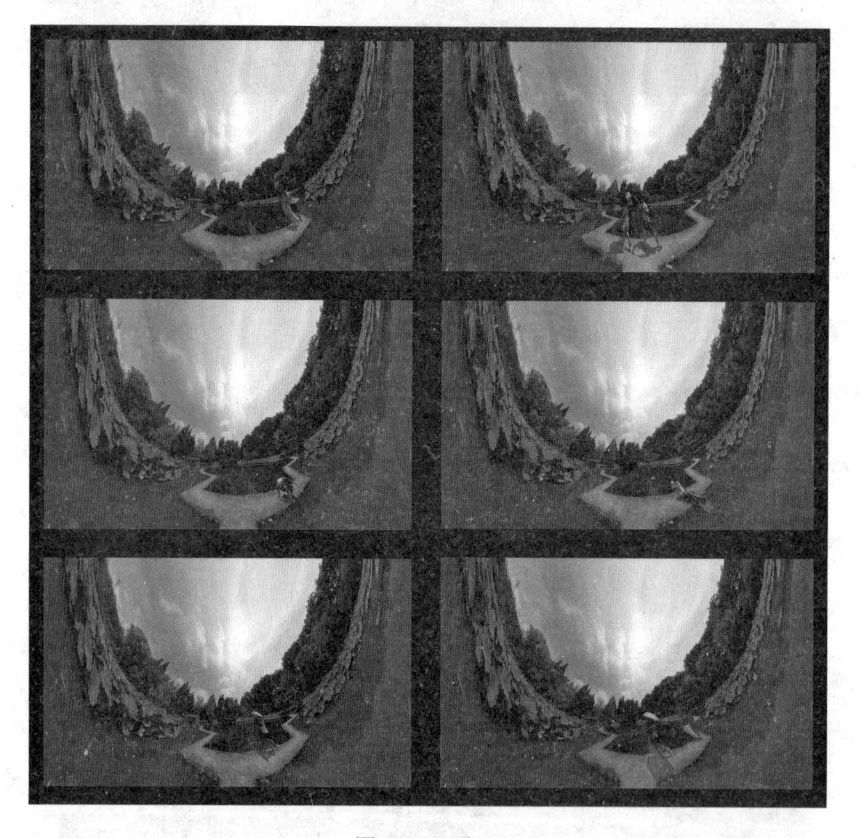

图 8-8 《夏》

3. 新奇视角的营造

Anthony Atanasio 导演的《Sous La Route Des Hommes》营造了一种极为新奇的视角，整部短片仿佛是从街道的地下往上拍摄的，而街道则是完全透明的，如图 8-9 所示。

来往的车辆、行人，甚至蚂蚁都直接呈现在镜头的上方，已然透明的街道仿佛完全不存在了，这不仅仅是一种新奇的视角，更是一种不可能的视角。图 8-10 展示了这一视角的营造，原来导演搭建了一个平台，上面铺满钢化玻璃，所有的画面都是在这个平台之上演绎的，而后期制作则将安置钢化玻璃的金属结构去除了，以至于“街道”完全透明掉。

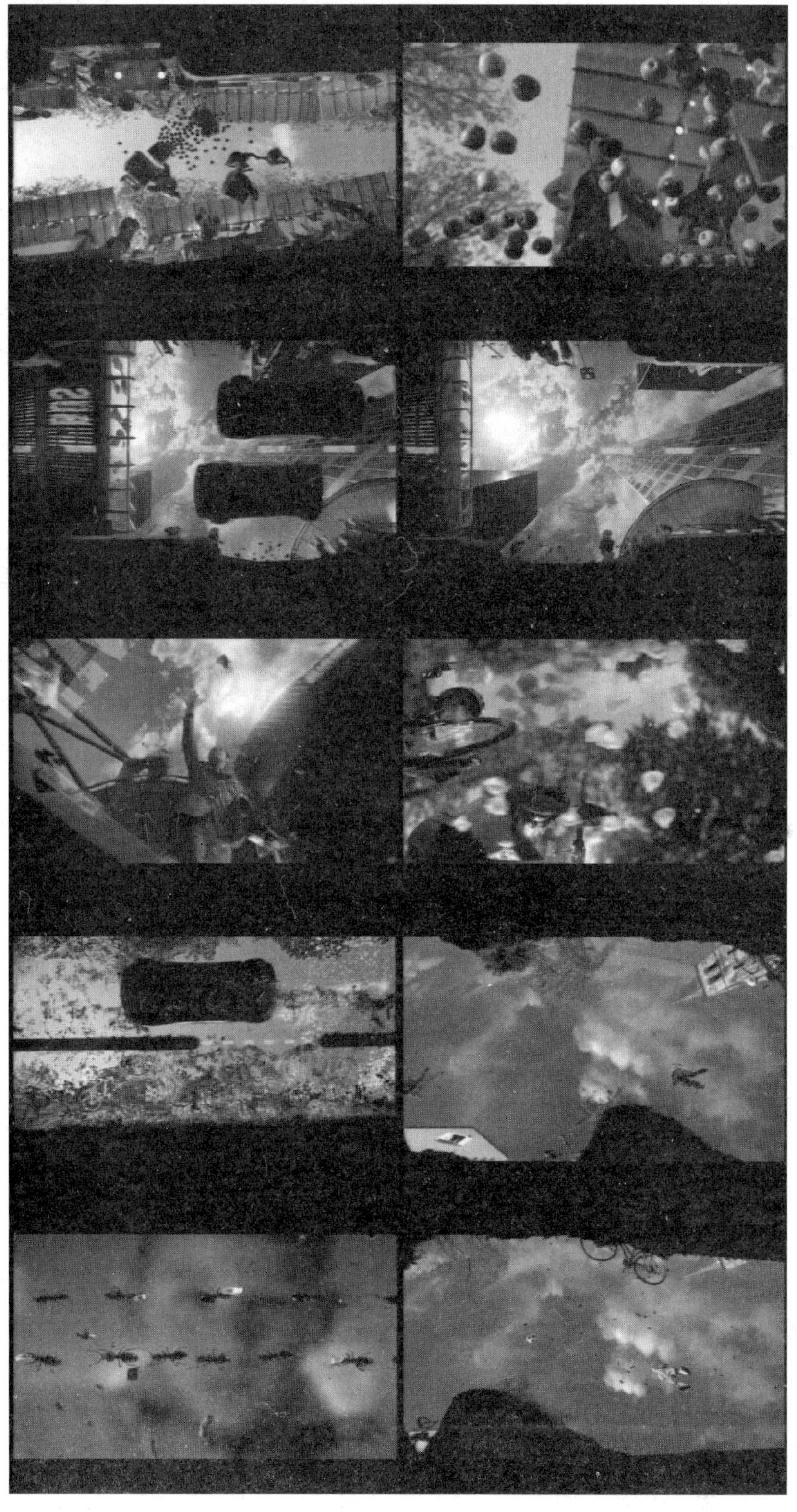

图 8-9 《Sous La Route Des Hommes》

图 8-10 《Sous La Route Des Hommes》幕后

8.2 营造诗意的画面

8.2.1 虚与实

1. 作品：《海法的恶灵》

在 Amo Gitai 的作品《海法的恶灵》（Le Dibbouk de Haifa）中，故事从 1936 年的波兰华沙开始，一群观众穿戴整齐地在戏院里看着电影，Gitai 用了叠影的方式，让电影画面和观众的影像交融在一个画面里，人们幸福地沉浸在电影的氛围之中，编织着美丽梦幻的观影时光。

70 年之后，地点由华沙变成海法，同样是犹太人在现实的影院里沉浸于虚拟的电影之中，此时仍然使用了电影和观众的影像交融的画面，忽然有军人闯了进来，影片由叠影转为只有军人的真实画面，军人阻止了电影放映，面对观众不满的咆哮，军人解释空袭警报刚才响了……军人要求观众们尽快疏散，然而海法不是战争前线，更不曾遇过空袭，观众不甘不愿，还想回到电影之中，如图 8-11 所示。

图 8-11　《海法的恶灵》片段之一

忽然飞弹击中了影院，轰然一声，观众伤亡惨重，烟硝飞灰处，一位美丽的女郎浑身是血地倒在电影院的舞台旁，如图 8-12 所示。

图 8-12 《海法的恶灵》片段之二

2．作品：《愤怒》

在叶媛媛的作品《愤怒》（见图 8-13）中，现实中的影像被转换为黑白单色的符号化的影像语言，简练有力地描绘了在现代工业社会下，噪音污染，工业污染以及社会陋习对人的压迫，以及人在极度扭曲的空间里忍受，挣扎，暴怒，反抗，直到失去自控能力。

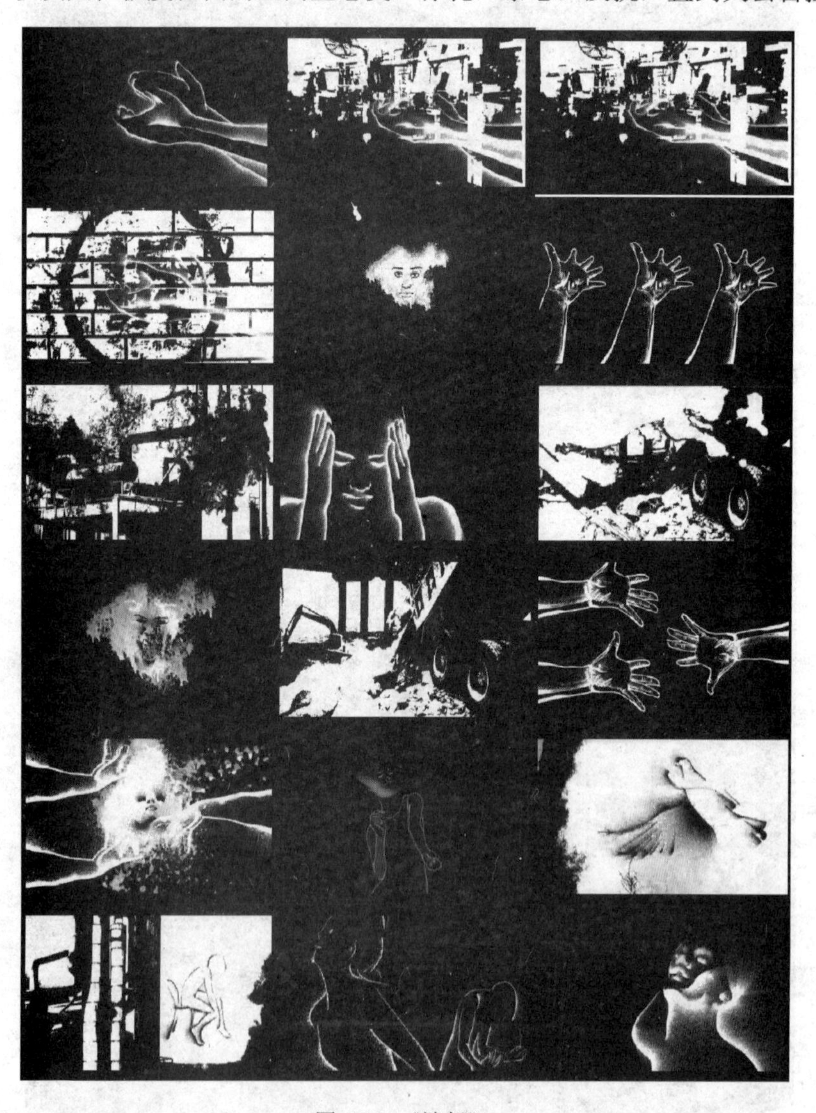

图 8-13 《愤怒》

8.2.2　光与影

1．作品：《Marseille -La Vieille Chante》

在 Robert Cahen 的《Marseille -La Vieille Chante》（见图 8-14）中，火车上的旅客以及车窗外的风景在变换的光线之下如同一首流淌着的光影协奏曲。

图 8-14 《Marseille -La Vieille Chante》

2. Menzini作品

在 Menzini 作品中，两个路灯的阴影仿佛完全不遵循物理规则一般自由自在地瞎转悠，如图 8-15 所示，对光影效果的应用打开了一个全新的表现空间。

图 8-15 Menzini 作品

3. 光绘影像

图 8-16 为 Brick Yard VFX 公司的导演 Dayton Faris 为 Sprint 手机创作的广告短片《Dream》。这个短片中，许多人手持点光源在空中挥舞，通过慢速快门在画面上绘制出梦幻般的风景。

图 8-16　Sprint 手机广告

8.3　与动画融合

8.3.1　动画与 DV 的互补

动画与 DV 是两种不同的动态影像手段，也有着不同的语言特点，DV 作为一种写实的影像技术，富有质感和真实感，动画抽象简洁而擅长表现超越现实的视觉画面。这两种语言的融合使用无疑能够取长补短。

1．作品：《罗拉快跑》

在电影《罗拉快跑》中，对罗拉的奔跑采用了视频结合动画的手段进行表现：罗拉在街道上奔跑的画面采用视频拍摄，而罗拉在楼梯上奔跑的画面则采用动画语言，如图 8-17 所示。这样表现的好处是不言而喻的，由于已经有了街道上奔跑的画面，动画的表现就能够比较自然的衔接，而且由于动画画面简洁明了，还丰富了画面的视觉语言。另外一方面，楼梯是一个局促的空间，而且光线也会比较微弱，在这个环境里想要很好地表现仓促的奔跑，视频的手段显然会非常麻烦，而且效果很难保证，此处采用动画进行表现无疑是非常理想的选择。

图 8-17　《罗拉快跑》

2．作品：《Easy Life》

在短片《Easy Life》中，男主角在上班的过程中遇到一系列的麻烦：当他走到电梯跟前时电梯却刚好关门运行，这时画面转换为动画风格。

（1）他身边出现一堆超凡的爪子，将他抱起直接从窗户放到地上，如图 8-18 所示。

图 8-18　《Easy Life》片段之一

（2）当他去买报纸的时候，很多人正在排队，这时画面再次切换到动画风格，水池中跳出一只水怪，将前面排队的人统统吓跑，他轻松地买到报纸，如图 8-19 所示。

图 8-19　《Easy Life》片段之二

（3）正当他在看报纸的时候，天空中忽然乌云密布，下起雨来，画面再次切换到动画风格，他伸出手指将天空中的乌云揽入嘴中，吃了下去，当画面切换回视频画面的时候，他呼出一朵小小的云彩，于是天空晴开，如图 8-20 所示。

图 8-20 《Easy Life》片段之三

（4）最后他拉动机关，将自己的车从街道下升起，开到前方的时候却遇到了堵车，动画中的他伸出双手把公路像布料一样抖动几下，于是前方所有车辆全部飞出路外，最后使用了一辆红色轿车掉落树上的镜头与刚才的动作相呼应，如图 8-21 所示。

图 8-21 《Easy Life》片段之四

8.3.2 慢速镜头

为了展现高速运动物体的动态，一般需要采用高速摄像机进行拍摄，然后将拍摄得到的素材以正常的帧频进行播放。

在专业的制作中，为了获取这种高速拍摄慢速回放的视频画面，往往需要使用专门的高速摄影机，它们能够以极高的速度进行持续拍摄。

高速摄影机的价格往往非常昂贵，如果只是拍摄一些短暂的高速影像片段的话，有一些普通摄像机也能够实现这种功能，如 Sony CX520、CX550（见图 8-22）和 CX700 等摄像机具有一种称为“平稳缓慢拍摄”的拍摄模式，在这种模式下，摄像机能够以 240fps 的高速记录大约 10s 的影像画面。

图 8-22 Sony CX550

8.3.3 间隔拍摄

对于运动变化速度过于缓慢的事件，如种子的生长、含苞花蕾的绽放，天空云彩的流动（见图 8-23）和化学反应现象等，为了能够直观地展示其过程，往往需要以高于其正常过程的速率进行播放，这就需要使用间隔拍摄（Interval Recoding）的技术手段。

图 8-23 一整天的间隔拍摄

间隔拍摄也可称为定时拍摄，它是通过对摄像机或照相机进行设置，使之能够自动进行拍摄→暂停→拍摄的操作，每隔一定时间自动拍摄一次，从而将延续时间比较长的过程压缩到相对较短的时间内，适合于表现连续变化及运动的过程。

为了实现间隔拍摄，可以使用具有间隔拍摄功能的摄像机，也可以使用照相机配合能够实现间隔快门的快门线。

1. 摄像机间隔拍摄

佳能XF105、三星 R10、三星H200、松下AG-DVC180MC和SONY PMW-EX1R等摄像机都具有间隔拍摄的功能。在使用间隔拍摄前，需要根据说明书对数码摄像机进行相关的设置：一是选择合适的拍摄时间和间隔时间；二是打开间隔拍摄功能。

2. 照相机间隔拍摄

有的相机本身具有间隔拍摄功能，可以在内部设置间隔拍摄的时间，而对于普通的相机而言，则需要使用带有间隔拍摄功能的快门线来控制快门。一般情况带锁定功能的快门线都可以实现间隔拍摄。图 8-24 为佳能TC-80N3快门线。

图8-24　带有间隔拍摄功能的快门线

3. 间隔拍摄的注意事项

为了保证背景画面的一致和稳定，一定要使用三脚架来固定摄像机或照相机，在拍摄过程中不能移动照相机或摄像机，需要调整摄像机设置时可使用遥控器控制。

由于间隔拍摄的时间往往比较长，因此要保证设备电源充足，尽量使用大容量的电池或者采用外接式电源供电。

由于间隔拍摄时间往往较长，周围环境光线会有较大变化，因此一般使用摄像机或相机的自动功能，必要时用遥控器调节。

4. 作品：《国庆》

由Dan Chung拍摄、Xiaoli Wang制作的《国庆》中，作者使用了间隔拍摄以及慢速镜头两种手段，将60周年国庆的宏伟场面进行了淋漓尽致的展现。

这部作品以间隔拍摄的方法让前进中的长龙般的队列快速穿过镜头，以展现其宏观雄壮，而通过慢速镜头对队列中做着整齐动作的人们的举手投足、庄严的表情以及细节进行生动细致的刻画，令人印象深刻，如图8-25所示。

图 8-25 《国庆》

据介绍，该片使用 Canon 5D Mark II 以及 Canon 7D 单反相机进行拍摄，其中 Canon 7D 支持 60fps 的高清拍摄格式为这部片子中慢速镜头的制作带来了极大的便利，转换到 30fps 的时间线上之后，就获得了慢两倍的慢速镜头效果。

8.3.4 定格动画

1907 年，在美国维太格拉夫公司的纽约制片场，一位无名技师发明了用摄影机一格一格地拍摄场景的“逐格拍摄法”。

定格动画（Stop-Motion Animation）正如它的名称所述，是通过逐格地拍摄对象，然后使之连续放映，从而产生仿佛活了一般的人物或你能想象到的任何奇异角色。通常所指的定格动画一般都是由黏土偶、木偶或混合材料的角色来演出的。

在由 Daniel Askill 导演的短片《Breathe Me》中，影片中的人物并没有直接呈现在视频画面中，而是存在于照片之上，随着一堆照片的快速翻动和更新，剧情也随之演绎及发展，如图 8-26 所示。

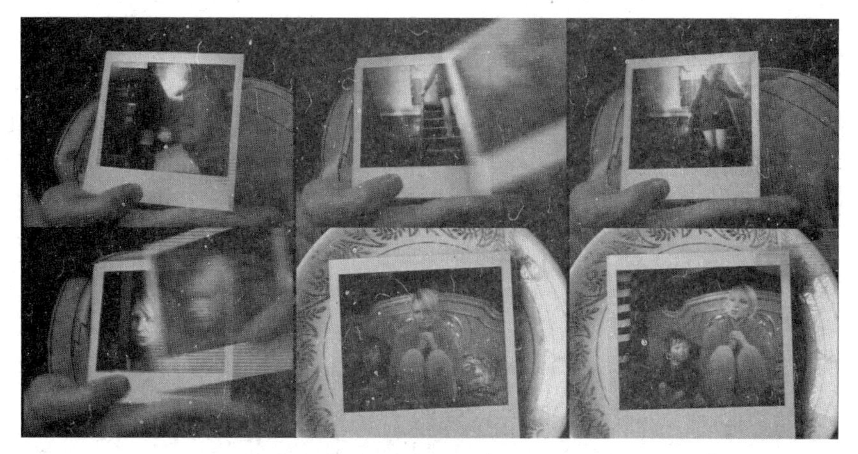

图 8-26　Daniel Askill 导演的短片《Breathe Me》

1．所需工具

定格动画往往首先需要一个鲜明的角色形象，可以是一个人，一个动物，一件东西，当然也可以是一个臆想出来的角色。但是如果打算制作一个角色，选择好适当的工具和材料是保证制作和拍摄顺利的关键。

我们熟悉的黏土、橡胶、硅胶、软陶，以及石膏、树脂黏土等都可以用作制作角色的主要材料。铝线、丙烯、模型漆和雕塑刀等工具也是制作角色过程中的常用材料。

为了使定格动画中的角色有一个存在与活动的空间，往往还需要为之布置一个用于拍摄动作的场景，有时候如果需要一个虚幻的背景的话，还需要使用蓝幕背景及抠像合成的技术手段（参见本书 9.5.5 节）。图 8-27 为毛线定格动画《Zero》的制作场景及成片效果。

图 8-27　毛线定格动画《Zero》的制作场景及成片效果

2．定格动画的主角：材料

在定格动画的创作中，材料应用始终是影片效果的最大因素，从简单材料的直接摆拍到综合材料的精细雕刻、数字操控拍摄，材料就是影片主体。

历经近百年的发展，定格动画的材料应用形态在随时代与科技的进步而革新，定格动画的创作内涵也随之转变。

在 Sony Bravia 电视机广告（见图 8-28）中，极具创造性地采用了液体颜料作为定格动画表现的主体，这种特别的材料在空中如同礼花一般爆炸、绽放，营造出一种前所未有的色彩效果，让人们对 Sony Bravia 电视机的色彩表现有了一种深刻的认识和体验。

图 8-28　Sony Bravia 电视机广告

3．定格动画拍摄

为了方便地进行定格动画的拍摄制作，可以使用专门的定格动画软件来辅助定格动画的拍摄及制作。这类软件一般是用于控制摄像头、摄像机或照相机进行拍摄，使用前需要首先将拍摄器材连接到计算机，并且布置好拍摄场景，如图 8-29 所示。

4．定格动画软件的基本功能

定格动画拍摄制作软件的基本功能主要有：

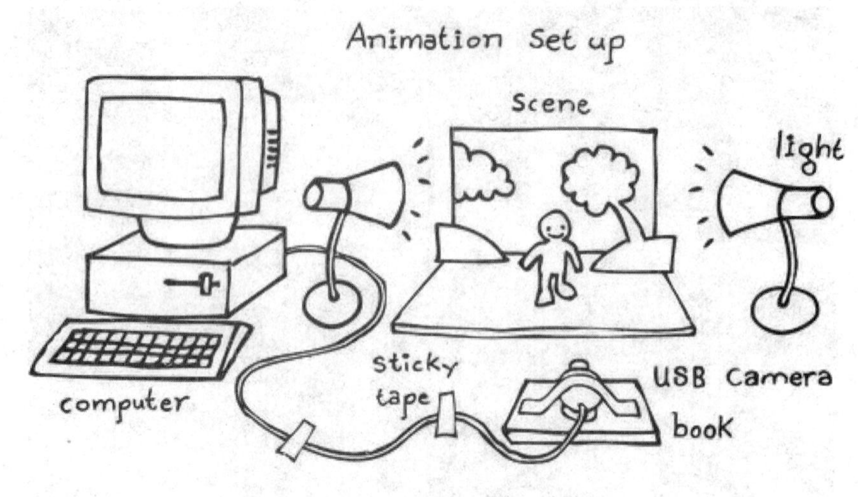

图 8-29 定格动画拍摄示意图

（1）同步控制摄像机、照相机或摄像头。几乎所有的定格动画摄制软件都支持摄像头、DV 摄像机的拍摄操作，一些专业的软件如 Stop Motion Pro 7 还能支持某些型号的单反相机，例如 Canon EOS 60D 数码单反相机，而数码单反相机拍摄出来的画面更接近电影的画面效果。

（2）实时显示及回放。这个功能使得制作者能够实时看到当前所拍摄画面的效果，以及预览最近所拍摄的定格动画的效果，有利于保障拍摄制作的成功，减少补拍的麻烦。

（3）洋葱皮。这个功能能够将所有已经拍摄的帧以半透明叠加的方式同时显示出来，有利于制作者对动画效果及动画的衔接度进行整体把握。

（4）导入声音文件。这样就可以在一个软件里完成动画的合成制作，同时对于需要根据声音对口型的制作来说这也是很重要的。

（5）输出素材和视频。定格动画拍摄的画面是一张张的照片，要得到动画文件就需要软件具有输出视频的功能。同时为了后期修饰需要，要具备导出原始照片素材的功能。

5. 专业定格动画拍摄软件的特别功能

（1）拍摄中实时进行蓝绿幕抠像。定格动画往往需要合成到虚拟的背景之中，这就需要在蓝绿幕前拍摄，然后使用软件抠像功能合成。

（2）拍摄中遮盖辅助拍摄道具。为了拍摄特殊的动作，如腾空飞行、掉落等，需要使用特别的支架或细线等辅助道具，而在定格动画拍摄软件中可以实现选取这些道具，自动将其抹除。

（3）视频对比辅助拍摄。这种功能可以允许使用一个已经有的视频作为参照，用定格动画的角色像影子一样复制其动作进行拍摄。这种功能能够极大地提高定格动画制作的效率及成功率。

（4）支持 3D 相机画面的捕捉。有的定格动画拍摄软件能够支持双镜头系统相机或摄像机的拍摄，将定格动画拍出 3D 立体效果。

常用的定格动画软件有 Stop Motion Pro（见图 8-30）、Animator HD、Dragon Stop Motion 和 Boinx istopmotion 等。

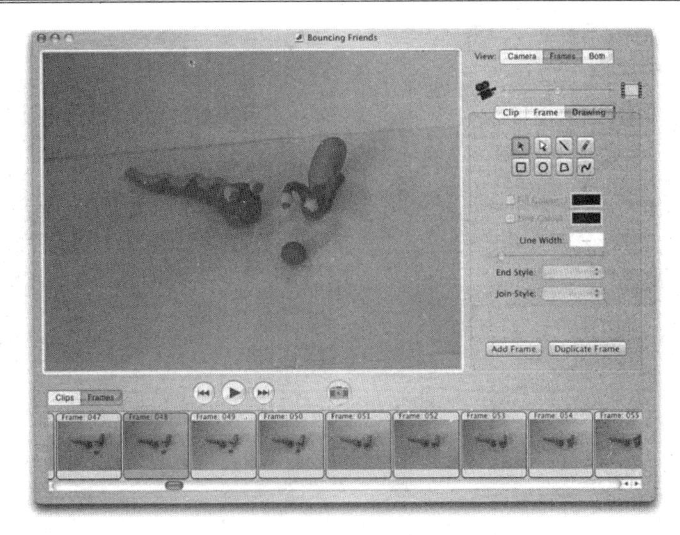

图 8-30　Stop Motion Pro

8.4　时空的重构

8.4.1　时光倒流

在 Daniel Kleinman 导演的《GUINNESS “NOITULOVE”》（见图 8-31）中，三个正在喝酒的年轻人忽然进入了时光倒流、物种退化的过程，先后退化为原始人、猿猴、鱼类和蜥蜴，最后蜥蜴表现出一副很享受某种饮料的表情，然后出现主题词“Good things comes to those who wait”（好东西只留给那些能够等待的人）。

图 8-31　《GUINNESS“NOITULOVE”》

8.4.2　时光飞逝

在 Danny Kleinman 导演的《X-BOX》（见图 8-32）中，则展现了时光飞速流逝的惊人效果，一个刚出生的婴儿飞出母亲的肚子，飞向空中，并且在飞行的过程中迅速成长，变成少年、青年，然后变成老人，然后一头栽进坟墓里。然后出现主题词“Life is Short，Play More!”，原来是一个 XBOX 游戏机的广告。

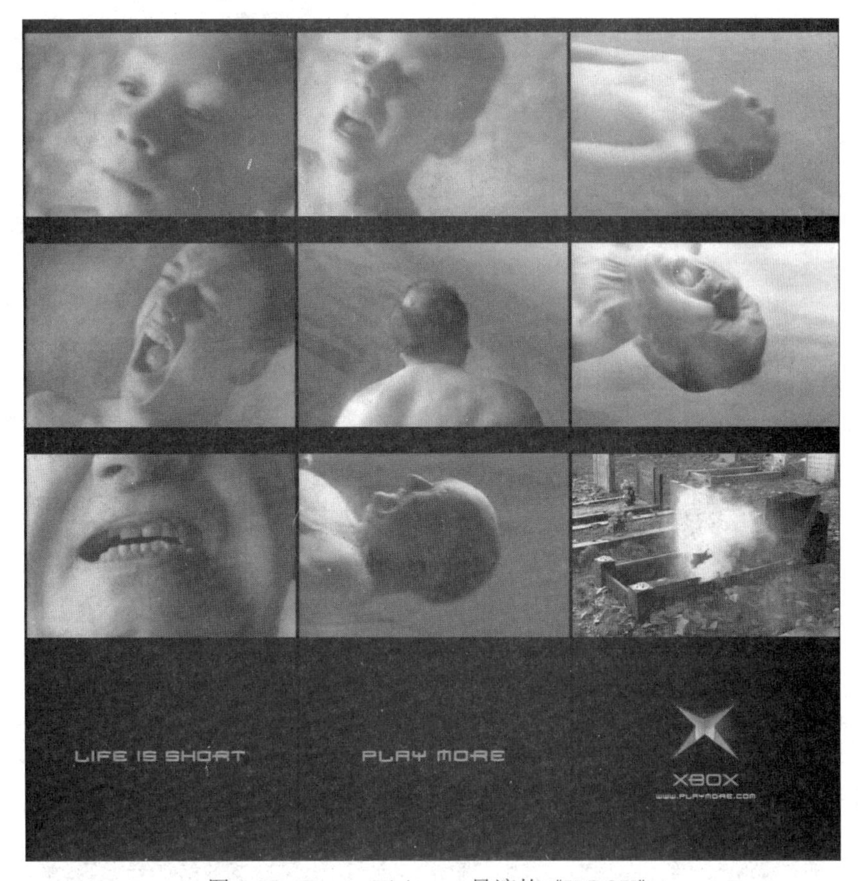

图 8-32　Danny Kleinman 导演的《X-BOX》

8.4.3　时间的混合

在 Egbert Mittelstadt 的《Unfold》，一个赤身裸体的表演舞者以感性的动作在黑色背景上缓缓移动，似乎使空间变的可以触摸。

她的运动方式有两种：她的“正常”形象在屏幕的中心，同时她动作的每一帧画面又向左右延伸，并且所有动作的帧相互融为一体，其中单个的帧被压黑并且降低透明度，从而整个动作的所有帧共同创造出一条很长的水平色带，而这个色带正是她的运动轨迹，如图 8-33 所示。

这条色带慢慢地在屏幕上滚动，从右到左，在这样一种方式中，当色带通过舞者的身体时，她完全匹配到了她的移动形状，因为这片色带本身来自当前运动的同一时刻，如图 8-34 所示。

图 8-33 《Unfold》片段之一

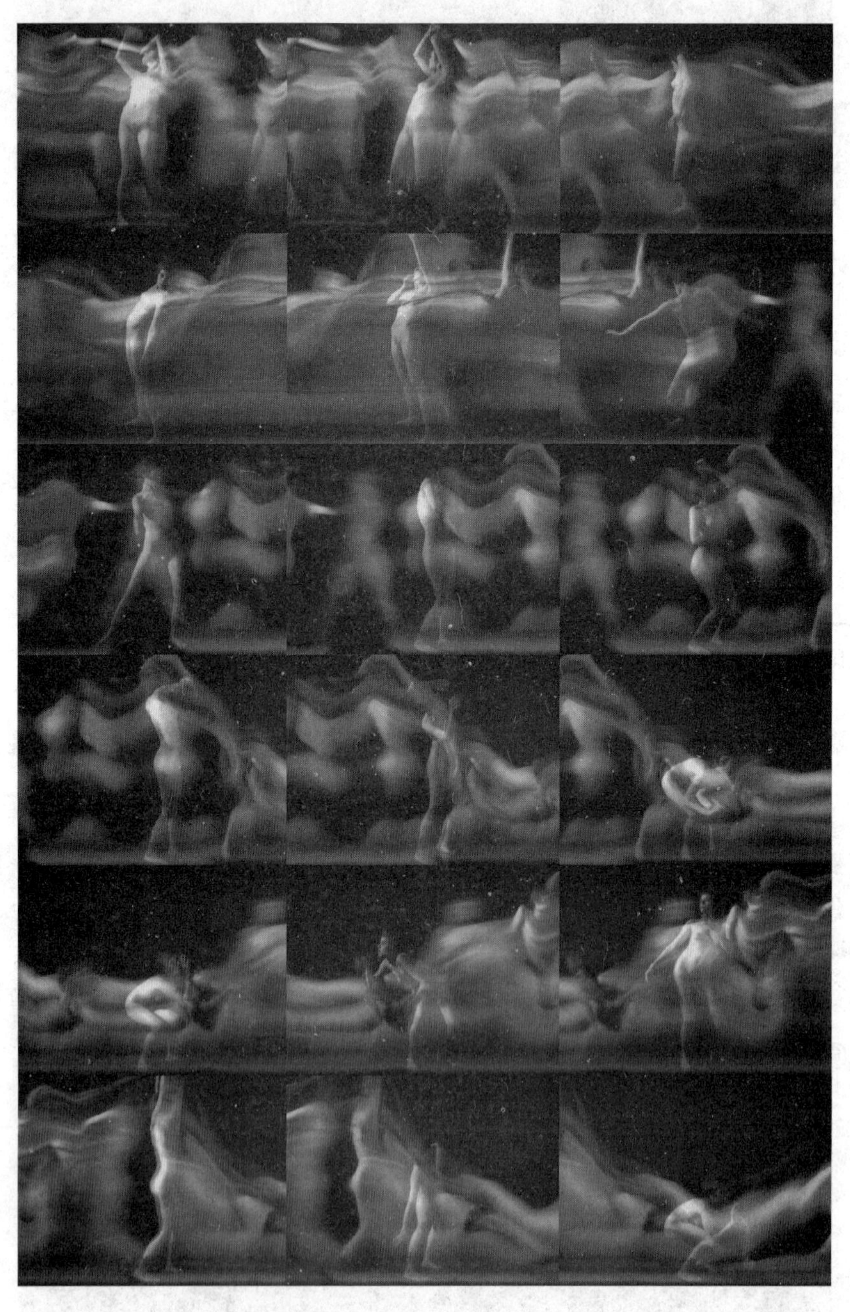

图 8-34 《Unfold》片段之二

舞者的动作被一下子全部展开成为一个时间被混合了的静态背景，而同时她又在展开后的影像上以身体的动态形象创造美丽的变化，使得人们可以以更加直观的方式欣赏到她运动的轮廓，如图 8-35 所示。

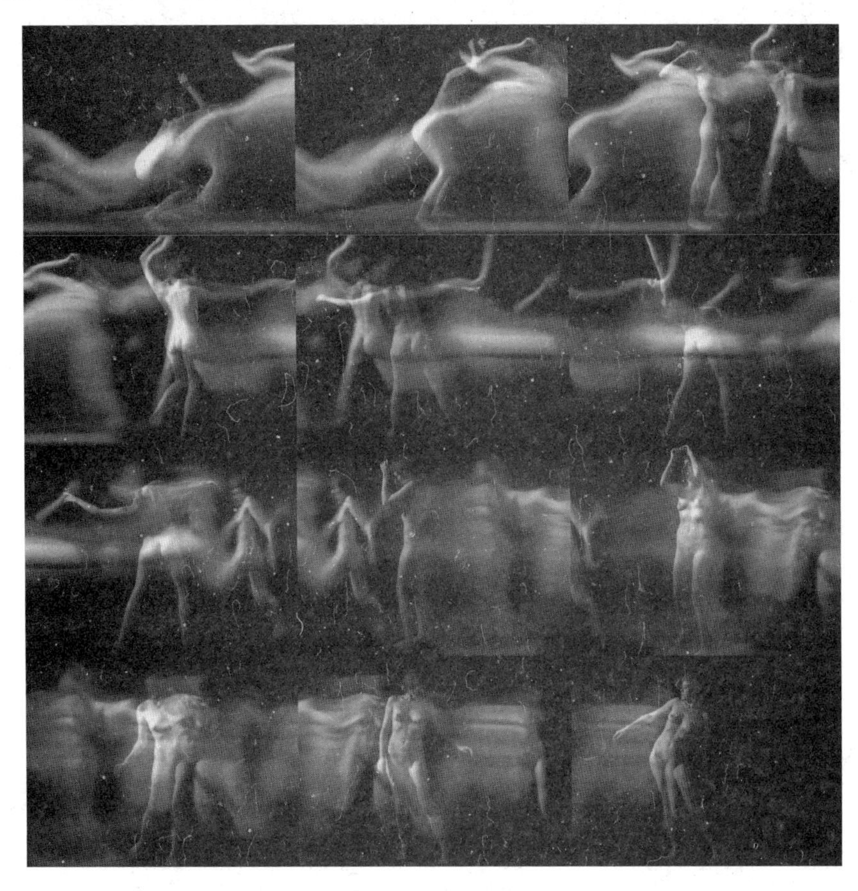

图 8-35　《Unfold》片段之三

8.4.4　瞬间的凝固

Still Motion 空间摄影合成，也叫做 Staff Motion 或 Time Frozen 技术。

这种技术以被摄体为中心，把 Still Camera（即人们照相时常用的单镜头反光照相机）按一定的间隔排成一圈或一排，在同一瞬间进行拍摄。这样，这些相机就能制作出从多个角度拍摄的静止画面。在编辑这些画面时把它们粘在一起，做成相联接的影像，如图 8-36 所示。

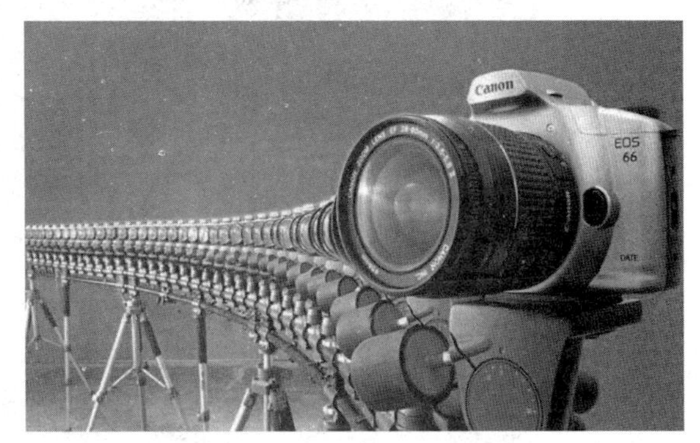

图 8-36　时间凝固照相机阵列

如果每台以一定的时间差暴光，就可以给人产生很多不同的视觉效果，可以是做一个轨道运动和物体运动分割的这样的两种时间的变化。接下来看一下间隔，可以把间隔调得很长，一天拍一张都可以。这个机器这样设置可以完成两个不同的视觉效果。如果说每台相机间隔在 0.01s，也就是少于 1s，那么这种物体的运动就是一个 SUPER SLOW MOTION 的。比如摄影机的 HIGHT SPEED 的拍摄效果，它可以使轨道运动完全按照每秒 25 张或者电影每秒 24 格这样的数字来运动，但是人物是运动的，每台相机之间的间隔大于 1 秒钟或者是大于 1 分钟的话，呈现出来的镜头轨道是慢速的，是慢慢地在运动，但是物体是快速的。比如说在一个楼房门口设置轨道，从早晨 4 点钟开始拍，每隔一分钟或 2 分钟去拍一张，每一张相机之间最终连接起来的效果就是我们看到的摄影机围着屋子慢慢的转，可以看到太阳从屋子背后缓缓升起，这用正常的摄影机是没法做到的，如图 8-37 所示。

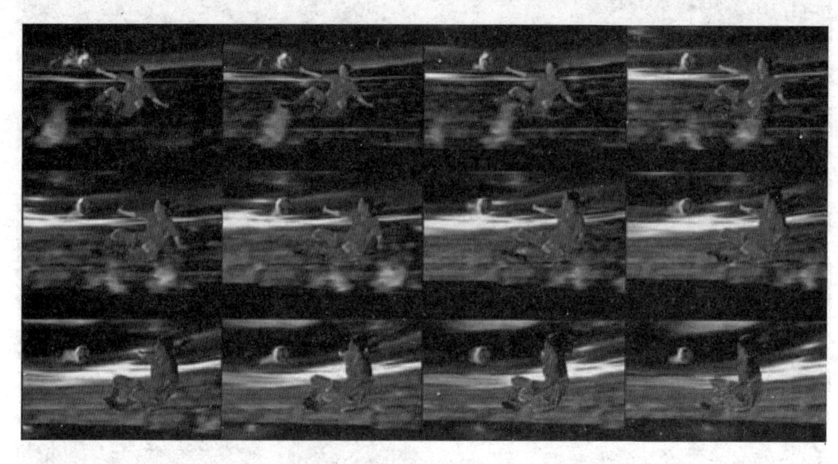

图 8-37　来自 www.ver.cn 的效果

8.4.5 暂停流逝的时间

美好时刻是短暂的，但人们在潜意识里却希望它能够停止。在《Cashback》中，导演 Sean Ellis 将人类的这种希望能留住美好时刻的愿望变成影片的核心要素。

艺术学院学生本（肖恩•比格斯代夫（Sean Biggerstaff）饰）由于失眠，决定到超市去上夜班以打发这额外的 8 小时，如图 8-38 所示。

图 8-38 《Cashback》片段之一

对于收银员莎伦（艾米丽雅•福克斯（Emilia Fox）饰）来说，夜班的时间异常的漫长，以至于她害怕看见钟表，巴里和马特则喜欢恶搞顾客和相互嬉闹，如图 8-39 所示。

图 8-39 《Cashback》片段之二

在这里，本发现了自己有能停止时间的能力。他一次次在上夜班时停止时间，在对于别人来说停止了流逝的时间里，本却能够认真观察超市里美丽的女顾客，并且用自己的画笔去描绘她们优美的身姿。如图 8-40 所示。

图 8-40 《Cashback》片段之三

8.4.6 错乱的时空

波兰导演 Zbigniew Rybczynski 的作品《Tango》（见图 8-41）中，时空仿佛发生了错乱，在一个固定的房间里同时流淌着不同的时光，不同的人们在混乱的时间和固定的房间里演绎着各自忙碌的生活：皮球一次又一次被掷进房间，每个人都穿梭在房间里，来了又去，去了又来，这些人之间好像陌路的行人，又似乎有着冥冥的联系。一间小屋子，人生百态尽显。

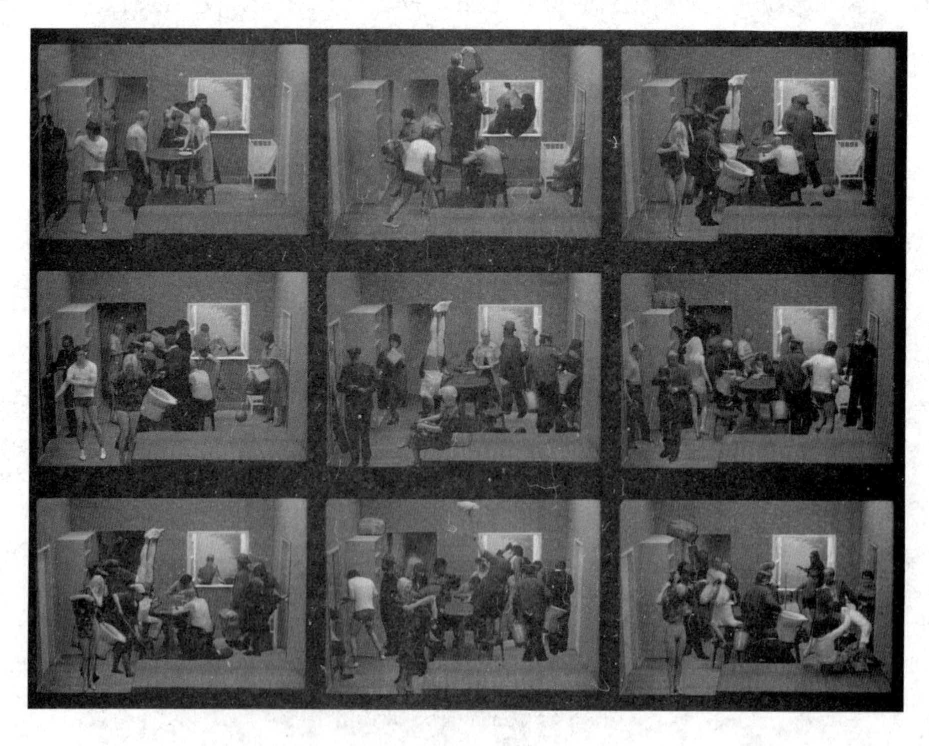

图 8-41 《Tango》

8.4.7 空间的重构

在导演 Spike Jonze 为阿迪达斯鞋创作的广告中，以一个男子在梦中的漫游为主线，配合会自动系鞋带并带有灯光的鞋，展开一场冒险的旅程。

（1）男子首先在卧室的墙上画出一道门，一跃而出的他才跳到马路上身后就来了一辆卡车，他再次跑入一片地面与马路垂直的树林，躲过卡车，如图 8-42 所示。

图 8-42 阿迪达斯鞋广告片段之一

（2）在树林里，他又遇到一头饥饿的熊，他再次跳入一个地面与树林的地面垂直的空间，熊于是无法继续前行，如图 8-43 所示。

图 8-43　阿迪达斯鞋广告片段之二

（3）此时他将脚高高举起，顶到天花板上，继而天地发生了 180° 的翻转，天也变成一条路，男子在上下两条路面之间狭窄的空间里奔跑，并撞上一个消防水阀，如图 8-44 所示。

图 8-44　阿迪达斯鞋广告片段之三

（4）男子最后从自己卧室的墙上走向已然垂直地面的床，再次睡下，如图 8-45 所示。

图 8-45　阿迪达斯鞋广告片段之四

这个短片里，梦中漫游的空间的方向不断发生变化，习常的空间被分解为空间的碎片，并且重新构成一个超现实的存在空间。

第 9 章　后期制作与发布

本章系统地介绍 DV 作品后期非线性编辑制作及特效合成的相关知识、技术和软件，系统地向读者介绍后期制作中各种技术的特点及效果，为读者选择技术提供有益的参考。

9.1　非线性编辑

传统的视频编辑是按照拍摄的顺序进行编辑，录相机通过机械运动使用磁头将 25fps 的视频信号顺序记录在磁带上，在编辑时必须顺序寻找所需要的视频画面。制作时通常用组合编辑的办法将素材按顺序编成新的连续画面，然后再用插入编辑对某一段进行同样长度的替换，但是要去除、缩短或加长中间的某一段是不可能的。用传统的线性编辑方法在插入与原画面时间不等的画面，或删除节目中某些片段时都要重编，而且每编辑一次视频质量都要有所下降。如图 9-1 所示。

早期的电影制作和剪辑过程中，拍摄的电影胶片素材在剪辑时可以按任何顺序将不同素材的胶片粘接在一起，也可以随意改变顺序、剪短或加长其中的某一段。在电视制作的初期也是一种机械式的非线性编辑方法。实际上这就是非线性编辑，“非线性”在这里的含义是指素材的长短和顺序可以不按制作的先后和长短而进行任意编排和剪辑。

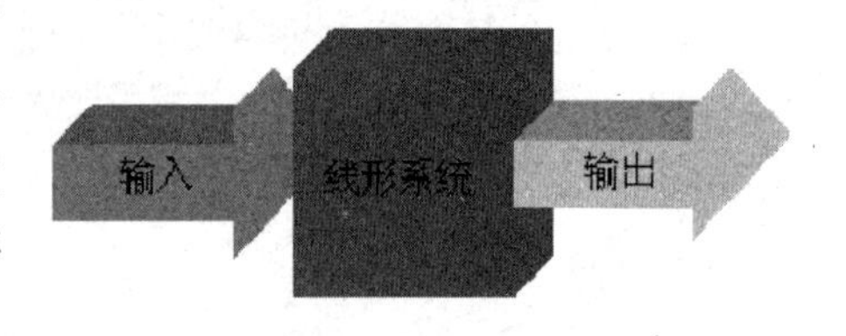

图 9-1　线性编辑系统

非线性编辑系统是把输入的各种视音频信号进行 A/D（模/数）转换，采用数字压缩技术存入计算机硬盘中。非线性编辑没有采用磁带，而是用硬盘作为存储介质，记录数字化的视音频信号。由于硬盘可以满足在 1/25s 内任意一帧画面的随机读取和存储，从而实现视音频编辑的非线性。如图 9-2 所示。

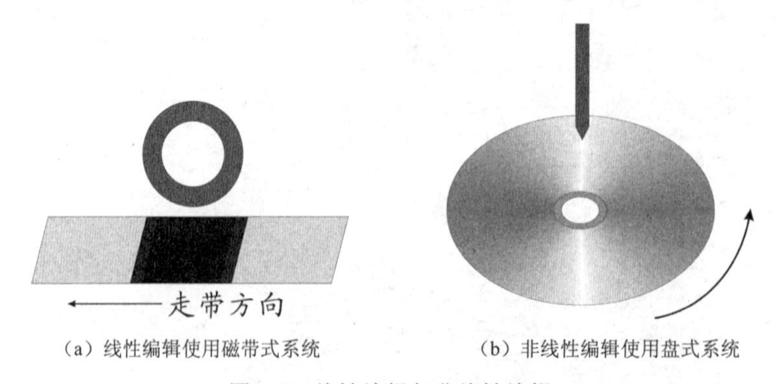

（a）线性编辑使用磁带式系统　　（b）非线性编辑使用盘式系统

图 9-2　线性编辑与非线性编辑

非线性编辑系统将传统的电视节目后期制作系统中的切换机、数字特技、录像机、录音机、编辑机、调音台、字幕机和图形创作系统等设备集成于一台计算机内，用计算机来处理、编辑图像和声音，再将编辑好的视音频信号输出，通过录像机录制在磁带上。能够编辑数字视频数据的软件也称为非线性编辑软件，如 Premiere、Final Cut Pro 等。

非线性编辑作为视频节目的一种革命性的编辑方式，由于它能实现对原素材任意部分的随机存取、修改和处理，开创了原来磁带编辑系统所没有的新天地，具有突出的优点，因此受到了人们的重视。近年来，非线性编辑系统已经有了很大的发展，得到了广泛的应用。

9.1.1　电子化非线性编辑的发展

1. 基于录像带的电子非线性编辑系统

这种系统采用多台磁带录像机来实现非线性编辑。一个这样的系统将配置多台放像机，在每台放像机中都有一样的素材拷贝。编辑人员可以在第一台放像机中设定第一个镜头的入点、出点，在第二台放像机中设定第二个镜头的入点、出点，依此类推。当编辑人员在各台放像机中确定了各自的镜头后，就可以让这些放像机按照各自的镜头入、出点开始重放，那么这些镜头就可以完整地进行观看，它的重放顺序实际上就是一个编辑清单，即编辑决定表（Edit Decision List，EDL）。

虽然这类系统是非线性的，但在素材的选择上还不能做到随机存取。因为它是以磁带录像机为基础的，查找素材仍然要按顺序进行。

2. 基于激光视盘的电子非线性编辑系统

激光视盘存储技术诞生后，又产生了一种系统：基于光盘的电子非线性编辑系统。它提供了基于录像带的电子非线性编辑系统所不具有的素材随机存取功能。素材预录在激光视盘上，由于激光视盘的结构设计可以使激光拾取头很快地从一个区域跳到另一个区域，因此编辑人员几乎可以在瞬间找到任意一个镜头，选取时检索速度高，而且可以用双拾取头光盘机或多台光盘机同时工作。但因为当时激光视盘记录的是模拟信号，在复制转录时质量会变劣，不便于引入多层特技效果，因此基于激光视盘的电子非线性编辑系统多用于脱机编辑。

3. 基于硬盘的数字化非线性编辑系统

基于硬盘的数字化非线性编辑系统出现于 1988 年，早期应用于电视节目的后期制作，并且在 1989—1993 年间获得了长足发展。数字非线性编辑系统通过音、视频信号的数字化，使得利用计算机平台进行后期编辑成为现实。

数字非线性编辑系统在编辑过程中以计算机取代磁带录像、录音设备，而将输入的模拟形式或数字形式的图像及声音信号转换为计算机数据，以文件的形式存储于大容量硬盘中，未来保证编辑过程数据读取与存储的速度，通常使用磁盘阵列系统来存储视频数据。以计算机为工作平台，通过相应的软件功能对所存的素材随机进行调用、浏览、挑选、处理和组合。编辑结果可以随时演示并即时修改，在编辑过程中还可同时完成对信号亮度和色度的调整及字幕的生成、加入各种镜头转换特技（包括复杂特技）以及完成某些特殊处理。这些主要都是依靠各种软件和计算机硬件扩展来完成，不再需要其他常规电视制作所需的专用设备，从而形成了一种全新的数字式的非线性后期编辑方式。它集电影胶片剪辑方式的灵活和电视的电子编辑方式的快速方便这两者的优势于一体，为影视节目制作者提供了前所未有的、简便高效的后期制作工具。

4．非线性为影像创作带来的全新空间

Mitch Staten导演的《Time Sculpture》（见图9-3）中，一群青年男女们的各种动作被记录下来，然后剪辑成为正向播放及逆向播放交替的片段。纸片被抛出去之后又回到表演者手中，男青年跳到椅子上快倒的时候又往后面摆回去……仿佛来回不停的做着各种动作，而实际上则是在整个运动线性进行的过程中，其中的小片段被制作成为倒放效果后与原始片段剪辑在一起，体现了非线性属性为影像创作带来的全新空间。

图 9-3　Mitch Staten 导演的《Time Sculpture》

9.1.2　数字化非线性编辑的特点

1. 视频信息数字化

将视频信号作为数字信号进行处理，在存储、复制和传输过程中不易受干扰，不容易产生失真，存储的视音频信号能高质量地长期保存和多次重放，在多带复制性上效果更加明显，编辑多少版都不会引起图像质量下降，从而克服了传统模拟编辑系统的致命弱点。

数字技术保证了高质量的图像，数字系统可以方便地对图像的亮度、色调和饱和度等参数进行调整。在加工处理时，可以方便地改变图像的艺术效果。通过对数字视频进行精确的算法处理可以实现丰富多彩的特技效果。视频信号数字化后为计算机的处理能力的发挥提供了广阔空间，可以制作多层特技画面以及二维、三维特技效果，真实场景与虚拟场景的完美结合可以创造出许多以前无法想象的特技效果。

2. 素材随机存取

在非线性编辑系统中素材的存取是随机的，这个特点来源于硬盘的盘式系统存储方式的特点。非线性编辑的存储媒介以盘式系统进行存储，硬盘的表面用一个个同心圆划分成磁道，数据是记录在磁道上，用编码的方式写入，使磁层磁化，不同的磁化状态表示 1 和 0。视音频素材是一个个以文件的形式记录在硬盘或光盘上的数据块，每组数据块都有相应的地址码，查看素材就是通过硬盘或光盘上的磁头来快速地访问这些数据块，硬盘的磁头取代了录像机的磁头来完成素材的选取工作。记录在硬盘上的视频素材可以以文件方式方便地随机调用，省去了磁带录像机线性编辑搜索编辑点的卷带时间，不仅大大加快了编辑速度，提高了编辑效率，而且编辑精度可以精确到 0 帧。

3．编辑方式非线性

非线性编辑将素材中所要画面的镜头挑选出来，得到一个编辑次序表，获取素材的数字编辑档案。各个镜头的组接表实质上就是一个素材的读取地址表，只要没有最后生成影片输出或存储，对这些素材在时间轴上的摆放位置和时间长度的修改都是非常随意的。

在非线性编辑中，发现错误可以恢复到若干个操作步骤之前，有利于反复编辑和修改。在任意编辑点插入一段素材，入点以后的素材可被向后推；删除一段素材，出点以后的素材可向前补。整段内容的插入、移动都非常方便，这样编辑效率大大提高。

在非线性编辑中，由于声音信号在此也成为数据，因此也可以在同一工作平台中进行声音方面的后期制作，能完成许多传统录音机无法胜任的特殊处理，如声音可不变音调改变音长（即声音频率不变，延长或缩短时间节奏），利用声音波形进行编辑等。另外，图像与声音的同步对位也很准确方便，有利于对画面和声音特别需要同步的影视节目的后期编辑。

4．合成制作集成化

非线性编辑系统集传统的编辑录放机、切换台、特技机、电视图文创作系统、二维/三维动画制作系统、调音台、MIDI 音乐创作系统、多轨录音机、编辑控制器和时基校正器等设备于一身。一套非线性编辑系统加上一台录像机几乎涵盖了所有的电视后期制作设备，操作方便，性能均衡。硬件结构的简化，实际上就降低了整个系统的投资成本和运行成本。

5．节目制作网络化

非线性编辑系统可以多机联网。通过联网，可以使非线性编辑系统由单台集中操作的模式变为分散、同时工作，实现了节目制播一条龙的工作模式。在数字化系统中可以将众多的非线性系统连接起来，构成同其他网络共享资源的系统，使电视台内、电视台之间的节目交流更加快捷。在网络化的非线性编辑系统中，不同的工作站可以同时工作在一个电视节目的不同部分，分工协作，这样可以更快、更经济的同时更具创造性地制作电视节目。

9.1.3 影片编辑的主要方式

不同节目的制作在声音和图像的处理上要用到不同的编辑方法。

1．联机方式（Online Editing）

联机方式指的是在同一个计算机上进行从对素材的粗糙编辑到生成最后影片所需要的所有工作。一般来说就是对硬盘上的素材进行直接的编辑。以前联机工作方式主要运用于那些需要高质量画面和高质量数字信息处理的广播视频中。它需要拥有贵重的工作设备，编辑者常常付不起这种费用。而如今计算机的处理速度越来越快，联机编辑的方式已经适用于编辑很多要求各异的影片了。拥有高级计算机终端的用户可以使用联机方式进行广播电视或动画片的制作。值得注意的是，使用这种方法编辑数字化文件时，所有的编辑都要保证计算机正常运行，才能实现真正的联机。

2．脱机方式（Offline Editing）

在脱机方式编辑中所使用的都是原始影片的副本，最后使用高级的终端设备输出它们最终制成的节目。脱机方式主要是为了用低价格的设备制作影片。这种方式简单的就像用录像机播放影片时随时可写入编辑点一样，所以是采用的重要方式，而主要需要使用的是个人计算机和非线性编辑的软件。一旦完成了脱机编辑，就创建了一系列的 EDL，EDL 就是上面提到的编辑点记录表，然后把 EDL 移入一个有高级终端的编辑器中。该编辑器将编辑过的影片按照 EDL 对编辑过程的描述，将再次处理节目成高质量的影片。这实际上就是用高级的终端设备生产最后的产品。在时间线视窗中使用脱机编辑时，仅需要看到素材的第一帧和最后一帧的缩图就够了，缩图包括素材的一部分帧画面。之所以如此，是脱机编辑强调的只是编辑速度而不是影片画面质量，影片的画面质量和原始的素材质量有关，与最后的高级终端编辑器有关。

注意：要生成正确的 EDL，必须确定所有捕获的素材使用和高端（计算机输出设备）的时间代码相一致的时间代码。产生最后的影片节目后，还可以使用高级设置将节目进行再次数字化，从而得到更佳的质量。

3．替代编辑和联合编辑

替代编辑是在原有的胶片节目上改变其中的内容，即将新编好的内容换掉原来的内容。联合编辑是将视频的画面和音频的声音对应进行组接，即合成音频视频。它们是编辑时最为常用的方式。

注意：采用哪种编辑取决于编辑设备的质量与软硬件的兼容性。另外，捕获视频和音频时所进行的捕获设置同用户所采用的编辑形式有很大关系。

9.2　数字视频的制式

目前世界上现行的彩色电视制式有三种：NTSC 制、PAL 制和 SECAM 制。这里不包括高清晰度彩色电视 HDTV（High-Definition Television）。数字彩色电视是从模拟彩色电视基础上发展而来的，因此在数字视频中也存在这样的区分。

9.2.1　NTSC

NTSC 彩色电视制是 1952 年美国国家电视标准委员会定义的彩色电视广播标准，称为正交平衡调幅制。美国、加拿大等大部分西半球国家，以及中国的台湾、日本、韩国和菲律宾等采用这种制式。

NTSC 彩色电视制的主要特性是：

（1）525 行/帧，30fps。

（2）高宽比：电视画面的长宽比（电视为 4∶3，电影为 3∶2，高清晰度电视为 16∶9）。

（3）隔行扫描，一帧分成两场，262.5 线/场。

（4）在每场的开始部分保留 20 扫描线作为控制信息，因此只有 485 条线的可视数据。

Laserdisc 约～420 线，S-VHS 约～320 线。

（5）每行 63.5μs，水平回扫时间 10μs（包含 5μs 的水平同步脉冲），所以显示时间是 53.5μs。

（6）颜色模型：YIQ。

9.2.2 PAL

PAL 制彩色电视广播标准称为逐行倒相正交平衡调幅制。德国、英国等一些西欧国家，以及中国、朝鲜等国家采用这种制式。

PAL 电视制的主要扫描特性是：

（1）625 行/帧，25fps。

（2）高宽比（Aspect Ratio）：4∶3。

（3）隔行扫描，2 场/帧，312.5 行/场。

（4）颜色模型：YUV。

法国制定了 SECAM 彩色电视广播标准，称为顺序传送彩色与存储制。法国、苏联及东欧国家采用这种制式。世界上约有 65 个地区和国家试验这种制式。

9.3 数字视频非线性编辑的特点

9.3.1 视频非线性编辑的一些基本概念

1．Clip（剪辑）

一部电影的原始素材。它可以是一段电影、一幅静止图像或者一个声音文件。

2．Frame（帧）

电视、影像和数字电影中的基本信息单元。在北美，标准剪辑以每秒 30 帧（frames per second，fps）的速度播放。

3．Time Base（时基）

在北美，时基等于 30fps，因此一个一秒长的剪辑就包括 30 帧。

4．Hours：Minutes：Seconds：Frames（时：分：秒：帧）

以 Hours：Minutes：Seconds：Frames 来描述剪辑持续时间的 SMPTE（Society of Motion Picture and Television Engineers，电影与电视工程师协会）时间代码标准。若时基设定为每秒 30 帧，则持续时间为 00 ：06 ：51 ：15 的剪辑表示它将播放 6 分 51.5 秒。

5．QuickTime

Apple 公司开发的一种系统软件扩展，可在 Macintosh 和 Windows 应用程序中综合声音、影像以及动画。QuickTime 电影是一种在个人计算机上播放的数字化电影。

6．Microsoft Video for Windows

Microsoft 公司开发的一种影像格式，可在 Windows 应用程序中综合声音、影像以及动画。AVI 电影是一种在个人计算机上播放的数字化电影。

7．Capture（获取）

将模拟原始素材（影像或声音）数字化并录入计算机的过程。影像和声音可实时获取（电影以正常速度播放）或非实时获取（电影以慢速播放）。

9.3.2　数字视频的格式转换与存储

1．通过视频采集卡获取模拟视频

通过视频采集卡可以接收来自视频输入端的模拟视频信号，对模拟摄像机、录像机、LD 视盘机、电视机输出的视频信号等输出的视频信号进行采集、量化成数字信号，然后压缩编码成数字视频序列。大多数视频采集卡都具备硬件压缩的功能，在采集视频信号时首先在卡上对视频信号进行压缩，并转换成计算机可辨别的数字，然后才通过 PCI 接口把压缩的视频数据传送到主机上，成为可编辑处理的视频数据文件。

在计算机上通过视频采集卡可以接收来自视频输入端的模拟视频信号，对该信号进行采集、量化成数字信号，然后压缩编码成数字视频。大多数视频卡都具备硬件压缩的功能，在采集视频信号时首先在卡上对视频信号进行压缩，然后再通过 PCI 接口把压缩的视频数据传送到主机上。低端的视频采集卡多数可以直接压缩输出 VCD 格式的 Mpeg-1 视频文件，而高端的视频采集卡多数可以直接压缩输出 DVD 格式的 Mpeg-2 文件。

2．使用数模转换器将模拟视频数字化

使用视频数模转换器如 DV Bridge 等可以将摄像机、电视、录像机、VCD 和 DVD 等设备输出的模拟视频影像转换成高品质的 DV 数据，从而可以进行数字化的编辑，甚至可以和从 DV 摄像机获取的 DV 视频数据进行混合编辑。

3．数码摄像机DV数据的获取

通过 1394 接口卡可以把 DV 格式的数据从 DV 录像带上传输到计算机的硬盘里。1394 卡的全称是 IEEE 1394 Interface Card，SONY 等视频设备厂商称它为 Ilink，而创造了这一接口技术的 APPLE 称为 Firewire（火线）。IEEE 1394 是一种外部串行总线标准，目前 IEEE 1394a 标准的数据传输率分为 100Mbps、200Mbps 和 400Mbps 三档；IEEE 1394b 标准的数据传输率为 800Mbps、1Gbps 和 1.6Gbps，并有希望在将来达到 3.2Gbps。1394 卡跟 USB 一样只是数据接口，而不是视频采集卡。

4．计算机显示器信息的视频化：TV Coder

TV Coder 可以把显示器上显示的内容，包括文字、图像、动画和视像等实时转换成视

频信号输出，如图 9-4 所示。因此，它可以用来把显示器的内容实时放大到大屏幕电视机上，这对于多媒体演示和多媒体教育培训有很大帮助。同时，也可以把多媒体演示的内容记录到磁带上。用这种方式也可以把显示的数字视频文件转换成模拟视频信号输出。但是由于受视频制式的限制，对于高质量的静态图像，这种转换的效果肯定没有原计算机上显示的效果好。

图 9-4　TV Coder

9.4　视频后期编辑

9.4.1　常用视频非线性编辑软件

1．PC上的数字视频编辑

Premiere Pro 是 PC 上专业的非线性编辑软件，此外还可以使用微软公司的 Windows Movie Maker、友立公司的会声会影以及品尼高公司的 Pinnacle Studio 8 和 Pinnacle Edition 4.5 等相对简单的软件进行视频编辑。

2．Mac上的数字视频编辑

Final Cut Pro 是 Mac 平台上优秀的非线性编辑软件，具有 XML 功能，是专业电影制作和广播节目剪辑的标准，提供专业的剪辑、合成、特效和音频处理工具，使用户在按期完成后期制作的同时，创造出具有震撼力的视觉效果。此外，在苹果平台上还可以使用 iMovie 软件对视频进行简单的编辑。

3．跨平台软件

Premiere Pro、Avid Xpress Pro 等许多专业型视频编辑软件都同时有两种系统的版本，可以在 PC 和 Mac 上运行，它们提供了专业的非线性编辑功能。

具有革命意义的 Avid Mojo DNA（数字非线性加速器）和 Avid Xpress Pro 软件组合在一起，就能使计算机成为一个真正的实时的编辑工作室，带有 DV、复合模拟和 S 端子的输入输出功能。

9.4.2　数字视频编辑的第一步：采集

对于非线性编辑来说，视频采集就是将视频数据从摄像机传输到计算机里，而根据摄像机类型的不同，所需的视频采集设备及方法会有所不同。目前家用型的摄像机多数是硬盘摄像机或存储卡摄像机，专业型的摄像机中稍早的型号有的仍然使用专用录像带，较新的型号则多采用存储卡或硬盘进行记录。此外，在一些特殊的内容表现中，需要在电视画面上呈现计算机屏幕上的活动，接下来就这些方面逐一进行介绍。

1. 从录像带采集

1）采集之前的设置

在进行采集之前，首先需要在软件里设置采集的格式及所采集数据的存储位置，尤其存储位置一定要选择有足够空间及速度的磁盘。在高清数据的采集中，由于数据量巨大，普通磁盘的空间和速度往往跟不上，此时建议采用磁盘阵列，如图 9-5 所示。

（a）设置之一

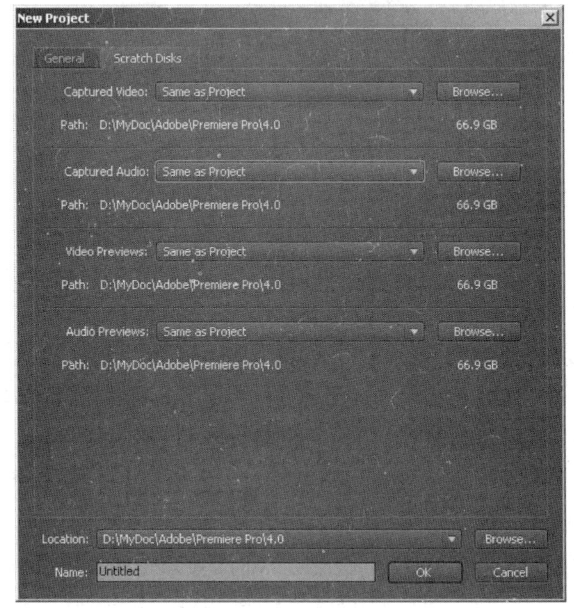

（b）设置之二

图 9-5　软件 Premiere Pro 里视频采集之前的设置

2）采集数字格式的录像带

对于数字格式的录像带来说，将磁带上的内容传输到计算机上需要的是 1394 接口卡及接口线（即火线），这个过程对磁带上的影像内容而言相当于是进行了一次复制，将其复制到计算机硬盘上面。

3）从高清摄像机直接进行实时采集

目前的高清摄像机及一些有高清功能的单反相机均有高清接口 HDMI，如图 9-6 所示。而一些摄像机同时还有火线接口，如果将摄像机设置为拍摄模式后使用火线或 HDMI 线与计算机连接，在软件里使用实时录制功能进行录制，这样就可以允许在不经过摄像机存储设备的情况下将看到的影像直接录制到计算机里。

图 9-6 高清接口 HDMI

关于 1394 火线接口，详见本书 3.1.1 节。

4）模拟格式的录像带或模拟电视信号等

在数字设备流行的今天，模拟的视频内容越来越少，但是有时候我们还是会遇到这样的需求，比如要从资料库里面保存多年的模拟录像带上面采集影像，这种影像内容虽然在画质方面可能已经变的很粗糙，但是作为历史影像资料确是不可替代的。对于这类模拟视频内容的采集来说，至少需要能够播放它们的设备，例如当初拍摄它们用的摄像机或者相应规格的录像机，以及目前仍然常见的模拟视频信号线，以输出供采集用的模拟视频信号。另外，还需要能够进行模拟视频采集的采集卡，目前这类采集卡基本上也都支持高清接口 HDMI，如图 9-7 所示。

图 9-7 采集卡上面的视频接口依次为 S 端子、复合端子、高清接口

目前能够连接模拟视频设备的信号线主要有 S 端子和复合端子两种。S 端子也就是 Separate Video，如图 9-8 所示。它是在 AV 接口的基础上将色度信号 C 和亮度信号 Y 进行分离，再分别以不同的通道进行传输，减少影像传输过程中的“分离”、“合成”的过程，减少转化过程中的损失，以得到最佳的显示效果。但 S-Video 仍要将两路色差信号混合为一路色度信号 C 进行传输，然后再在显示设备内解码进行处理，这样多少仍会带来一定信号损失而产生失真（这种失真很小），而且由于混合导致色度信号的带宽也有一定的限制。S-Video 虽不是最好的，但考虑到目前的市场状况和综合成本等其他因素，它还是应用最普遍的视频接口。S 端子采用 4 针 MiniDIN 方式，分别传送亮度与色度信号，每路包括一个信号通道和一个地线屏蔽通道。由于传输带宽限制，它最适合的分辨率是 480I 和 576I，

分别对应隔行方式传输的 720×480（NTSC 制式）或 720×576（PAL 制式）的画面。

将亮度信号、彩色信号和同步信号合成一个信号就被称为复合信号。形成复合信号的处理过程被称为编码，彩色信号和亮度信号经过编码，很难再完全分开而又没有损失，结果会造成色串亮和亮串色。可以说影响复合视频 AV 端子输出质量的前提就在于信号编码的部分。

复合视频 AV 端子采用一路同轴端子，通常标记为黄色。它通常还伴随着 L/R 左右声道的声音信号，分别标记为白色及红色的两个同轴端子，因此一般将其称为 AV 端子，如图 9-9 所示。

图 9-8　S 端子视频线

图 9-9　复合视频接口线

复合视频格式是折中解决长距离传输的方式，色度和亮度共享 4.2MHz(NTSC)或 5.0～5.5MHz(PAL)的频率带宽。其没有实际意义上的分辨率，是采用制式形式来描述其场扫描方式。由于单线传输模拟信号，带宽很低，容易受到信号干扰。但由于便于长距离传输，故被广泛运用。

5）执行采集

在 Premiere 里执行 File→Capture 命令即可打开视频采集窗口，如图 9-10 所示，开始采集。

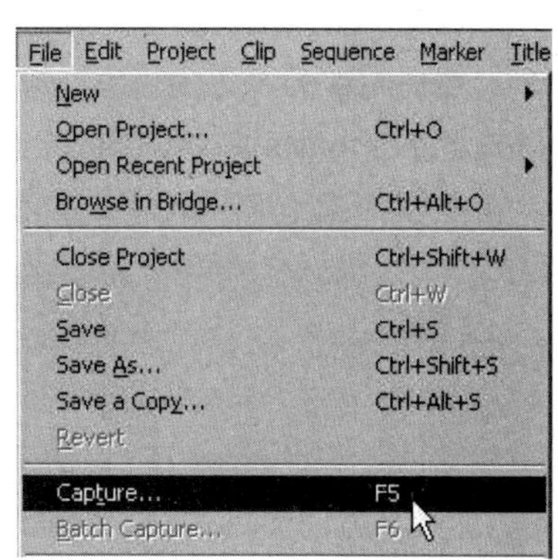

图 9-10　执行 File→Capture 命令

2．从硬盘或存储卡获取

对于采用硬盘或存储卡作为记录介质的摄像机，可以直接使用 USB 线连接计算机和摄像机，这时摄像机会被识别为计算机的一个移动存储器，进入该存储器，浏览并找到需要文件，将其复制到视频编辑的工作目录，然后在视频编辑软件里导入该文件即可进行编辑。

3．屏幕动作采集为高清视频

使用硬件设备 TV Coder 可以把计算机显示器上显示的所有内容转换为模拟视频信号并输出到电视机或录像机上，但是它的分辨率比较低，对于标清节目来说一般够用，但是对于高清节目来说分辨率就太低了。对于需要在高清节目中使用屏幕画面录像的情形，可以使用专门的屏幕捕捉软件，如 Camtasia Studio。使用该软件可以在高清显示器里面把屏幕动作录制为高清视频，当然使用这个软件进行录制的时候由于是纯粹的软件录制，对系统的消耗比较高，要使高清显示模式下的屏幕能够比较流畅地录制，需要计算机具有较高的配置，否则在录制的过程中会发生丢帧的现象，导致画面不流畅。

在录制时，首先需要打开 Camtasia Studio 的 Tods Options 菜单，对视频录制的帧频进行设置，使之与正在编辑的项目格式一致，同时为了保证录制流畅，还可以设置显卡硬件加速，如图 9-11 所示。

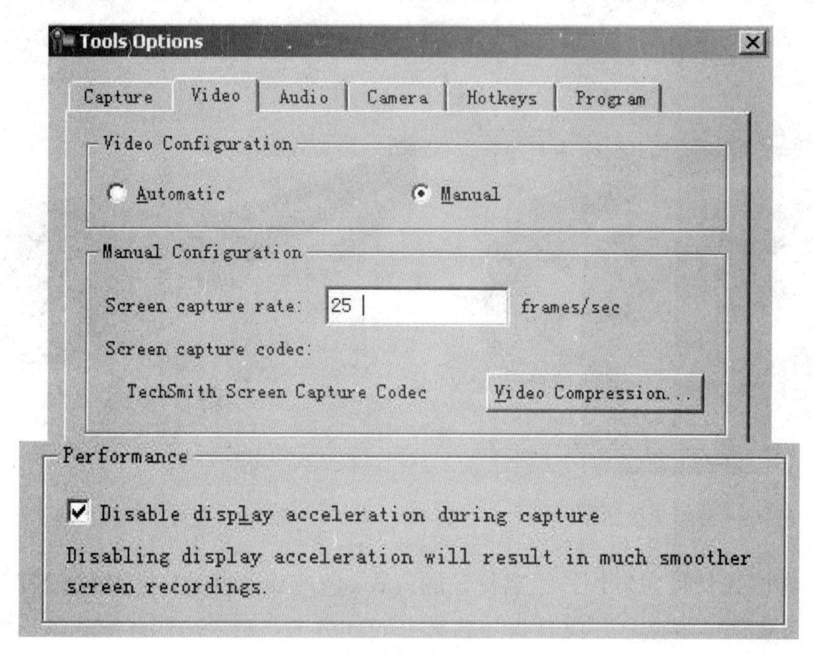

图 9-11　设置帧频及显卡硬件加速

然后需要设置视频的压缩编码。为了保证后期制作的画面质量，建议设置为不压缩的格式 Full Frames（Uncompressed），如图 9-12 所示。这样虽然尺寸较大，但是由于计算机屏幕上往往细节较多，因此画面不压缩的格式能够保证细节的呈现。

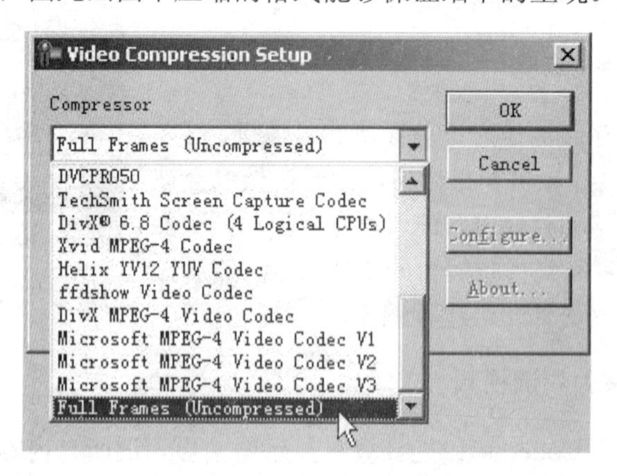

图 9-12　设置视频的压缩编码

由于高清模式下录制不压缩的格式会占用较多存储空间，因此需要将拥有较充足空间及速度较快的磁盘设置为录制视频的存放目录，如图 9-13 所示。之后在 Camtasia Studio 的工具条上将录制区域设置为 Full Screen，然后单击红色的录制按钮开始录制，如图 9-14 所示。

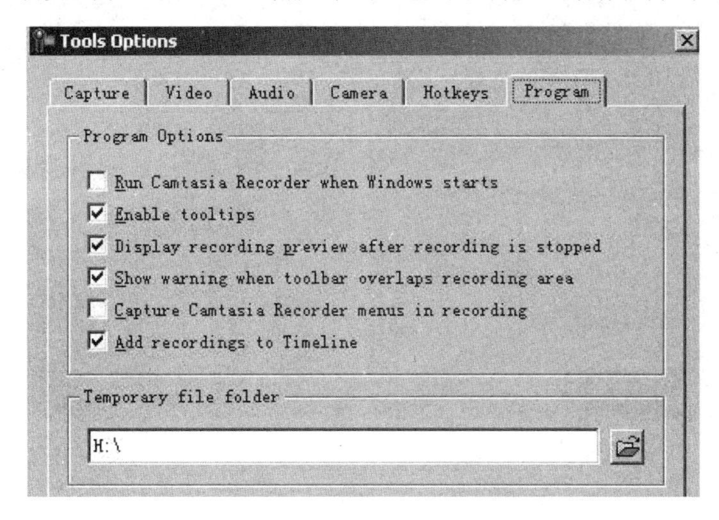

图 9-13　设置录制视频存放目录

图 9-14　Camtasia Studio 工具条，录制高清视频的设置按钮及开始录制按钮

9.4.3　视频非线性编辑

1．素材管理

1）导入素材

在项目窗口中双击或右击执行右键菜单 import，然后在弹出的窗口中浏览并且找到需要剪裁的素材，将其置于素材源监视器窗口中。或者将需要剪裁的素材用鼠标左键直接从项目窗口拖曳到素材监视器窗口中释放。之后即可在素材监视器窗口看到素材的缩略图，如图 9-15 所示。

2）浏览及设置素材的入点、出点

单击素材源监视器窗口中的“播放/停止切换”按钮浏览素材，或者拖动素材源监视器窗口时间标尺中的时间线编辑滑块快速浏览素材。

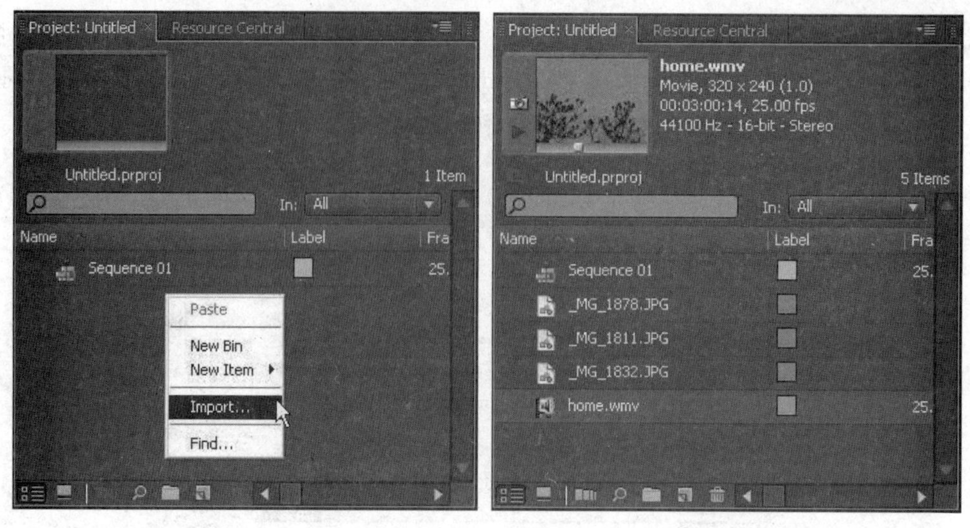

（a）窗口之一　　（b）窗口之二

图 9-15　导入素材到项目窗口

浏览素材，找到需要的起始位置（也就是入点），单击“播放/停止切换”按钮，素材源监视器显示当前素材入点的画面，单击“设置入点”（{ ）按钮（或按 Caps Lock+I 组合键），给素材设置入点，并在时间标尺中显示入点标记“{ ”；继续播放素材（或直接在时间标尺中向右拖动时间滑块），看到需要的素材片段结束（出点）位置时单击“播放/停止切换”按钮，素材源监视器显示当前素材出点的画面，单击“设置出点”（ }）按钮（或按 Caps Lock+O 组合键），给素材设置出点，并在时间标尺中显示出点标记“ }”，同时在入、出点之间显示为深色，表示该素材被选用的片段。在素材源监视器窗口右下方显示素材片段的长度（时间码）。如图 9-16 所示。

（a）设置入点

（b）设置出点

图 9-16　设置素材新的入点、出点

单击素材源窗口下方的“播放入点到出点”({ }）按钮，在素材源窗口中可以预览被选用的素材片段内容。

如果素材片段的入点、出点设置不理想，还可以进一步修正素材的入点、出点。单击素材源窗口下方的“跳转到入点”({）按钮（或按 Caps Lock+Q 组合键）或“跳转到出点”(}）按钮（或按 Caps Lock+W 组合键），也可以将时间滑块拖到入点或出点附近，一边多次单击“步进”或“步退”按钮，逐帧改变素材入点或出点的位置，一边观看画面，直至满意为止，再按“设置入点”({）按钮或“设置出点”(}）按钮，确定素材新的入点或出点。

2. 改变已剪辑过素材的出点入点

使用滑动工具（Slip Tool）（快捷键 Y）拖动时间线上已经剪辑过的素材片段，可以改变其出点入点，但不改变它在轨道中的位置和长度，相当于重新定义出点入点。

3. 开始一个新的剪辑

双击素材源监视器窗口中的 Squence 01 图标，如图 9-17 所示，即可打开一个新的时间线，之后就可以将素材拖动到时间线上进行编辑。

4. 在时间线上移动及控制素材长度

可以使用选择工具（Selection Tool）（快捷键 V）在时间线上移动素材，如图 9-18 所示。

如果将工具图标放在素材的起始端或末端的话，工具图标会变成红色方括号，拖动即可直接设置素材在时间线上实际使用时的开始及结束区域，从而控制素材的长度，如图 9-19

所示。

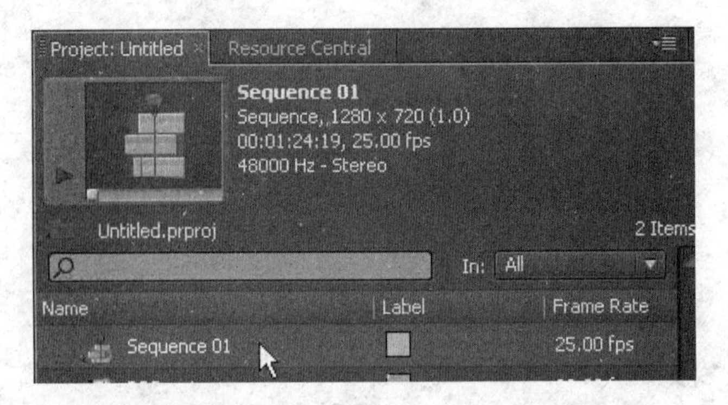

图 9-17　双击素材源监视器窗口中的 Squence 01 图标

图 9-18　移动素材

图 9-19　控制素材的长度

选择工具配合 Shift 键可以不连续选择时间线上的多目标或取消选择。

5. 直接将某素材移动到另一素材中间位置

选择工具配合 Ctrl 键可以拖曳素材到时间线上的插入点，松开后素材就能直接插入到所需位置。这个操作能够快速地将素材插入到时间线上其他素材中间，如图 9-20 所示。

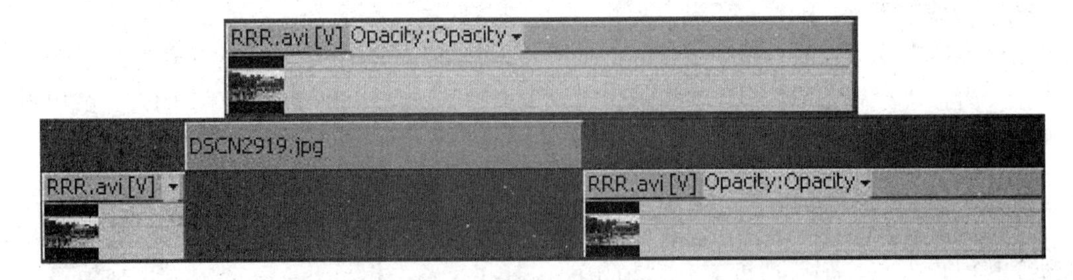

图 9-20　直接将某素材移动到另一素材中间位置

6. 轨道选择

可以使用轨道选择工具（Track Select Tool）（快捷键 M）选择目标右侧同轨道的素材，整体移动素材比框选更方便。

配合 Shift 键可以选择目标右侧所有轨道的素材。

7. 把时间线上某段素材切开

使用剃刀工具（Razor Tool）（快捷键 C）可以把时间线上某素材在指定的位置单击，切开成为两个片段。这个工具配合 Shift 键使用的话将时间线上当前位置的所有轨道上的素材都切开。

8．重新设置相邻两段素材之间的剪开位置

使用滚动编辑工具（Rolling Edit Tool）（快捷键 N）可以重新设置相邻素材之间的剪开位置，也可以控制相邻两个素材的长度，但它们的总长度不变。适合精细调整剪切点，使用时工具光标在两段素材交接处拖动，如图 9-21 所示。

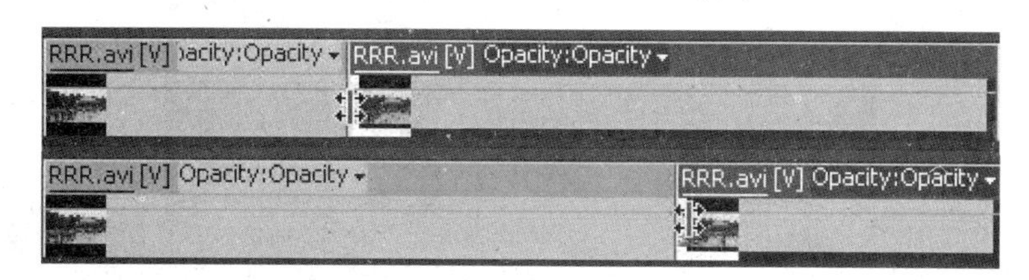

图 9-21　滚动编辑工具效果

9．改变目标前后素材的长度

使用幻灯片工具（Slide Tool）（快捷键 U）可以改变的是目标前后素材的长度，同时目标及其前后共三个素材的总时间长度不变。使用时工具光标放在时间线上需要调整的素材上拖动即可，如图 9-22 所示。

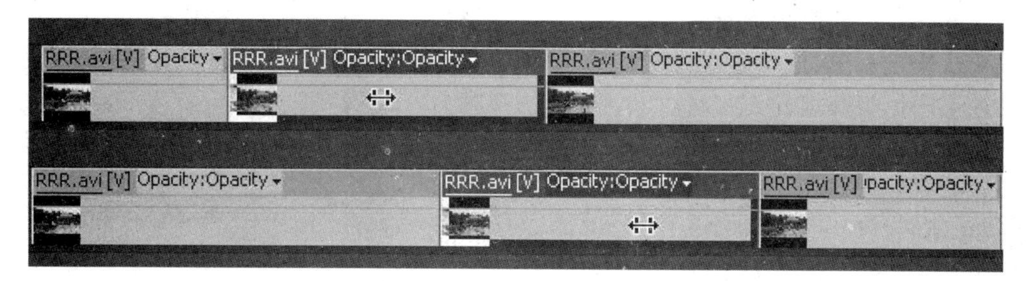

图 9-22　幻灯片工具效果

10．在已剪辑好的时间线上改变某个素材的长度

要在已剪辑好的时间线上改变某个素材的长度，如果要用移动工具实现这个操作的话，就得先把其他素材一个个移开，腾出位置来，比较麻烦，用波纹编辑工具（Ripple Edit Tool）的话，在改变素材长度后旁边的素材会自动移动以适应时间线的变化。

使用本工具时将工具光标放在时间线上需调整素材的一端，然后拖动即可，如图 9-23 所示。

图 9-23　波纹编辑工具效果

11．使素材播放速度变慢或变快

使用速率扩展工具（Rate Stretch Tool）（快捷键X）可以任意改变素材的播放速率，并且这种速率的变化直接体现在素材长度的改变上，直接拖曳素材两端改变其长度，之后素材的速率就相应的改变。

使用本工具时将工具光标放在时间线上需调整素材的一端，然后拖动即可，如图9-24所示。

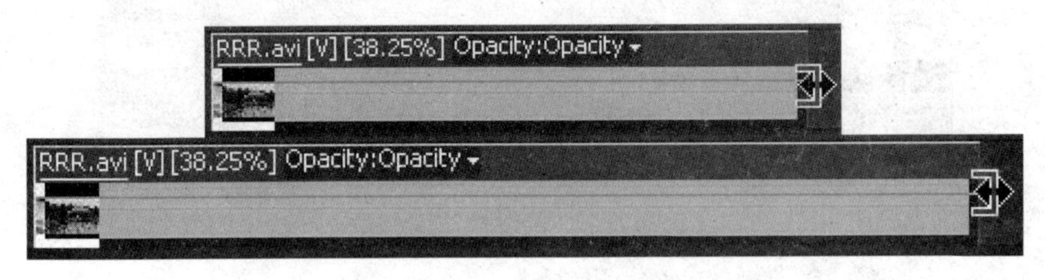

图9-24 速率扩展工具效果

9.4.4 Premiere视频特效

Premiere里的视频特效主要是对画面进行视觉效果处理，使用时选择需要的效果，然后用鼠标按住效果图标将其拖动到时间线上要调整的视频片段上，之后执行Window→Effect Controls命令，如图9-25所示，即可打开特效参数控制面板，如图9-26所示。可以在这个面板中对视频特效的相关参数进行设置，并且可以在输出窗口看到效果。

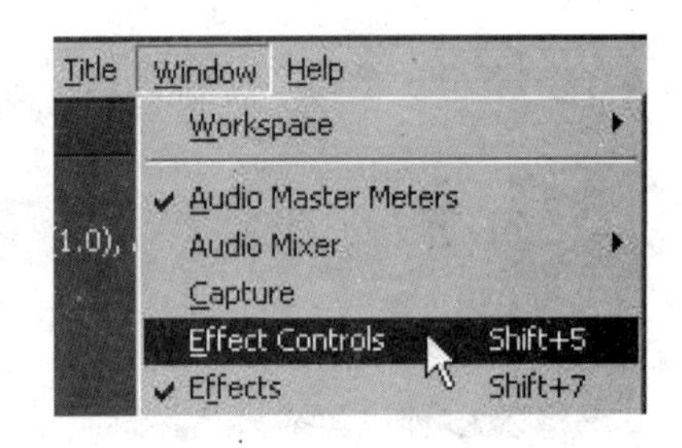

图9-25 执行Window→Effect Controls命令

1．Adjust（调整）

① Brightness&ContrastSetting（亮度和对比度）。

② ChannelMixer（通道混合）。

③ ConvolutionKernel（卷积积分，用来调整亮度的特效）。

④ Extract（提取）。

⑤ Levels（灰度级）。

⑥ Posterize（色调分离）。

⑦ ProcAmp（ProcessingAmplifier视频调节特效）。

2．Blur&Sharpen(虚化/模糊和锐化)

① Anti-alias（抗锯齿）。

② CameraBlur（镜头模糊）。

③ ChannelBlur（通道模糊）。

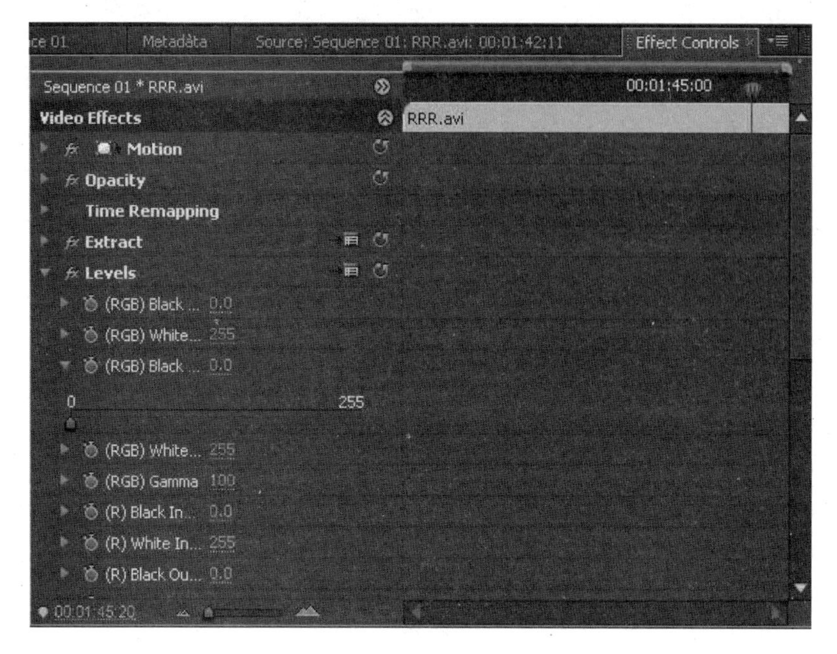

图 9-26　特效参数控制面板

④ DirectionalBlur（方向模糊）。
⑤ FastBlur（快速模糊）。
⑥ GaussianBlur（高斯模糊）。
⑦ Ghosting（幻影）。
⑧ RadialBlur（射线模糊）。
⑨ Sharpen（锐化）。
⑩ SharpenEdges（锐化边缘）。

3. Channel（通道）

① Blend（混合）。
② Invert（反转）。

4. Distort（扭曲）

① Bend（弯曲）。
② CornerPin（角变形）。
③ LensDistortion（透镜变形）。
④ Mirror（镜像）。
⑤ Pinch（收缩）。
⑥ PolarCoordinates（极坐标）。
⑦ Ripple（涟漪）。
⑧ Shear（扭曲）。
⑨ Spherize（球形化）。

⑩ Transform（变形）。
⑪ Twirl（漩涡）。
⑫ Wave（波浪）。
⑬ ZigZag（Z 字形曲折）。

5. ImageControl（图像控制）

① Black&White（黑白特效）。
② ColorBlance（HLS）（颜色平衡）。
③ ColorBlance（RGB）（颜色平衡）。
④ ColorCorrector（颜色校正）。
⑤ ColorMatch（颜色匹配）。
⑥ ColorOffset（颜色偏移）。
⑦ ColorPass（颜色滤除）。
⑧ GammaCorrection（伽马校正）。
⑨ Tint（色彩）。

6. Noise（噪点）

该项只有 Median（平均）。

7. Perspective（透视）

① Basic3D（基本 3D）。
② BevelAlpha（斜角 Alpha）。
③ BevelEdge（斜角边缘）。
④ DropShadow（阴影）。

8. Pixelate（像素化）

① Crystallize（结晶化）。
② Facet（面）。
③ Pointillize（点化）。

9. Render（渲染）

① LensFlare（透镜光晕）。
② Lighting（闪电）。
③ Ramp（渐变）。

10. 艺术效果

① Stylize（风格化）。
② ColorEmboss（彩色浮雕）。
③ Emboss（浮雕）。

④ FindEdge（查找边缘/描边）。
⑤ Mosaic（马赛克）。
⑥ Replicate（复制）。
⑦ Solarize（曝光）。
⑧ StrobeLight（频闪）。
⑨ Texturize（纹理化）。
⑩ Tiles（瓷砖）。
⑪ Wind（风）。

11. Time（时间）

① Echo（反射）。
② PosterizeTime（跳帧）。

12. Transform（变换）

① CameraView（摄像机视图）。
② Clip（裁剪）。
③ Crop（修剪）。
④ HorizontalFlip（水平翻转）。
⑤ HorizontalHold（水平同步）。
⑥ Roll（滚屏）。
⑦ VerticalFlip（垂直翻转）。
⑧ VerticalHold（垂直同步）。

13. Video（视频）

① BroadcastColors（广播级色彩）。
② FieldInterpolate（场插补）。

9.4.5 转场效果

后期的制作中还包括进行转场的工作。转场也就是场面转换，它是一门技术性的工作，不同的场面转换可以产生不同的艺术效果。差不多所有的影片都要有从一个场景切换到另一个场景的操作。例如为突出视觉效果的壮观、惊险或者恐怖等，可以使用技术转场，即利用摄影机的运动造成视线上、视场上和空间上的改变。所用的转场技巧一般包括升、降、摇、移、推、拉、跟、划和淡入淡出等。在影片中为了烘托气氛，可使用各种常用的转场，如淡入与淡出和划（包括划入划出、圈入圈出等）。有时为使影片从高潮下落后给观众缓神的时间，剪辑师可以在编辑时在高潮下落的镜头后切入一个空镜头转场，即不播放任何镜头画面。如要切入一些常用转场（淡入淡出、划入划出等），反而实现不了上述效果，所以在给影片切入转场时应综合考虑各种转场。现在实现的是所谓的电子剪接，用电子的手段把选定的实现转场的镜头和影片片段组接成初步的节目拷贝或编成电视节目。实现转场功能的是过渡效果，它提供了多种特殊效果，用它就可以轻易做出很多转场效果。

转场效果也称为转场、切换、过渡，主要用于在影片中从前一个场景的过渡（以下简称 A）转换到后一个场景（以下简称 B）。

在 Premiere Pro 中，常用的转场效果如下：

1．3D Motion（三维空间运动效果）

① CubeSpin（划入划出）：B 从 A 的左右、上下、对角、两边向中间扩展开而覆盖 A。
② Curtain（卷帘）：A 像窗帘一样打开而露出 B。
③ Door（双开门）：A 像双开门的门一样，从中间向内打开而露出 B。
④ FlipOver（百叶窗）：A 像百叶窗开启而露出 B。
⑤ FoldUp（旋转折叠）：A 旋转 180°并像折纸一样翻转，显示出 B。
⑥ Spin（门切换）：B 从 A 的中央挤出。
⑦ SpinAway（旋转门）：B 绕 A 旋转而显示出来。
⑧ SwingIn（单开门）：A 像单扇门打开而露出 B。
⑨ SwingOut（单关门）：B 像单扇门关闭而覆盖 A。
⑩ TumbleAway（翻页）：像翻页一样翻开 A 而露出 B。

2．Dissolve（溶解效果）

① AdditiveDissolve（淡入淡出隐于白场）：A 透明度变小且色调变白直到消失，B 透明度变大直到完全显示出来。

② CrossDissolve（淡入淡出隐于黑场）：A 透明度变小且色调变黑直到消失，B 透明度变大直到完全显示出来。

③ DitherDissolve（抖动融合）：A 不变，B 以点阵的方式覆盖 A。
④ Non-AdditiveDissolve（反差融合）：A、B 同色调消溶，突出反差，最终显示出 B。
⑤ Random Invert（随机反转）：A 随机产生方块变成 A 的反色效果，再变成 B。

3．Iris（分割效果）

① IrisCross（十字分割）：A 从关键点处分为 4 块向四角散开，显示出 B。
② IrisDiamond（菱形分割）：A 从关键点以菱形方式散开，显示出 B。
③ IrisPoints（交叉分割）：B 从四边向中心靠拢，变成 X 形，最后覆盖 A。
④ IrisRound（圆形分割）：A 从关键点以圆形扩散开，显示出 B。
⑤ IrisShapes（平面分割）：B 以不同数量的菱形、矩形、椭圆形散开，最后覆盖 A。
⑥ IrisSquare（方形分割）：B 从关键点以矩形扩散，最后覆盖 A。
⑦ IrisStar（星形分割）：B 从关键点以星形扩散，最后覆盖 A。

4．Map（映射效果）

① ChannelMap（通道映射）：A 与 B 的色通道相叠加，A 色值逐渐变小，最终显示

出 B。

② LuminanceMap（色彩映射）：A 与 B 的色彩相混合，A 色彩逐渐变小，最终显示出 B。

5. PagePeel（翻页效果）

① CenterPeel（中心剥落）：从 A 的中心分割成 4 块，同时向各自的对角卷起露出 B。
② PagePeel（页面剥落）：将 A 以翻页的形式从一角卷起而露出 B。
③ PageTurn（页面翻转）：类似页面剥落，但会透过卷起部分看到 A。
④ PeelBack（背面剥离）：从 A 的中心分割成 4 块，依次向各自的对角卷起露出 B。
⑤ RollAway（翻滚离开）：将 A 像卷纸一样卷起而显示出 B。

6. Slide（滑动效果）

① BandSlide（条状滑动）：B 以条状形式从两侧插入，最终覆盖 A。
② CenterMerge（中心混合）：A 分为 4 块向中心缩小，最终显示出 B。
③ Centersplit（中心分开）：A 分为 4 块向四角缩小，最终显示出 B。
④ MultiSpin（复合旋转）：B 以一个任意的矩形不断旋转放大，最终覆盖 A。
⑤ Push（推出）：B 向上下左右 4 个方向将 A 推出屏幕，从而占据整个图面。
⑥ SlashSlide（自由线滑动）：B 以条状自由线的形式滑入 A，最终覆盖 A。
⑦ Slide（滑行）：B 以幻灯片的形式将 A 推出屏幕。
⑧ SlidingBands（滑动修饰）：B 以百叶窗形式通过很多垂直线条的翻转而显示出来。
⑨ SlidingBoxes（滑动盒子）：类似滑动修饰，只是垂直部分是块状。
⑩ Split（分开）：将 A 由中间向两边推开而显示出 B。
⑪ Swap（交换）：B 从 A 的后方向前翻转而覆盖 A。
⑫ Swirl（涡旋）：B 被分成多个方块从 A 的中心旋转并放大显示出来，最后覆盖 A。

7. SpecialEffects（特殊形态效果）

① Direct（直接转换）：A 直接变 B。
② Displace（置换转换）：A 的 RGB 通道被 B 的相同替换。
③ ImageMask（图像遮罩）：类似 Premiere 6.5 中遮罩效果的应用。
④ Take（获取）：B 直接插入 A，这种切换没有过渡过程。
⑤ Texturize（纹理）：A 作为一张纹理贴图映射给 B，从而造成极大的视觉反差。
⑥ Threc－D（三色调映射）：A 中的红、蓝色映射到 B 中，主要用于烘托气氛。

8. Stretch（伸展效果）

① CrossStretch（交叉伸展）：B 从上下左右中的一个方向将 A 挤出屏幕。
② Funnel（漏斗）：A 从上下左右中的一点像沙漏形一样被吸入而露出 B。
③ Stretch（伸展）：B 从屏幕的一边伸展进来，最终覆盖 A。
④ StretchIn（伸展进入）：A 逐渐淡出，B 以缩小的方式进入画面。
⑤ StretchOver（伸展覆盖）：B 从画面中心横向伸展，直到覆盖 A。

9．Wipe（擦除效果）

① BandWipe（带状擦除）：B 以条形交叉擦除的方式使 A 消失。
② BarnDoors（双侧推门）：A 用开门或关门的方式显露出 B。
③ CheckerWipe（检测器擦除）：B 以棋盘将 A 逐步擦除。
④ CheckerBoard（检测器面板）：B 变成若干小方块从不同方向将 A 覆盖。
⑤ ClockWipe（时钟擦除）：A 以钟表的方式消失。
⑥ GradientWipe（梯度擦除）：用一个已定或自选的灰色图作渐变对象。
⑦ Inser（插入）：B 从 A 的四角中的一角斜着插入。
⑧ PaintSplatter（画笔飞溅）：B 以墨点状显现在 A 上。
⑨ Pinwheel（风车）：B 以风车旋转方式覆盖 A。
⑩ RadialWipe（辐射擦除）：B 从屏幕四角中的一角扇形（辐射）进入将 A 覆盖。
⑪ RandomBlocks（随机块状）：B 以随机小方块显现在 A 之上。
⑫ RandomWipe（随机擦除）：B 以随机小方块从上至下或从左到右显现在 A 之上。
⑬ SpiralBoxes（螺旋形盒子）：A 以罗圈形式消失而显示出 B。
⑭ WenetianBlinds（百叶窗暗淡）：B 从上至下或从左至右以百叶窗形式显现。
⑮ WedgeWipe（楔形擦除）：B 从屏幕中心像扇子一样打开而覆盖 A。
⑯ Wipe（擦除）：B 从屏幕一边开始，逐渐扫过 A。
⑰ Zip－ZagBlocks（Z 字形波纹块）：B 沿 Z 字形扫过 A。

10．Zoom（缩放效果）

① CrossZoom（推拉缩放）：先将 A 推出，再将 B 拉入屏幕。
② Zoom（缩放）：B 从指定位置放大显示出来。
③ ZoomBoxes（分割特技）：B 从指定的多个方块位置放大显示出来。
④ ZoomTrails（缩放跟踪）：A 在关键点处以多个图像重叠的方式缩小显示出 B。

9.4.6 淡入淡出

Premiere 中，可以通过淡入淡出效果实现多段视频的无缝连接。制作这样的效果时，首先把素材拖到时间线上，然后单击视频轨道 Video 字样边上的三角形图标 Video 3，可以看到时间线画面上有一条黄线，这条黄线的作用是控制素材的透明度。

单击选择工具，把光标放到要淡入的部位，这时光标边上出现上下箭头，这时可以用于调节透明度。此时按下 Ctrl 键，光标边上的上下箭头会变成一个+号，然后在黄线上单击，即可在黄线上产生一个关键帧。按下 Ctrl 键不放，在素材上刚才关键帧的左边按住黄线向下拉，这时会产生如图 9-27 所示的样子，就形成了淡入。淡出和淡入相反，把指针放在素材结尾处按住 Ctrl 键，在要淡出的地方黄线处单击，出现一个关键帧，然后按住 Ctrl 键不放，在最后结尾黄线处单击，然后向下拉，便形成淡出。

对于音频的淡入淡出效果而言，其制作方法与视频淡入淡出效果的制作方法基本相同，只是针对的轨道分别是视频轨道及音频轨道。

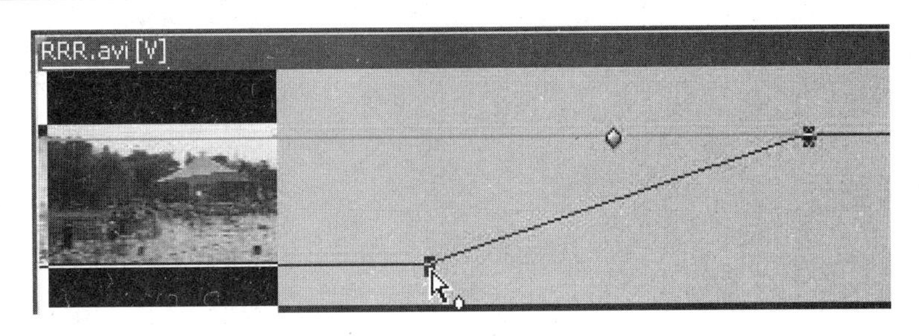

图 9-27　淡入

9.4.7　音效处理

1．Premiere音效插件

尽管 Premiere 并不是专门用来进行音频素材处理的工具，但 Premiere 的 Audio Effects 面板中提供了一些处理音效的插件，能够对视频中的音频部分进行效果制作。在 Premiere 里面，相同音效处理插件针对 5.1 声道、立体声、单声道分别有对应的版本，使用时针对不同的音轨格式将相对应的音效拖到音轨上，之后即可在 Effect Control 面板中进行设置。

下面是 Premiere 里常用的一些音效插件及其功能介绍：

（1）Low Pass：低音频通过，这一音频滤镜效果可将高频部分滤除。

（2）High Pass：高音频通过，这一音频滤镜效果可以将低频部分从声音中滤除。

（3）Fill Left：使用左声道，仅使用声音片段中的左声道部分音频信号。

（4）Fill Right：使用右声道，仅使用声音片段中的右声道部分音频信号。

（5）DeNoise：消除背景噪音，可以消除音频中无声部分的背景噪声。其中 Reduction 参数可以设定一个值，低于此值的噪声被消除。

（6）Chorus：创造和声效果。它复制一个原始声音并将其做降调处理或将频率稍加偏移形成一个效果声，然后让效果声与原始声音混合播放。

（7）Flanger：波浪效果，能够使声音产生一种推波助澜的效果。

（8）PinchShifter：改变声调，使声音频率变高或变低，例如将男声转换为女声。

（9）Invert：反转声音，也就是使声音倒过来播放。

（10）Tremble：制作颤音效果。

（11）Volume：改变声音的高低。

2．Soundforge音效制作与专业降噪

Soundforge 是一个更专业的音效制作软件，能够对声音文件及视频文件的音频部分进行音效制作，它在处理视频中的音频部分时不会影响视频部分本来的状态，而仅仅是打开音频部分进行制作。

Soundforge 与 Premiere 在音效制作方面有一些功能比较相似，只是 Soundforge 由于专注于音频的制作，因此使用时效率更高，而且功能更为专门化。

可以用于 Soundforge 的插件 Noise Reduction 是一个更专业的降噪插件，它可以允许用

户对噪音进行采样，并使用噪音样本对声音进行降噪处理，这样能够获得极佳的降噪效果。它具有高低音复原、去除断音、恢复、读取坏旧文件等功能。

9.4.8 字幕制作

1. Premiere中的字幕制作

在 Premiere 中执行 Title→New Title 命令可以打开字幕制作界面，如图 9-28 所示。

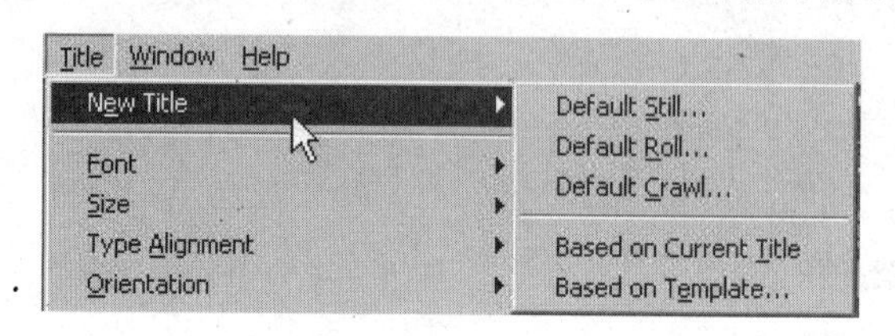

图 9-28 执行 Title→New Title 命令

然后选择相应的字幕方式，其中：

（1）Default Still：预设成为静态字幕。

（2）Default Roll：预设成为直卷幕字幕。

（3）Default Crawl：预设成为横跑马字幕。

（4）Based on Current Title：套用目前样式。

（5）Based on Template：套用范本样式。

之后，需要根据当前在编辑项目的视频格式对字幕的格式进行相应的设置，如图 9-29 所示。

图 9-29 设置字幕的格式

如果选择了 Based on Template（套用范本样式），则会弹出如图 9-30 所示的窗口，在其中浏览找到满意的样式，确定后修改其中的文字即可。

如果选择了 Default Still（预设成为静态字幕）、Default Roll（预设成为直卷幕字幕）或 Default Crawl（预设成为横跑马字幕），则会弹出如图 9-31 所示的窗口。

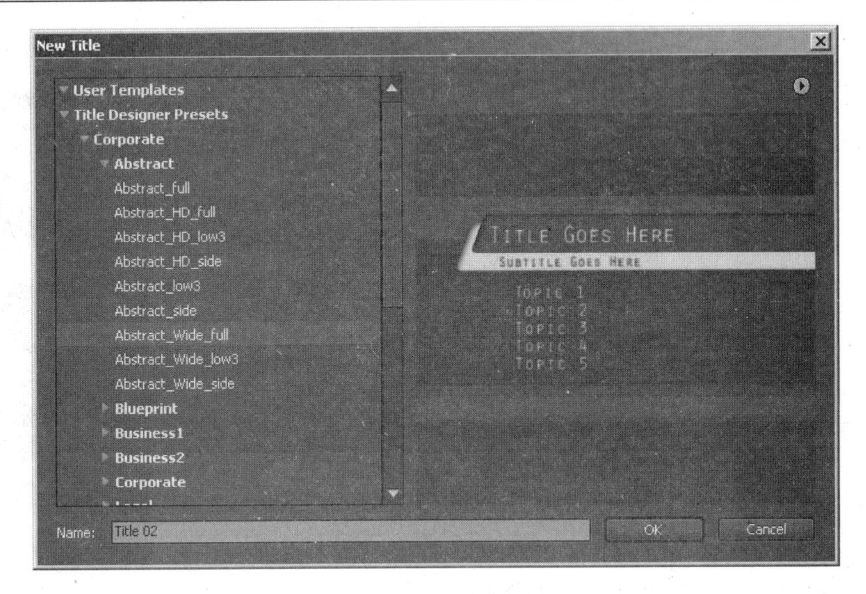

图 9-30　套用范本样式

图 9-31　字幕编辑窗口

在这个窗口中，单击工具栏中的“T”字按钮后即可在字幕编辑器右部的编辑区中书写所需的字幕文字。在编辑区任选一处单击鼠标左键，则会出现一个虚线框，这个虚线框标定了当前编辑文字的区域范围。用户可以在虚线框中闪烁的光标处输入需要的字幕文字。

写完文字后，可以在界面顶部设置字幕的字体格式，界面右部的字幕属性区域对字幕的位置、大小、颜色和描边等属性进行编辑和修改，并且可以使用选择工具将其拖动到合适的地方。

在编辑区下面的字幕样式预设窗口中有大量预设的各种字幕样式，选中当前字幕，并且在满意的样式图标上单击，即可将这种样式赋予给当前字幕。

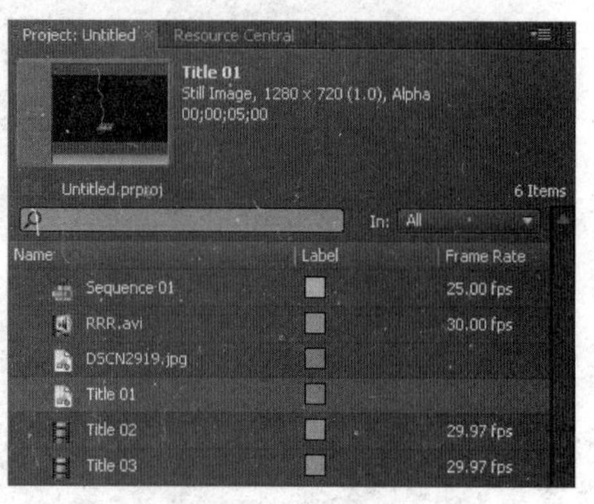

图 9-32　编辑好的字幕出现在项目窗口

字幕编辑完成之后关闭上面的窗口即可，编辑好的字幕会作为一个素材出现在项目窗口，如图 9-32 所示，使用时直接将其拖动到时间线上相应的位置即可。

2. Title Motion

Title Motion Pro 是一个专业的图形和字幕插件，有针对 Premiere 和 Edius 的版本，它有丰富的 3D 和动态纹理效果特技，这些特技包括：

（1）3D 的文字效果。

（2）运动纹理效果。

（3）在文字和图元上增加 3D 特技。

1）动态特效

动态字幕 FX 动画编辑器能让用户将字幕做出新水准，能让用户创建出包含文本、图标和图像对象的多图层动画。

2）广播级字符生成器

Title Motion 提供的强大的字幕创建工具和广播级字幕能让用户 NLE 中的 CG 质量得到飞跃。

3）提升工作效率的工具

Title Motion 包含有能改善工作流程的工具，帮助用户顺利完成工作。

4）300 个可编辑字幕模板

Title Motion 在遵循长期传统的基本模式又创建出灵活省时的解决方案。有了 300 个可编辑模板，字幕制作将是整个产品中最容易的一部分。

5）图标生成

Title Motion 同时提供一个图标生成工具，可以创建方框、圆圈、椭圆以及齿轮状对象，完全控制目标的突出度、色彩、混合、阴影和材质。

3. 外挂字幕的制作

无论 Premiere 还是 Title Motion 制作的字幕在视频输出之后都将被渲染为图像内容，修改起来会非常麻烦。另外，由于网络视频传输的需要，往往要为同一影片制作多种语言的字幕，此时使用外挂字幕就会比较方便。

SRT 格式是一种容易修改及编辑的外挂字幕格式，主要由时间描述及文字描述组成。其格式实例如下：

```
1
00:00:15,800 --> 00:00:26,500
 第一段字幕文字


2
00:00:26,800 --> 00:00:34,500
第二段字幕文字


3
00:00:34,800 --> 00:00:42,500
第三段字幕文字


4
00:00:42,800 --> 00:00:50,500
第四段字幕文字


5
00:00:54,500 --> 00:00:55,990
第五段字幕文字
```

不难发现，这种字幕的格式非常简单明了，最大的优点则在于修改方便，如果发现字幕中有错别字，仅需修改字幕文件中相应的文字即可。同时翻译制作其他语言的字幕也很方便。

当然，这种字幕制作时字幕时间段的获取会比较麻烦，一些辅助软件可以帮助提高这种字幕制作的效率，如图 9-33 所示。

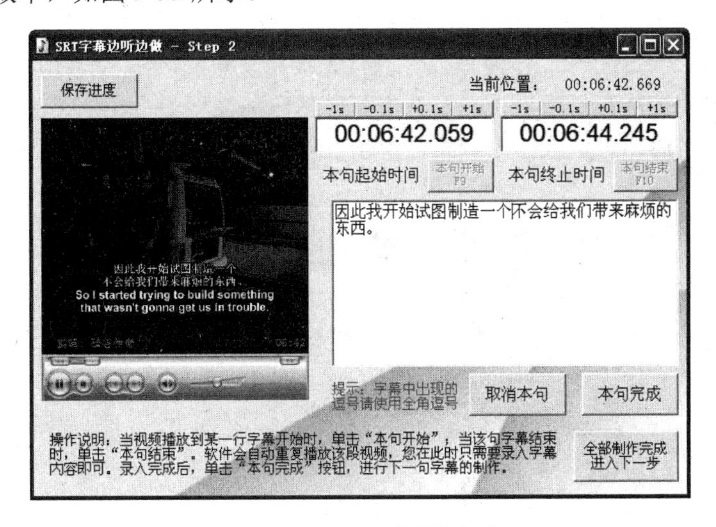

图 9-33　SRT 字幕制作软件

而另外一种字幕制作软件“歌词字幕转换制作专家”（http://www.qcrj.com）则是一款处理歌词、字幕文件的综合软件。集成了LRC、SRT、SSA、KSC、SMI、UTF、SNC、KRC、QLY和TXT等多种歌词字幕格式、歌词字幕制作、歌词分割、双行合一、一行分二、歌词同步显示等诸多功能，能够在歌词字幕处理中提供极大的帮助。

9.4.9 视频配音与配乐

1. 先期录音与同期录音

在影视制作中，根据声话之间关系的需要可以有先期录音和同期录音两种录音模式。

1）先期录音

先期录音也称为“前期录音”，是指在影片制作中先录音后拍摄画面的一种摄制模式。多用于有大量唱词和音乐的戏曲片和音乐歌舞片，即在影片画面拍摄前，先将影片中的唱词和乐曲录制成声音，然后由演员在拍摄相应画面时，配合已经录制的声音进行表演。

2）同期录音

同期录音也称为“现场录音”，是指在拍摄电影画面的同时进行录音的摄制模式。同期录音要求使用较好的录音设备及隔音设备。同期录音记录的是现场的真实声音，它比后期的配音要自然、逼真，对于提高影片对白的质量有积极作用。

2. 视频配乐SmartSound

Premiere的音效插件SmartSound Quicktracks（见图9-34）是一个功能强大的背景音乐生成器，它由两个主要组件构成：把声音嵌入到视频中的程序（用于选择和控制音乐创建）以及音效素材库。SmartSound可以自动创建多种形式和任意持续时间的背景音乐。在使用SmartSound为视频添加背景音乐时，用户只需选择该视频，然后依次选择风格、曲目和版本，最后单击“添加到电影”按钮，就可以自动创建与一组特定剪辑相匹配的背景音乐。

SmartSound的独立运行版本的音效软件Sonic Fire则为背景音效的创作提供了更高的灵活度，在它的Express Track环境里，可以首先根据音效的风格、使用的乐器、节奏、作曲家，甚至关键词等从音效库里寻找及选择相应的乐曲，然后设定所需配乐的时间长度及选择变奏特征，之后即可生成一段音乐，单击Insert键即可插入到Sonic Fire的时间线上，如图9-35所示。

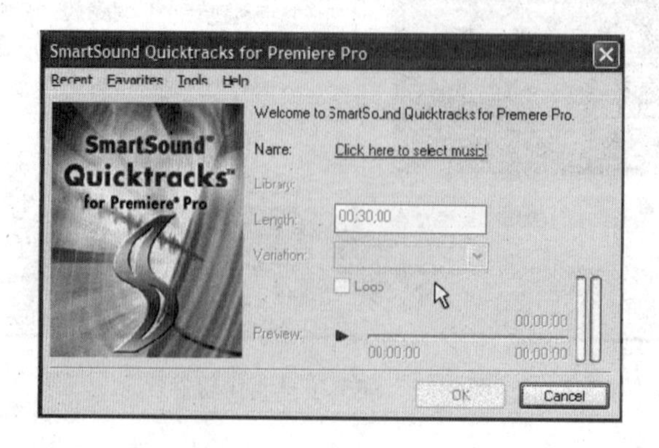

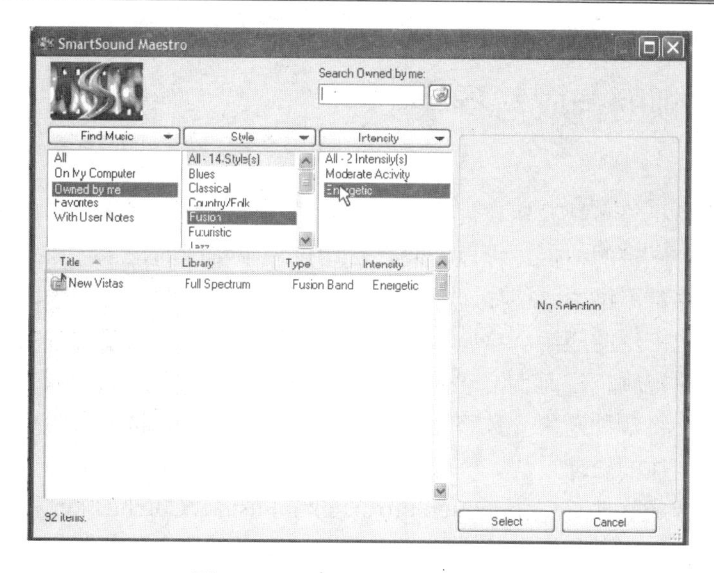

图 9-34　SmartSound Quicktracks

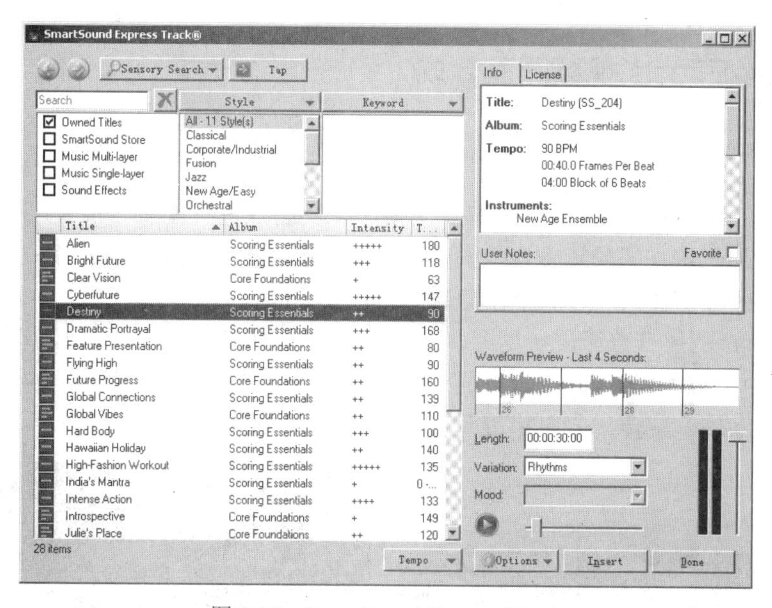

图 9-35　SmartSound Express Track

将音效插入到 Sonic Fire 的时间线上之后，Sonic Fire 的主界面下方可以看到如图 9-36 所示的音效片段列表，这些音效片段都针对能够自然衔接进行了预处理，因此可以选择这些片段中满意的部分拖动到时间线上进行排列组合，从而“拼凑”出一段音效。

Mystic	mystic 1	mystic 2	mystic 3	Rhythms	rhythms 1	rhythms 2	voices
voices 1	voices 2	voices 3	Chant	chant 1	chant 2	chant 3	chant 4
chant 5	chant 6	chant 7	Spirits	spirits 1	spirits 2	spirits 3	spirits 4
spirits 5	Flowing	flowing 1	flowing 2	flowing 3	flowing 4	Drum	Drum 1
Drum 2 fade	Evolve	evolve 1	terra	Resolve	The end	the end 1	the end 2 fade

图 9-36　音效片段

9.5 数字视频的合成与特效

视频的合成是指将多种源素材混合成单一复合画面的处理过程。早期的视频或影视合成主要是在胶片、磁带的拍摄过程以及胶片洗印过程中实现的，工艺相对来说比较落后，但是其效果也是非常不错的。诸如“抠像”、“叠画”等合成的方法与手段都在早期的影视制作中得到了较为广泛的应用。这些名词现在照样继续使用。数字视频或影视的合成则是相对于传统的模拟视频合成而言，它主要是运用计算机图像学的原理和方法，综合利用计算机软硬件技术，将多种采集（数字化）到计算机里面的源素材混合为单一的复合图像，然后输出为指定介质的处理过程。

目前常用的合成软件有 Commotion Pro、Digital Fusion、Combustion 和 After Effects 等，它们一般适合于电视剧以及广告片头的创作。而在电影制作中往往使用 Shake 或 Nuke 等软件，它们比较适合于大型电影制片厂和视频特技制作室的大规模制作。

9.5.1 After Effects 视频画面合成

1. After Effects中的层

在 After Effects 中，可以使用多个视频片段及图片进行创意合成及动画设计。After Effects 的层是用于进行视频特效合成的基本工具。可以把音视频或图片素材从项目窗口直接拖动到工作区域，在当前合成中创建新的层。

After Effects 的层有普通层（见图 9-37）与 3D 层（见图 9-38）两种，差别在于 3D 层可以允许 Z 轴方向的变换操作。可以通过鼠标拖动的方式直接调整层的相应变换参数，如锚点、位置、缩放、旋转、方向和透明度等。

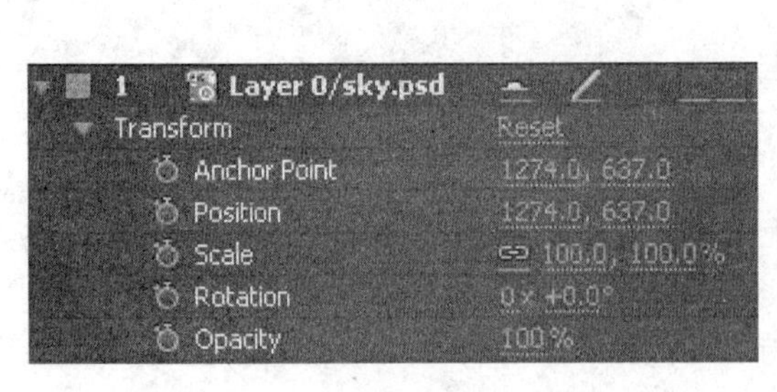

图 9-37 After Effects 的 2D 层变换选项

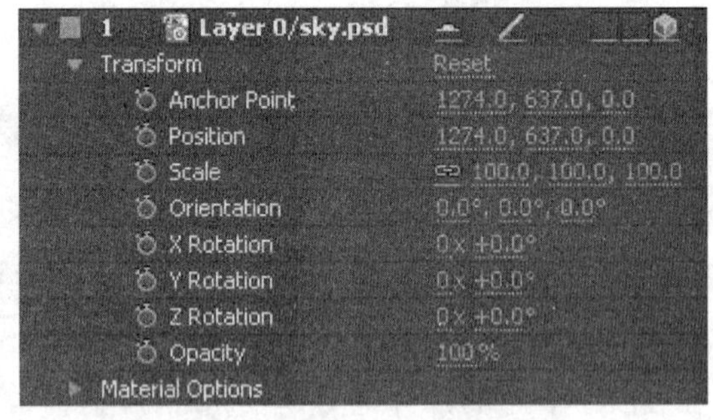

图 9-38 After Effects 的 3D 层变换选项

2. 层的集合：组合

为了方便地对多个层进行管理，After Effects 中提供了组合（Composition）的功能，在每一个 Composition 里面可以有多个层，同时 Composition 本身又可以作为其他 Composition 当中的一个层来使用，如图 9-39 所示。这样，在一个合成中要使用许多素材的时候就极大地简化了素材的管理，同时也为复杂的效果制作提供了一种高效率并且更灵活的机制。

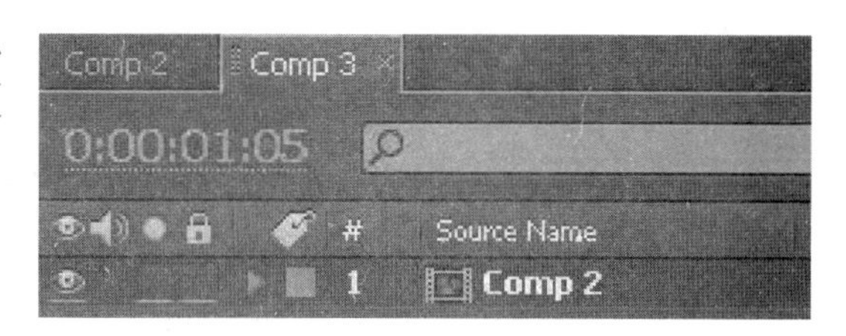

图 9-39　Composition

3. 基于时间线的层动画

在 After Effects 中，单击下层面板中各属性名称前面的时钟形图标按钮即可进入关键帧录制状态，如图 9-40 所示。此时如果调整了该属性的值，则时间线上当前时间位置指示线的位置会产生一个新的关键帧，如图 9-41 所示。

图 9-40　进入关键帧录制状态前后的对比

设置好一个关键帧之后，将当前时间位置指示线移动到时间线上的另外一个位置，再次调整当前图层的相关属性值，即可生成一个动画。

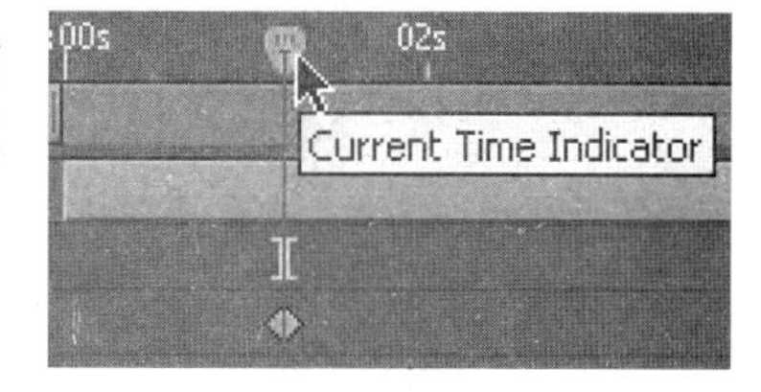

图 9-41　产生新的关键帧

9.5.2　After Effects 中层的混合模式

在 After Effects 中，当将不同的图层叠加在一起时，除了设置图层的透明度以外，图层的混合模式也将影响两个图层叠加后产生的效果。

主要的图层混合模式有组合模式（正常、溶解）、加深混合模式（变暗、正片叠底、颜色加深、线性加深）、减淡混合模式（变亮、滤色、颜色减淡、线性减淡）、对比混合模式（叠加、柔光、强光、亮光、线性光、点光、实色混合）、比较混合模式（差值、排除）和色彩混合模式（色相、饱和度、颜色、亮度）。

1. 组合模式

组合模式包含正常和溶解模式，配合图层的不透明度设置产生混合效果。

1）正常模式（Normal）

这种模式下可以通过调整上面图层的不透明度使当前图像遮挡底层图像产生混合效果。

2）溶解模式（Dissolve）

这种模式下可以通过调整当前层的不透明度以扩散抖动产生“泼溅”效果。不透明度越低，所产生的像素点越分散，如图 9-42 所示。

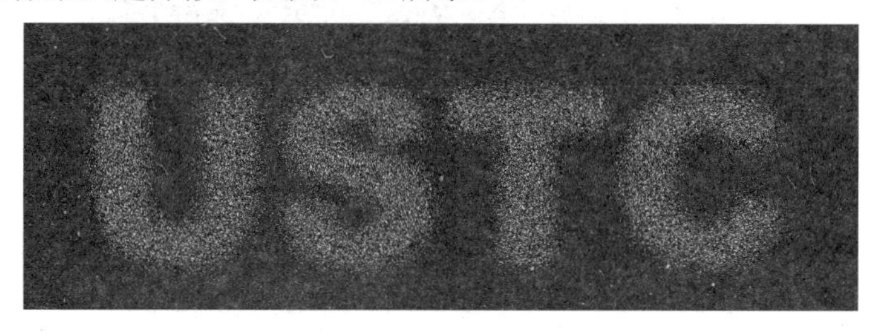

图 9-42　溶解模式效果

2．加深混合模式

加深混合模式可将当前图像与底层图像进行比较，使底层图像变暗。

1）变暗模式（Darken）

去亮留暗，显示比当前图像更暗的区域。这种混合模式往往被用于抠像合成中对不自然的光晕边缘的处理，例如建筑效果图制作中往往需要放置一些实拍后抠像获取的花草树木，而这些抠像得到的结果往往在边缘区域有白色光晕，这样直接合成到背景上就很难看，此时可以在花草树木图层上新建一层，使用背景色涂抹白色光晕边缘区域，然后将该层改为 Darken 模式即可，如图 9-43 所示。

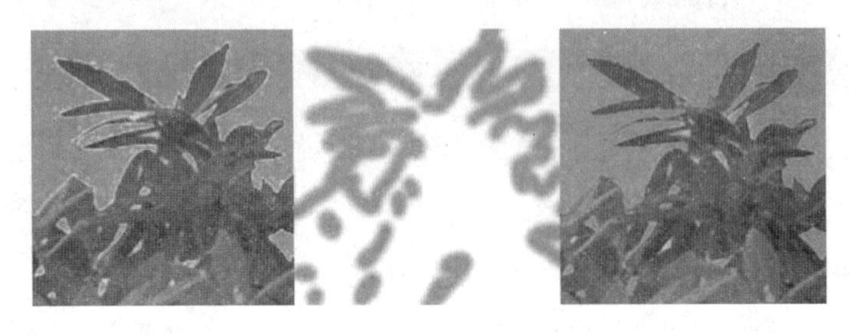

图 9-43 使用 Darken 混合模式去除抠像合成中产生的白色光晕

2）正片叠底（Multiply）

两层上颜色相互叠加，类似印刷的套色，除白色以外的其他区域都会使底层图像变暗，如图 9-44 和图 9-45 所示。

图 9-44 类似的作品可以使用正片叠底模式合成（Terry Palka 作品）

图 9-45　类似的作品可以使用正片叠底模式合成（Uelsmann 暗房合成照片）

下面是使用 Multiply 混合模式对一个天空平淡的视频素材进行润饰的效果。首先打开原始的视频素材，如图 9-46 所示，可以看到这个素材的天空过于平淡，缺乏视觉震撼力。

图 9-46　打开原始视频素材

接下来打开一幅天空的照片，如图 9-47 所示。由于这个视频片段本身持续时间不长，因此此处使用静态的天空照片对其进行润饰不会产生不协调的感觉。

然后将天空的图层叠加到原始视频画面的图层上方，并且将其混合模式设置为

Multiply，这时天空与原始视频画面天衣无缝地融为一体，如图 9-48 所示。

图 9-47　打开一幅比较漂亮的天空照片

图 9-48　润饰过之后的效果

3）颜色加深（Color Burn）

特点是可保留当前图像中的白色区域，并加强深色区域，增加对比度，如图 9-49 所示。

4）线性加深（Liner Burn）

可以产生比正片叠底更强烈的效果，相当于正片叠底与颜色加深模式的组合，减少亮度，如图 9-50 所示。

图 9-49　类似的作品可以使用颜色加深叠加模式合成

图 9-50　类似的作品可以使用线性加深叠加模式合成

3．减淡混合模式

与加深模式完全相反的操作，可以削弱当前图像中的黑色，任何比黑色亮的区域都可能加亮底层图像。

1）变亮模式（Lighten）

去暗留亮，显示比当前图像亮的区域，与变暗模式产生的效果相反。

2）滤色模式（Screen）

色光相加，类似于使用投影仪将多幅图像投影在一起，与正片叠底模式产生的效果相反。如图 9-51 所示，在黑色背景的图层上用 Lensflare 滤镜制作出眩光效果，然后使用 Screen 模式与其下方的建筑效果图层混合之后产生的效果。

图 9-51　Screen 模式混合效果

3）颜色减淡模式（Color Dodge）

可加亮底层的图像，减少对比度，同时使颜色变的更加饱和，对暗部区域的改变有限，可以保持较好的对比度。

4）线性减淡模式（Liner Dodge）

增加亮度，它与滤色模式相似，但是可产生更加强烈的对比效果。

4．对比混合模式

综合了加深和减淡模式的特点，以 50%灰为分界点，超过 50%灰会变亮，低于 50%灰会变暗，从而增加图像对比度。

1）叠加模式（Overlay）

相当于正片叠底+滤色，为底层图像添加颜色时，可保持底层图像的高光和暗调。

这种混合模式尤其适合于将物体放入玻璃瓶或电视屏幕里的效果，如《绿洲》（见图 9-52）将旧照片合成到电视机屏幕里，使之看起来像是从电视里播放出来似的。使用了 Overlay 混合模式，从而很好地将玻璃屏幕特有的高光区域以及明暗变化表现出来，就像是旧照片本来就在电视机里面一样。

图 9-52　Overlay 混合模式合成作品的效果

2）柔光模式（Soft Light）

使图像变亮。这种混合模式中，位于上方的图层就像是淡淡的光线照射在下方的图像内容上，如图 9-53 所示。

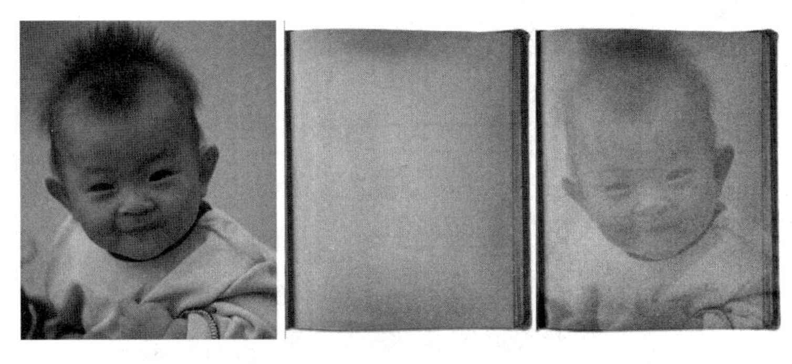

图 9-53　Soft Light 混合模式效果

3）强光模式（Hard Light）

使图像变白，增加图像的对比度，它相当于正片叠底和滤色的组合。

4）亮光模式（Vivid Light）

混合后的颜色更为饱和，可使图像产生一种明快感，相当于颜色减淡和颜色加深的组合。

5）线性光（Liner Light）

特点是可使图像产生更高的对比度效果，从而使更多区域变为黑色和白色，它相当于线性减淡和线性加深的组合。

6）点光（Pin Light）

可根据混合色替换颜色，它相当于变亮与变暗模式的组合。

7）实色混合（Hard Mix）

可增加颜色的饱和度，使图像产生色调分离效果。

5. 比较混合模式

比较混合模式可比较当前图像与底层图像，然后将颜色相同的区域变为黑色，不同的区域变为灰度层次或彩色。

1）差值模式（Difference）

只减去暗部的色彩，当前图层中的白色区域会使图像产生反相效果，而黑色区域则会更接近底层图像。

2）排除模式（Exclusion）

排除模式可比差值模式产生更为柔和的效果。

6. 色彩混合模式

色彩的三要素是色相、饱和度和亮度，使用色彩混合模式合成图像时，PS会将三要素中的一种或两种应用在图像中。

1）色相模式（Hue）

用上层的色相，下层的明度和饱和度，适合于修改彩色图像的颜色。该模式可将当前图像的基本颜色应用到底层图像中，并保持底层图像的亮度和饱和度。

2）饱和度模式（Saturation）

用上层的饱和度，保持下层的明度和色相，可使图像的某些区域变为黑白色。

3）颜色模式（Color）

用上层的色相和饱和度，下层的明度，可以使用当前图层对其下方图层上色，并保持底层图像的亮度。

4）亮度模式（Luminosity）

可以用当前图层对其下方图层上色，将当前图像的亮度应用于底层图像中，并保持底层图像的色相与饱和度，如图9-54所示。

图9-54　Joe Wezorek作品，可以使用亮度模式完成

9.5.3　After Effects 滤镜功能简介

1. Adjust

Adjust 组里的滤镜主要用于调整色彩参数。

1）Brightness&Contrast

调整亮度和对比度。

2）Channel Mixer

Channel Mixer 用于通道混合，可以用当前彩色通道的值来修改一个彩色通道。应用 Channel Mixer 可以产生其他颜色调整工具不易产生的效果；或者通过设置每个通道提供的百分比产生高质量的灰阶图；或者产生高质量的棕色调和其他色调图像；或者交换和复制通道。

3）Color Balance

Color Balance 用于调整色彩平衡。通过调整层中包含的红、绿、蓝的颜色值来控制颜色平衡。

4）0Curves

Curves 用于调整图像的色调曲线，通过改变效果窗口的 Curves 曲线来改变图像的色调。

5）0Channel

选择要调控的通道，可以选 RGB 彩色通道、Red 红色通道、Green 绿色通道、Bule 蓝色通道和 Alpha 透明通道分别进行调控。

6）0Hue/Saturation

Hue/Saturation 用于调整图像中单个颜色分量的色相（Hue）、饱和度（Saturation）和亮度（Lightness）。

7）0Levels

Levels 用于将输入的颜色范围重新映射到输出的颜色范围。

8）0Posterize

Posterize 用于为每个通道指定一定范围的色调或亮度的级别。

9）0Threshold

可以将灰度图或彩色图像转化为黑白二进制图像，低于阈值的像素将被转化为黑色，高于阈值的像素将被转化为白色。

2. Audio

音频效果制作的滤镜。

1）Backwards

Backwards 用于将音频素材反向播放。

2）Bass&Treble

调整高低音调。Bass 用于升高或降低低音部分。Treble 用于升高或降低高音部分。

3）Delay

Delay 用于延时效果，可以设置声音在一定的时间后重复的效果。用来模拟声音被物体反射的效果。

4）Flange&Chorus

Flange&Chorus 包括两个独立的音频效果，Chorus 用于设置法兰音响效果。

5）high-Low Pass

只让高于或低于一个频率的声音通过。可以用来模拟增强或减弱一个声音。

6）Modulator

用于设置声音的颤音效果，改变声音的变化频率和振幅。可以产生声音的多谱勒效果，比如一列火车逼近观察者的时候，啸叫声越来越高，通过时降低。

7）Parametric EQ

Parametric EQ 用于为音频设置参数均衡器。强化或衰减指定的频率。

8）Reverb

Reverb 通过加入随机反射声模拟现场回声效果。

9）Stereo Mixer

Stereo Mixer 用来模拟左右立体声混音装置。

10）Tone

合成固定音调，如潜艇的隆隆声、电话铃声和警笛声等。

3. Blur& Shmpen图像模糊和锐化效果

Blur& Shmpen 效果可以使图像模糊和锐化。

1）Channel Blur

Channel Blur 可以称为“通道模糊”，分别对图像中的红、绿、蓝和 Alpha 通道进行模糊，并且可以设置使用水平还是垂直，或者两个方向同时进行。当该层设置为最高质量（Best Quality）的时候，这种模糊能产生平滑的效果。

2）ComPound Blur

Comnound Blur 称为“混合模糊”。依据画面的亮度值对该层进行模糊处理，或者为此设置模糊映射层，也就是用一个层的亮度变化去控管另一个层的模糊。

3）Fast Blur

Fast Blur 称为“快速模糊”，用于设置图像的模糊程度。它和 Gaussian BIur 十分类似，但它在大面积应用的时候速度更快。

4）Gaussian Blur

Gaussian Blur 称为“高斯模糊”，用于模糊和柔化图像，可以去除杂点，单独使用的时候能产生细腻的模糊效果。

5）Directional Blur（或 Motion Blur）

Motion Blur 称为“运动模糊”，是一种十分具有动感的模糊效果，可以产生任何方向的运动幻觉。

6）Radial Blur

在指定的点产生环绕的模糊效果，越靠外模糊越强。

7）Sharpen

Sharpen用于锐化图像，在图像颜色发生变化的地方提高对比度。

8）Unsharp Mask

Unsharp Mask用于在一个颜色边缘增加对比度。和Sharpen不同，它不对颜色边缘进行突出，看上去是整体对比度增强。

4. 作品案例

Spike Lee为百事可乐导演的广告片《TIMELINE》（见图9-55）中，喝可乐的人在运动时身后紧随着百事可乐标志色的虚影，火焰似的虚影如同散发出来的活力一般。

图9-55 《TIMELINE》

5. Channel效果

1）Alpha Level

主要用来调整通道透明程度。Alpha Levels 透明程度设置，用于将遮罩中的纯白或纯黑区域调整为灰色半透明区域，也可以将灰色半透明区域调整为白色不透明区域或黑色透明区域。

2）Arithmetic

对图像中的红、绿、蓝通道进行简单的运算。

3）Blend

可以通过 5 种方式将两个层融合。和使用层模式类似，但是使用层模式不能设置动画，而 Blend 通道融合最大的好处是可以设置动画。

4）Compound Arithmetic

Compound Arithmetic 称为“混合运算”，可以将两个层通过运算的方式混合，实际上是和层模式相同的，而且比应用层模式更有效、更方便。

5）Invert

lnvert 称为“反转效果”，用于转化图像的颜色信息。

6）Minimax

最大最小值效果，用于对指定的通道进行最大值或最小值的填充。

7）Remove Color Matting

遮罩颜色消除，用于消除或改变遮罩的颜色。

8）Set Channels

通道设置，用于复制其他层的通道到当前颜色通道和 Alpha 通道中。

9）Set Matte

遮罩设置，用于将其他图层的通道设置为本层的遮罩，通常用来创建运动遮罩效果。

10）Shift Channels

Channels 称为“通道转换”，用于在本层的 RGBA 通道之间转换，主要对图像的色彩和亮暗产生效果，也可以消除某种颜色。

6. Video效果

1）Broadcast Color

Broadcast Color 用于校正输出到广播用途视频的颜色和亮度。受电视信号发送带宽的限制，并非计算机上看到的所有颜色和亮度都会正确反映在最终的电视信号上，一旦亮度和颜色超标，就会干扰到电视信号中的音频而出现杂音。

2）Reduce Interlance Flicker

用于消除隔行闪烁现象。视频图像中的高色度部分在进行隔行扫描的时候可能会出现闪烁，应用本效果可以将过高的色度降低。

3）Timecode

时间码是影视后期制作的时间依据，制作好的影片往往还要配音或合成三维动画等，每一帧包含时间码会有利于其他制作方面的配合。

7．Perspective特效

Perspective 用于制作基本的三维环境中的几何变换和透视效果，在简单的三维环境中放置图像，可以增加深度和调节 Z 轴，从而做出有“深度”的图像。

1）Basic 3D

基本三维效果，用来使画面在三维空间中水平或垂直移动，也可以拉远或靠近，此外还可以建立一个增强亮度的镜子，以反射旋转表面的光芒。

2）Bevel Alpha

可以对图像制作导角效果，通过二维的 Alpha 通道效果形成三维外观。

3）Bevel Edge

边缘导角，用于对矩形的图像形状的边缘产生立体的效果，看上去是三维的外观。

4）Drop Shadow

投影效果，在层的后面产生阴影。

5）Transform

变换效果，用于在图像中产生二维的几何变换，从而增加了层的变换属性。

8．Image Control效果

图像控制效果主要用来对图像的颜色进行调整。

1）Change Color

Change Color 称为颜色替换，用于改变图像中某种颜色区域（创建某种颜色遮罩）的色调饱和度和亮度。

2）Color Balance（HLS）

Color Balance 称为“颜色平衡”，用来调整图像色调。

3）Equalize

Equalize 颜色均衡效果，用来使图像变化平均化。

4）Gamma/Pedestal/Gain

Gamma/Pedestal/Gain 用来调整每个 RGB 独立通道的还原曲线值，这样可以分别对某种颜色进行输出曲线控制。

5）Median

Median 称为“中值效果”，使用给定半径范围内的像素的平均值来取代像素值。

6）PS Arbitrary Map

PS Arbitrary Map 用于调整图像的色调的亮度级别。

7）Tint

Tint 用来调整图像中包含的颜色信息，在最亮和最暗之间确定融合度。

8）Colorama

可以用来实现彩光、彩虹和霓虹灯等多种神奇效果。

9．Distort效果

1）Bezler Warp

贝塞尔曲线变形，可以多点控制。在层的边界上沿一个封闭曲线来变形图像。

2）Bulge

Bulge称为“凸凹效果”或“放大镜效果”，模拟图像透过气泡或放大镜的效果。

3）Corner Pin

Corner Pin称为“边角定位”，通过改变4个角的位置来变形图像，主要是用来根据需要定位，可以拉伸、收缩、倾斜和扭曲图形，也可以用来模拟透视效果，可以和运动遮罩层相结合，形成画中画效果。

4）Displacement Map

Diaplacement Map称为“映射置换”或“层位移贴图”，可以使用任何层作为映射层，通过映射的像素颜色值来对本层变形。实际上是应用映射层的某个通道值对图像进行水平或垂直方向的变形。

5）Mesh Warp

Mesh Warp称为“面片变形”，应用网格化的曲线切片控制图像的变形区域，对于画片变形的效果控制，更多的是在合成图像中通过鼠标拖曳网格的节点完成。可以让静态图片中的人物开口笑等。

6）Mirror

Mirror称为“镜面效果”，通过可以设定角度的直线将画面反射，产生对称效果。

7）Offset

Offset称为“偏移效果”，用于在图像内，图像从一边偏向另一边。

8）Optics Compansation

用来模拟摄像机透视效果，参数比较简单，可以自己调调看。

9）Polar Coordinates

极坐标变换，用来将图像的直角坐标转化为极坐标，以产生扭曲效果。

10）Reshape

称为“再成型效果”，需要借助几个遮罩才能实现。通过同一层中的三个遮罩，重新限定图像形状，并产生变形效果。

11）Ripple

波纹效果或涟漪效果，使画面产生像水池表面波纹的效果。

12）Smear

涂抹效果，通过遮罩在图像中定义一个区域，然后用遮罩移动位置进行“涂抹”变形。

13）Spherize

球面化效果，如同图像覆盖到不同半径的球面上。

14）Transform

变换效果。

15）Twirl

旋涡效果。

16）Wave Warp

波浪变形，可以设置自动的飘动或波浪效果。

10．风格化（StyliZe）效果

StyliZe是一组风格化效果，可以模拟一些绘画效果或为画面提供某种风格化效果。

1）Brush Strokes

Brush Strokes 称为“笔触效果”，对图像产生类似水彩画效果。

2）Color Emboss

Color Emboss 称为“彩色浮雕”，效果和 Emboss 浮雕效果类似，不同的是本效果包含颜色。

3）Find Edge

Find Edge 称为“勾边效果”，通过强化过渡像素产生彩色线条。

4）Glow

Glow 称为“发光效果”，经常用于图像中的文字和带有 Alpha 通道的图像，产生发光效果。

5）Leave Color

Leave Color 用于消除给定颜色，或者删除层中的其他颜色。

6）Mosaic

Mosaic 效果称为“马赛克效果”，使画面产生马赛克。

7）Motion Tile

Motion Tile 称为“运动分布”，同屏画面中显示多个相同的画面。

8）Noise

Noise 用于产生画面噪波，主要是通过在画面中加入细小的杂点。

9）Roughen Edges

Roughen Edges 是边缘粗糙化，可以模拟腐蚀的纹理或融解效果。

10）Scatter

Scatter 称为“分散效果”，像素被随机分散，产生一种透过毛玻璃观察物体的效果。

11）Strobe Light

闪光灯效果是一个随时间变化的效果，在一些画面中间不断地加入一帧闪白、其他颜色或应用一帧层模式，然后立刻恢复，使连续画面产生闪烁的效果。

12）Texturize

Texturize 称为“贴图化效果”，应用其他层对本层产生浮雕形式的贴图效果。

13）Emboss

浮雕效果不同于 Color Emboss 的地方在于本效果不对中间的彩色像素应用，只对边缘应用。

14）Write-on

Write-on 效果是用画笔在一层中绘画，模拟笔迹和绘制过程。

使用 Write-on 制作钢笔写字效果：

新建固态层 w1，添加 Write-on 特效，并且对 Write-on 特效的 Brush Position 值设置动画，然后把钢笔图片拖入合成中，再把钢笔层的轴心点拖到钢笔尖上，为钢笔层的位置属性添加表达式，把表达式连接到 w1 层的 Brush Position 值上，这样钢笔的动画就和线条的动画一致了，如图 9-56 所示。

11. 文字特效

Text 效果用来产生重叠的文字、数字（编辑时间码）、屏幕滚动和标题等。

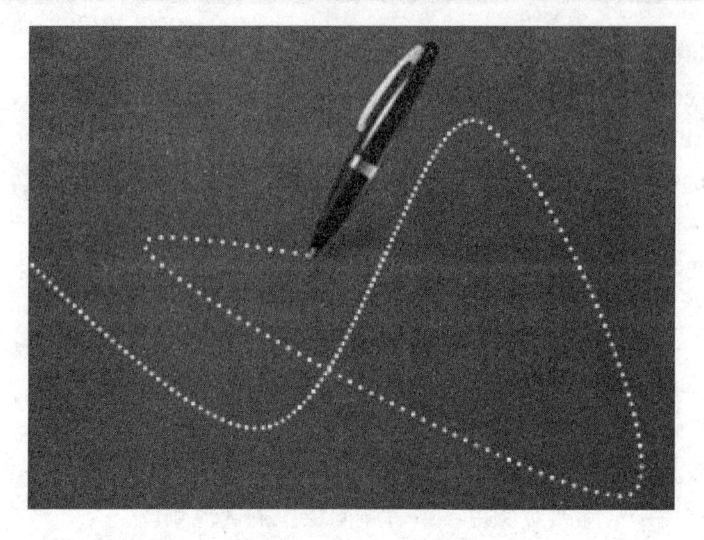

图 9-56 Write-on 效果

1）Basic Text

Basic Text 用于生成基本文字。

2）Numbers

数字效果，产生相关的数字，可以编辑时间码、十六进制数字和当前日期等，并且可以随时间变动刷新，或者随机乱序刷新。

3）Path Text

路径文字特效。另外，文字运动路径还可以通过自定义 MASK 实现。

12．TIME效果

和时间相关的特效，以原素材作为时间基准，在应用时间效果的时候，忽略其他使用的效果。

1）Echo

Echo 效果对包含运动的画面可以营造一种类似于声音效果里回声效果的感觉，延续的画面可以比原画面早。

2）Posterize time

抽帧效果将当前正常的播放速度调制到新的播放速度，但播放时长不变。低于标准速度时会产生跳跃现象。

3）Time displacement

时间替换效果，可在同一画面中反映出运动的全过程。应用的时候要设置映射图层，然后基于图像的亮度值，将图像上明亮的区域替换为几秒钟以后该点的像素。

13．作品案例

Frank Budgen 为奔驰轿车制作的广告片《SPACE TO THINK》（见图 9-57）中，人们上班时忙碌的身影在经过时间特效及模糊处理之后形成连续拖延的影像，直到进入轿车之后，一切才清晰而宁静下来，并以此体现轿车带给人们的享受。

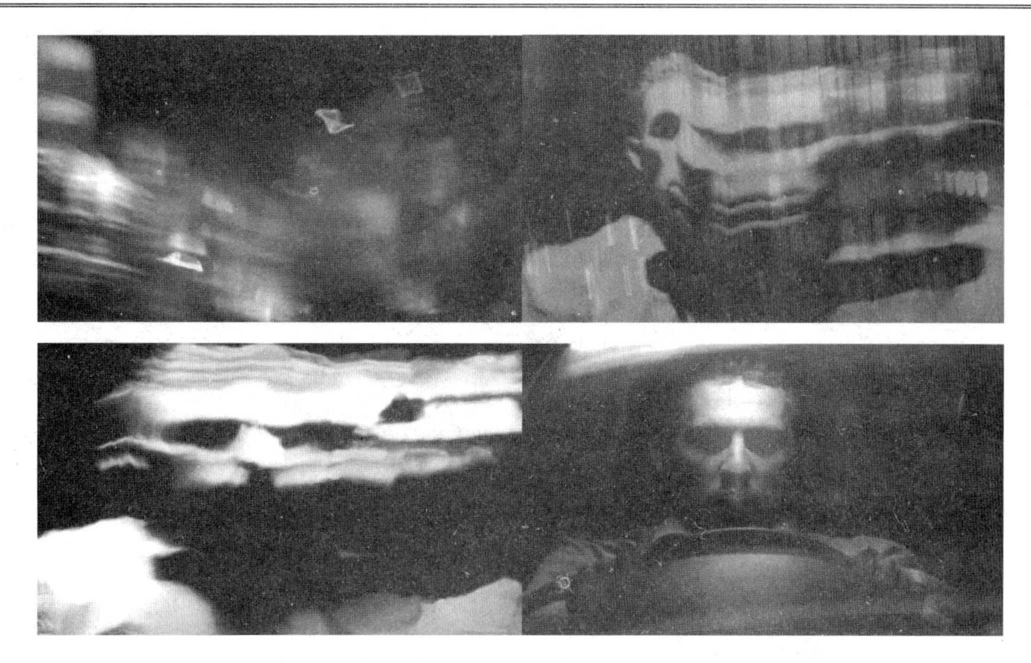

图 9-57　《SPACE TO THINK》

14．Transition 效果

Transition 效果是一系列的转场效果，但 After Effects 不是视频剪辑软件，所以不像 Premiere 那样提供了那么多种转场。另外，Premiere 中转场是作用在两个镜头之间的，而在 After Effects 中转场作用在某一层图像上，所以两层之间的转场效果并不适用于多层合成的 After Effects。

9.5.4　修饰画面

不管在实际拍摄时如何小心注意，也不论使用了多少自动化手段进行合成处理，有时还是会遇上无法自动处理的问题。这时候就需要手工对画面进行修补和处理。

所谓手工，就是拿起笔刷、蘸上颜料，直接在画面上进行绘画。但如今一般是用数字画笔，“蘸着”软件提供的虚拟颜料，在计算机上作画而已。由于面对的是每秒二三十个画面的影视作品，必须对每一个画面进行绘画，因此这项工作显得既耗时又费力。

需要手工在画面上绘制的第一种情况是绘景。有时候需要拍摄的场景并不需要在摄影棚里搭建模型，也不用在三维软件里制作模型，只要有一个天才的画家，在画布上直接画一幅，然后经过处理，只要与其他部分完全融合就可以了。

第二类情况则是要除掉一些不该出现的东西，即通常所说的露馅之处。最常见的是去掉保险绳一类的东西，因为这些是不能让观众看见的。当然，除了绳子外，还会有杆子、支架，或是不能够在某些类型影视片中出现的与片中现实不匹配的东西。诸如此类，一般都比较细小。有时候也会遇到这样的要求，如把画面中的旧宝塔修缮一新。此外，这种工作还常用于弥补画面的技术缺陷，如胶片的划痕、污点或磁带的损伤等。

修饰的诀窍是将画面放大，当画面被放大之后，就很容易把它修改好。必须要把画面连续播放才能看出有没有问题。画面修饰需要无尽的细心和耐心，以及大量的人力、物力。不过随着技术的进步，这种工作也逐渐可以自动化或半自动化了。新的软件允许把跟踪数据用在画出的笔划上，这样就可能在一帧画面上抹去保险绳，然后跟踪它的运动，让笔划始终盖住它。有时还可以利用扭曲功能改变笔划的形状，以适应不同画面的需要。

手工绘图不仅用来为画面遮丑，也可以为画面增色。可以在画面上画出火焰、闪光等，增强画面效果。不过要注意绘制的效果在画面连续播放时是否有闪动、跳跃等情况，一般来说绘制每帧都在变化的效果（比如火焰）就不太容易出现这类问题。

在影视特效合成时，创作者一般首先需要通过蓝（绿）幕技术对影片中的人物进行抠像处理，然后再合成到新的背景中，而普通的实际拍摄的背景素材艺术感很难达到理想的艺术效果，因此在合成时往往需要在视频背景素材的基础之上进行虚拟背景的绘制，这就是所谓的 Matte Painting。

这种绘制一般是对背景视频素材中相对固定的部分进行修饰，往往借助 Photoshop 软件绘制出能够与之相匹配的静态画面，然后在合成软件中叠加到背景视频素材之上，这种制作能够通过虚拟的画面来实现如果真正搭建的话成本过高甚至无法实现的景观、场景或远环境。图 9-58 为 Roger Kupelian 为电影《魔戒》进行 Matte Painting 制作时实际拍摄的素材画面。图 9-59 为进行了 Matte Painting 制作之后的效果，图 9-60 则为电影《魔戒》的最终画面。

图 9-58　电影《魔戒》的素材画面

图 9-59　素材进行了 Matte Painting 制作之后的效果

图 9-60　电影《魔戒》的最终画面

9.5.5　抠像和蓝（绿）幕技术

1. 抠像

所谓的抠像就是利用各种控制素材透明度大小的方法将数字视频素材中的某些部分抠掉，并且将除掉了某些部分的素材层与其他的素材层合成在一起，形成新的没有经过实际拍摄的镜头，这就是人们常说的抠像合成。在数字视频合成中应用的抠像技术有许多不同的方法和手段，之所以有如此多的选择，也是根据合成的目的和需求的不同所产生的。

在传统影视制作中，抠像效果必须经过衬着某些颜色（如蓝色或者绿色）背景幕布场景来拍摄前景对象，然后使用特技处理器的颜色键将蓝色背景幕布场景去掉，只保留前景对象，最后在胶片的冲洗过程中把前景对象与背景合成在一起。

在现代数字影视编辑系统或者数字合成系统中，只要原始视频素材被数字化之后，对于这些有颜色的背景，通常使用抠像处理的过程来使它透明，这个过程一般是利用图像的 Alpha 通道，或者是使用遮罩技术。这里把被抠像的第一场景或者层放在第二层之上，第二层通常包含其他的背景场景，结果形成一个合成影像。在合成影像里，第二层的背景透过第一层透明的部分是可见的，被抠像后剩下的第一层的部分则显示在该背景之上。图 9-61 为电影《魔戒》中的蓝幕抠像合成。

图 9-61　电影《魔戒》中的蓝幕抠像合成

计算机生成的图像一般自身具有 Alpha 通道，但是实际拍摄的视频图像则没有 Alpha 通道，这就要求利用技术手段从画面中提取通道。在数字视频合成技术中，通常使用一种称为通道提取（Matte Extraction）的技术，因此也有人将通道提取称为抠像。

2．蓝（绿）幕技术

蓝（绿）幕技术（Blue Screen）是提取通道最主要的手段。它是在单色的背景前拍摄人物或其他前景对象，然后利用色度的区别把单色背景去掉。所以蓝屏幕技术有个学名叫色度键（Chroma Keying）。西方人的眼睛多是蓝色的，因此更多时候使用绿幕，以防眼睛在抠像时受到影响。

蓝幕或绿幕技术是一个处理过程，它们主要是用来创建太危险的、不太可能的或者不切实际的以及最流行的特别效果的过程，这些过程当今在电影和电视工业中得到广泛使用。创建蓝幕合成图像是从在平均光照，较亮的纯蓝色背景前面拍摄一个对象开始，这里较亮的纯蓝色背景也称为“衬景”。根据被建立的蓝幕色调和密度的区别，可以产生一个中间的 matte（遮片）或者称为 mask（型板）。合成过程使用另外一个图像替换该景色中全部的蓝色区域，这里后者称为背景。请注意当谈论到蓝幕、蓝色衬景等时，可能也很容易地谈论到绿色筛选或者绿色衬景，这是因为绿色依靠其在前景和背景以及其他情况中颜色的优越性也经常被用来代替蓝色。其他的如同红色等衬景颜色也可以在特殊的目的里使用。蓝幕技术可用于静态图像或者数字电影，使用计算机图像的实时数字视频以及其他的应用。

小型的制作，尤其是当使用中镜头时，往往只需要将演员的上半身与虚拟背景融合的时候，一般采用蓝（绿）幕背板即可，如图 9-62 所示。

在表现更大场景的时候，往往需要演员全身运动的影像进行合成，这时如果运动范围不大的话可以使用从墙上一直拖到地面的幕布，如图 9-63 所示。

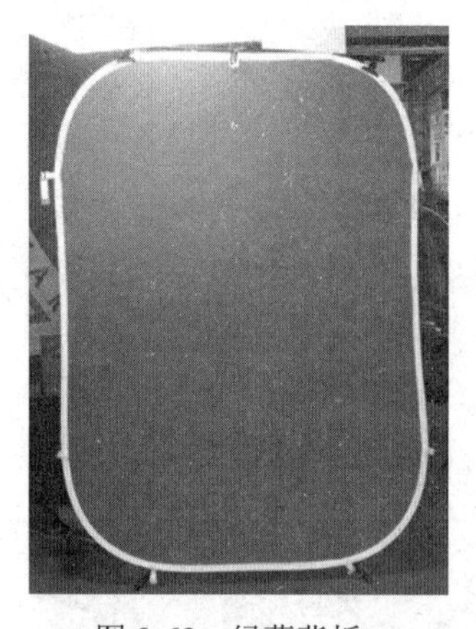

图 9-62　绿幕背板

图 9-63　墙上一直拖到地面的幕布

如果演员需要的运动范围及拍摄的角度变化较大，那么往往需要一个相对封闭的空间，这时一般会使用很大的绿幕墙或将一个房间的三面墙以及地面都刷成绿色，以为演员的运动提供较大范围的绿幕环境，如图 9-64 所示。

3．常用的抠像软件

Apple Shake 的 Depth Key、Depth Slice 和 Keylight 抠像功能是目前最先进的抠像工具，

使用 Depth Key 可以根据图像的深度信息建立 Alpha 通道。Depth Slice 则根据图像的深度信息将 Alpha 通道建立在任意深度位置或区域之上。Keylight 是一个获得过奥斯卡大奖的抠像工具，它可以精确地控制残留在前景对象上的蓝幕或绿幕反光，并将它们替换成新合成背景的环境光。

图 9-64　房间式绿幕环境

在 After Effects 等合成软件中，可以使用 PrimatteKeyer 插件进行精确干净的抠像处理，该插件具有蓝色溢出排除功能，可以为发丝以及半透明对象如烟雾或者蒸汽等建立遮片，参数设置和操作方法也比较简单。

Ultimatte 插件也是应用于 After Effects 以及 Shake 等软件中的典型蓝幕和绿幕图像合成和遮片插件软件，该软件具有保持前景场景上所有细节的能力。使用该公司的 Ultimatte 专利算法可以生成无缝合成图像，广泛地用于电视和电影工业中。

9.5.6 After Effects 抠像

在 AE 里面进行抠像处理，首先导入需要改变背景的录像素材，将其拖动到时间线上，右击该图层，从弹出的快捷菜单中选择 Effect→Keying 命令，并且选择一种抠像插件，如图 9-65 所示。调节其数值参数，在不影响主体的情况下，尽可能多的去掉没用的颜色。对于背景色彩不单一的影像，需要认真细致的操作，直到把背景中的其他颜色去掉为止，但同时要保持主体的完整。之后即可导入新的背景影片或图片，并将该影片或图片插入到原视频层下方，适当调节相关属性，使之与背景自然融合。

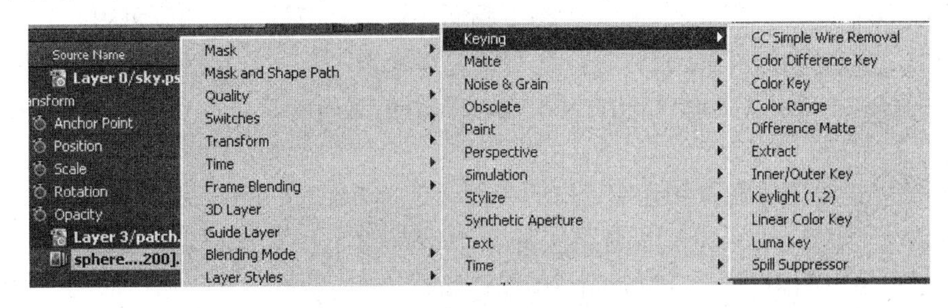

图 9-65　AE 抠像插件

1. 根据颜色进行抠像

1）Color Difference Key

能够对均匀的蓝底上的烟雾、玻璃等半透明物体进行抠像，如图 9-66 所示。

2）Color Key

抠除与抠像底色相近的颜色。对于单一的背景颜色，可称为键控色。当选择了一个键控色（即吸管吸取的颜色），应用 Color Key，被选颜色部分变为透明。同时可以控制键控色的相似程度，调整透明的效果。还可以对键控的边缘进行羽化，消除“毛边”的区域，如图 9-67 所示。

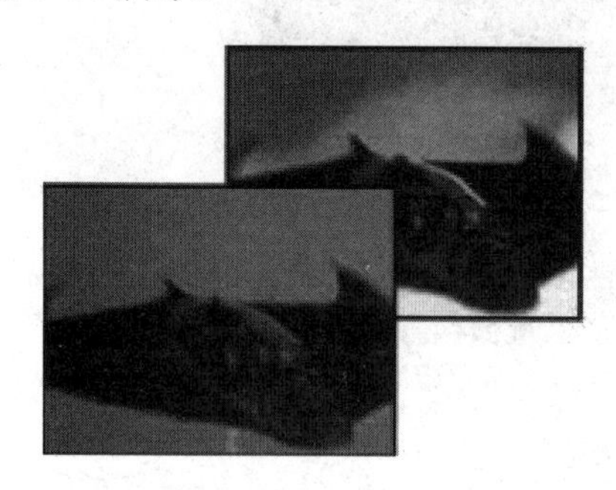

图 9-66　Color Difference Key 效果

图 9-67　Color Key 效果

3）Color Range

Color Range 用于蓝底颜色不均匀时的像，如图 9-68 所示。Color Range 颜色范围通过键出指定的颜色范围产生透明，可以应用的色彩空间包括 Lab、YUV 和 RGB。这种键控方式可以应用在背景包含多个颜色、背景亮度不均匀和包含相同颜色的画面（如玻璃、烟雾等）。

4）Linear Color Key

按颜色、色相、饱和度进行线性抠像。Linear Color Key 线性色键是一个标准的线性键，线性键可以包含半透明的区域。线性色键根据 RGB 彩色信息或 Hue 色相及 Chroma 饱和度信息，与指定的键控色进行比较，产生透明区域。之所以叫做线性键，是因为可以指定一个色彩范围作为键控色。它用于大多数对象，不适合半透明对象。

2. 根据画面进行抠像

1）Difference Matte

Difference Matte 差值遮罩通过比较两层画面，键出相应的位置和颜色相同的像素。最典型的应用是静态背景、固定摄像机、固定镜头和曝光，只需要一帧背景素材，然后让对象在场景中移动，即可从两个相同背景的图层中将前景抠出来。效果控制参数如图 9-69 所示。

View 可以切换预览窗口和合成窗口的视图，选择 Final Output 最终输出结果，Source Only 显示源素材，Matte Only 显示遮罩视图。Difference Layer 选择用于比较的差值层，None 表示没有层列表中的某一层。If Layer Sizes Differ 用于当两层尺寸不同的时候。可以选择

Center 将差值层放在源层中间比较，其他的地方用黑色填充。Stretch to Fit 是伸缩差值层，使两层尺寸一致，不过有可能使背景图像变形。Matching Tolerance 用于调整匹配范围。Matching Softness 用于调整匹配的柔和程度。Blur Before Difference 用于“模糊”比较的像素，从而清除合成图像中的杂点，并不会使图像模糊。

图 9-68　Color Range 效果

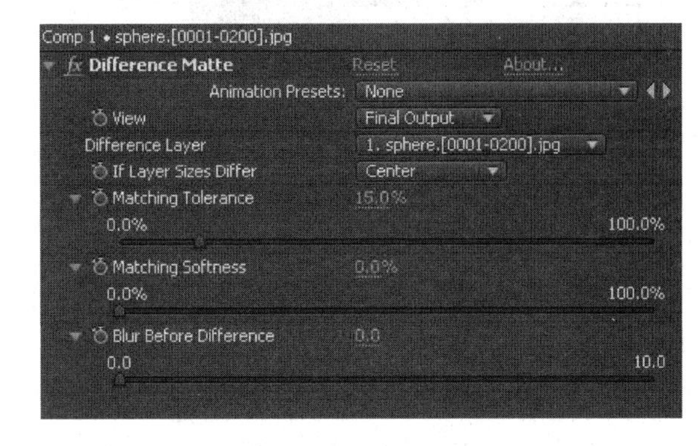

图 9-69　Difference Matte 参数面板

其效果如图 9-70 所示，其中 A 为原始素材，B 为背景影像，C 为新的背景，D 为最终合成效果。

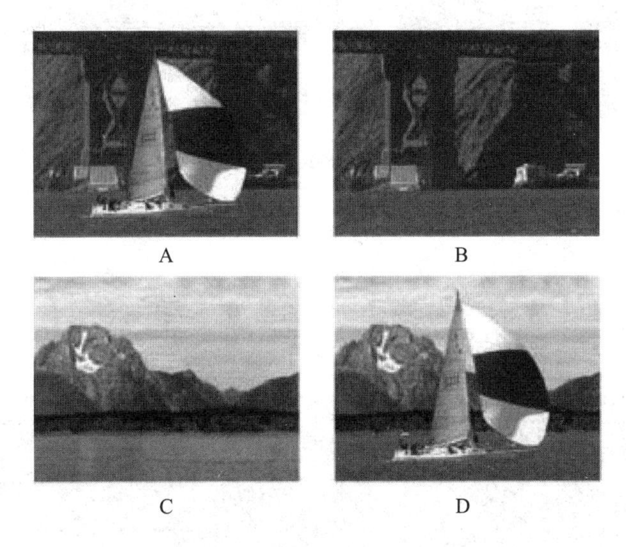

图 9-70　Difference Matte 效果

2）Inner/Outer Key

根据路径自动对前景进行抠像处理。此特效须借助遮罩来实现，适用于动感不是很强的影片。用 Inner /Outer Key 来处理毛发效果比较好，如图 9-71 所示。

3. 根据亮度进行抠像

1）Extract

用于白底或黑底情况下的抠像。Extract 根据指定的一个亮度范围来产生透明，亮度范围的选择基于通道的直方图（Histogram）。Extract 适用于以白色或黑色为背景拍摄的素材，或者前、后背景亮度差异比较大的情况，也可消除阴影，如图 9-72 所示。

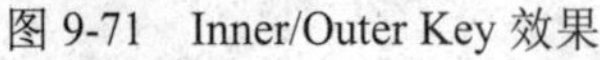

图 9-71　Inner/Outer Key 效果

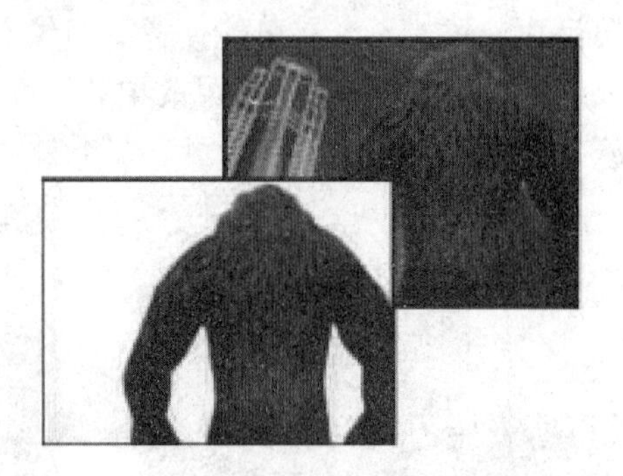

图 9-72　Extract 抠像效果

2）Luma Key

明暗反差很大的图像，可以应用亮键（Luma Key）使背景透明。亮键设置某个亮度值为“阈值”，低于或高于这个值的亮度设为透明，如图 9-73 所示。

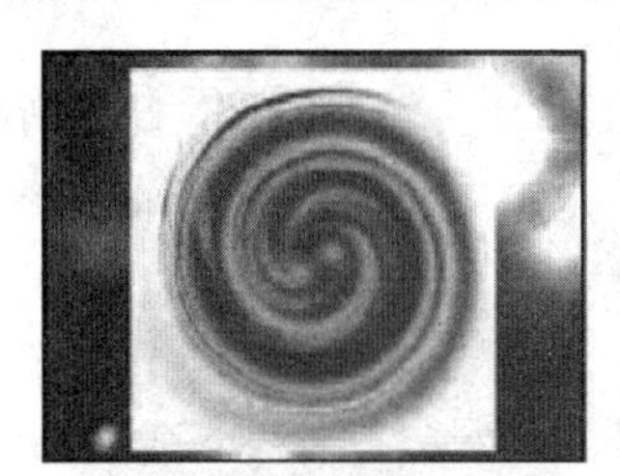

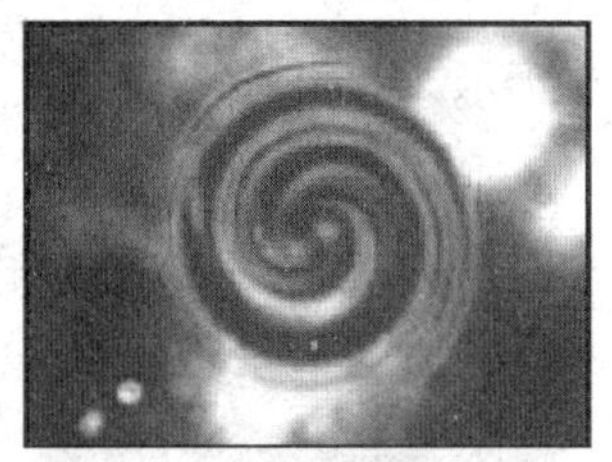

图 9-73　Luma Key 抠像合成效果

4．After Effects抠像实例

首先在 After Effects 中新建一个项目，将背景及需要抠像的素材拖放到窗口中，并且将上下图层的位置关系设置好，如图 9-74 所示。

图 9-74　新建项目，置入素材

然后选中需要抠像的图层右击，从弹出的快捷菜单中选择 Effect→Keying→Keylight(1.2)命令，如图 9-75 所示，打开插件设置窗口。

图 9-75　执行右键菜单 Effect→Keying→Keylight(1.2)

然后在 Keylight 插件的参数面板中选择 Screen Color 后面的工具，在人物的背景色上单击对背景色进行取样，如图 9-76 所示，同时对 Screen Shrink 参数进行调整，将其设置为–0.1 以收缩边界，以消除合成时会产生的毛边，得到的结果如图 9-77 所示。

图 9-76　对背景色进行取样

图 9-77　抠像合成结果

9.5.7　Nuke 抠像合成

下面以 Nuke 的抠像为例，介绍使用其进行抠像合成的方法。

1. 蓝幕抠像

为了在 Nuke 中进行抠像，首先展开工具箱中的 Keyer 项目，选择其中的 Primatte，如图 9-78 所示。Primatte 是一个优秀的抠像插件，能够完成处理蓝幕或单色背景之下的抠像工作。

然后展开工具箱中的 Image 项目，选择其中的 Read，如图 9-79 所示。

图 9-78　选择 Keyer 项目中的 Primatte

图 9-79　选择 Image 项目中的 Read

之后浏览找到需要抠像合成的素材，并且将其打开，如图 9-80 所示。

图 9-80　打开抠像合成用的素材

然后将 Node Graph 里的 4 个节点按如图 9-81 所示的方式进行连接，将 Primatte 节点的 fg 输入拖动到前景图像，将 Primatte 节点的 bg 输出拖动到背景图像，并且将 Viewer1 的箭头拖动到与 Primatte 连接，这样就完成了抠像的准备工作。

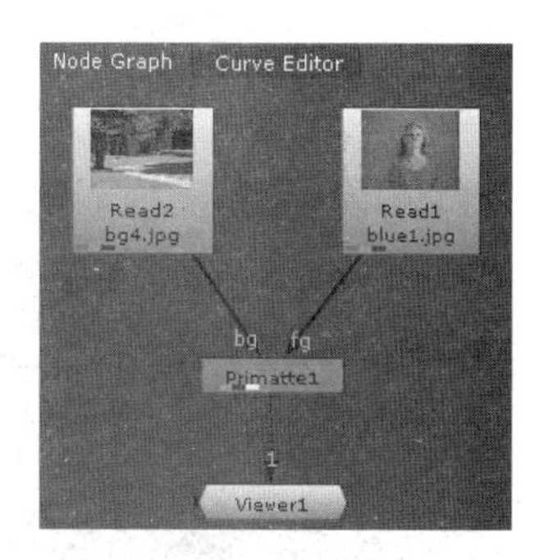

图 9-81　连接节点

然后双击 Primatte 节点，展开其属性面板，如图 9-82 所示。将 operation 选项设置为 Select BG Color 模式，并且按下这个面板下面的吸管工具，如图 9-83 所示。

接下来按住 Ctrl 键，在工作区预览画面的蓝色区域单击，即可实现初步的抠像处理，如图 9-84 所示。

图 9-82　展开 Primatte 节点属性面板

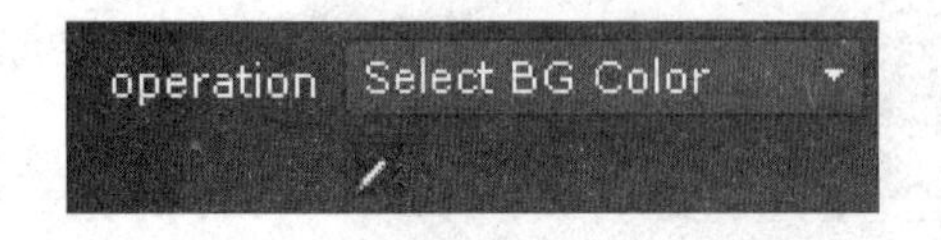

图 9-83 按下吸管工具

图 9-84 初步抠像

但是此时注意到，有的局部仍然受到原先蓝色背景的影响，而且画面上都有一层淡淡的蓝色，如图 9-85 所示，因此还需要进一步的处理。

将鼠标放在预览窗口，按下 A 键，预览窗口将显示出当前抠像所获取的 Matte 蒙版，如图 9-86 所示，可以看出这时抠像的效果还不理想。

图 9-85 有的局部受到原先蓝色背景的影响

图 9-86 Matte

将 operation 选项设置为 Clean BG Noise 模式，并且按下这个面板下面的吸管工具，如图 9-87 所示。

按住 Ctrl 键，使用吸管对原是蓝色的背景色区域进行取样，使之变成全黑，如图 9-88 所示。

图 9-87 将 operation 选项设置为 Clean BG Noise 模式

图 9-88 对原是蓝色的背景色区域进行取样

接下来将 operation 选项设置为 Clean BG Noise 模式，按下这个面板下面的吸管工具，使用鼠标滚轮放大局部区域，并且按住 Ctrl 键的同时使用吸管对原是人物的前景色区域进行取样，使之变成全白。图 9-89 为清除前景杂色前后对比。

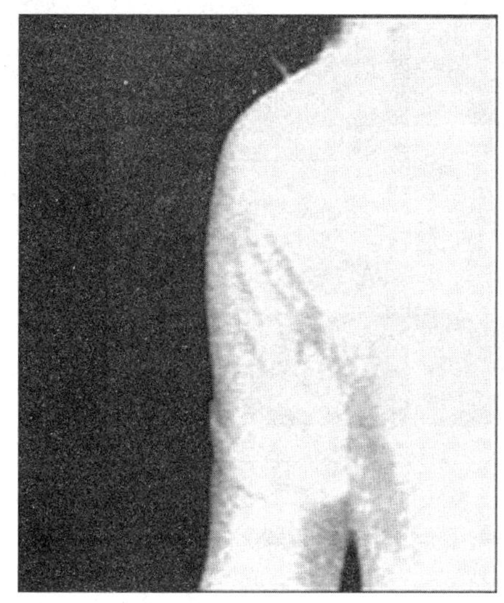
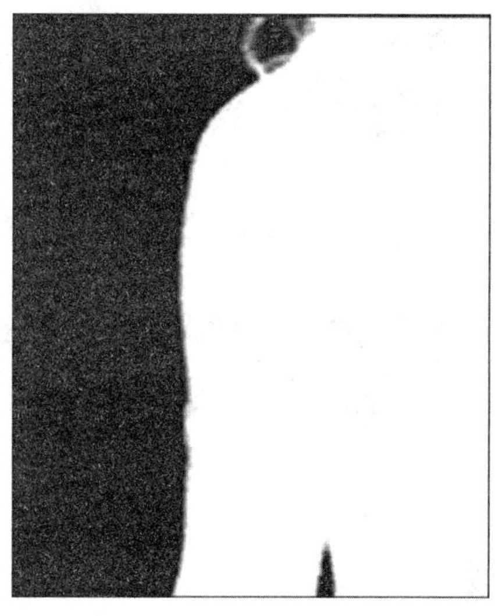

图 9-89　清除前景杂色前后对比

图 9-90 为这个抠像合成的最终效果。

2. Primatte抠像合成的效果控制

1）溢色控制

对于容易产生高光的问题，可以使用溢色（Spill）控制，将 Primatte 节点的 operation 选项设置为 Spill（+）、Spill（–）或 Spill Sponge 模式，并且按下这个面板下面的吸管工具，如图 9-91 所示。

图 9-90　最终效果

图 9-91　将 operation 选项设置为 Spill 模式

然后按住 Ctrl 键，使用吸管对原是蓝色的背景色区域进行取样，可以增加或减少溢色区域。图 9-92 为使用 Spill（+）与 Spill（–）模式连续取样后的效果对比。

2）厚度或稠度控制

Primatte 节点的 operation 选项中的 Matte（+）和 Matte（–）可以用于控制半透明状主体的厚度或稠度。图 9-93 显示了从 Matte（–）到 Matte（+）烟雾部分的稠度变化。

图 9-92 使用 Spill（+）与 Spill（–）模式连续取样后的效果对比

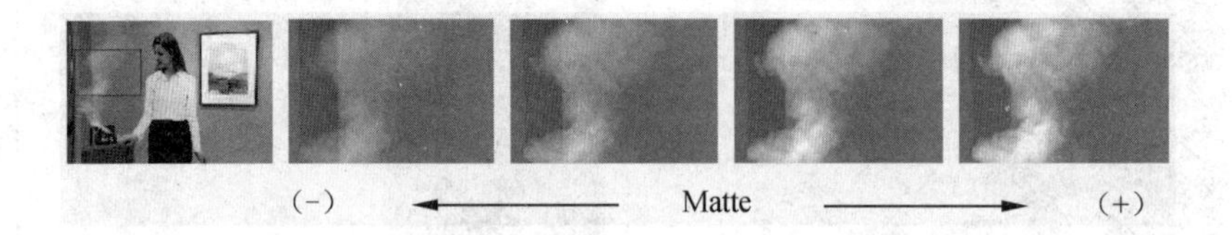

图 9-93 从 Matte (–)到 Matte (+)烟雾部分的稠度变化

3）细节控制

Primatte 节点的 operation 选项中的 Detail（+）和 Detail（–）能够用于更精细地清除或恢复背景中的杂点，从而控制抠像合成中半透明部分的细节，如图 9-94 所示。

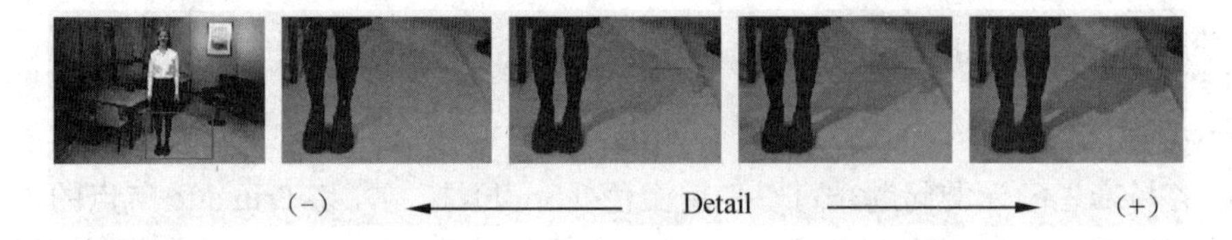

图 9-94 从 Detail (–) 到 Detail (+) 阴影部分的细节变化

3. Primatte溢色替换模式

1）Complemental Replacement Mode

这是缺省的溢色替换模式。如果前景图片的溢色不明显的话，这种模式能够获取比较理想的效果，如图 9-95 所示。

 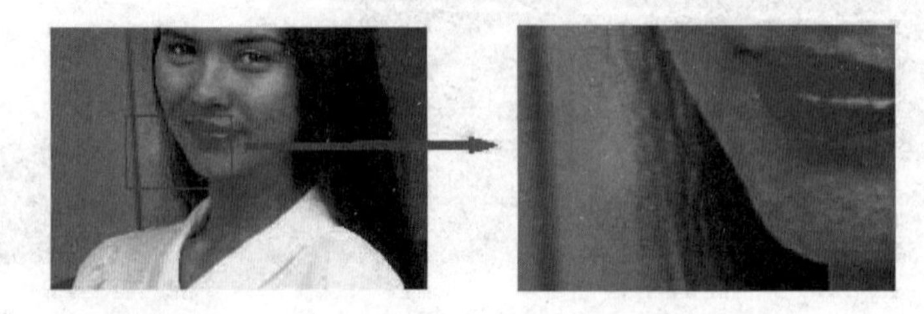

图 9-95 Complemental Replacement Mode

但这种模式对溢色区域比较敏感，背景色会对前景产生较大影响，如图 9-96 所示。

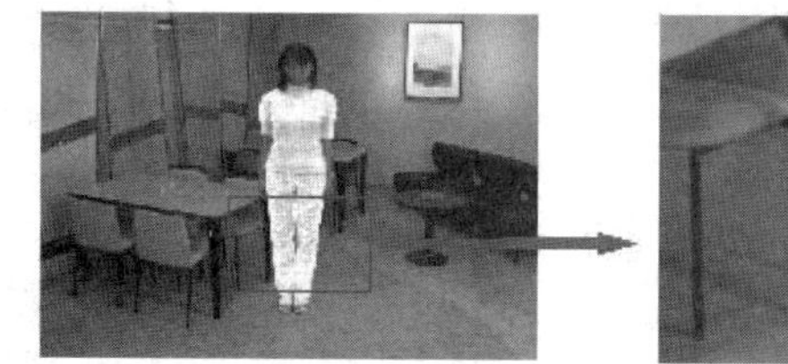
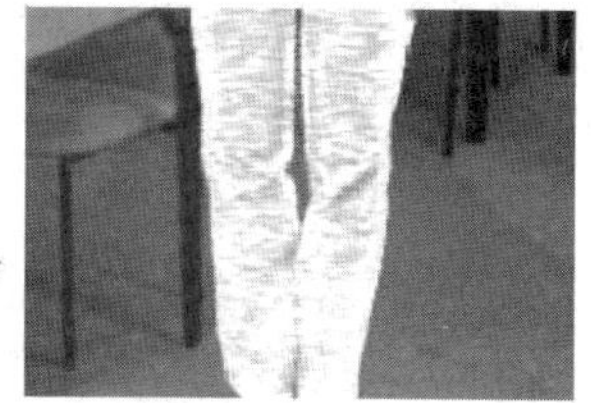

图 9-96　Complemental Replacement Mode 对溢色区域比较敏感

2）Solid Color Replacement Mode

对于存在明显溢色区域的前景，可以使用 Solid Color Replacement Mode，并且采用调色板自定义替换用的色彩，就能够获取较好的效果，如图 9-97 所示。

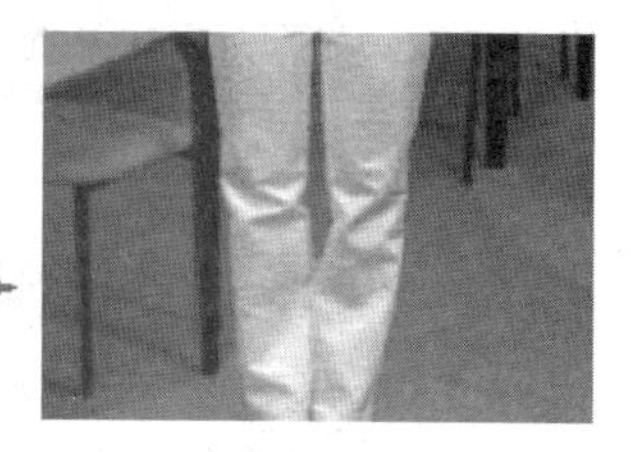

图 9-97　Solid Color Replacement Mode

在这种模式下，可以单击 Replace Color 面板后的圆形按钮，如图 9-98 所示。打开调色板选择所需要的颜色，如图 9-99 所示，之后选中的颜色就会作为替换颜色。

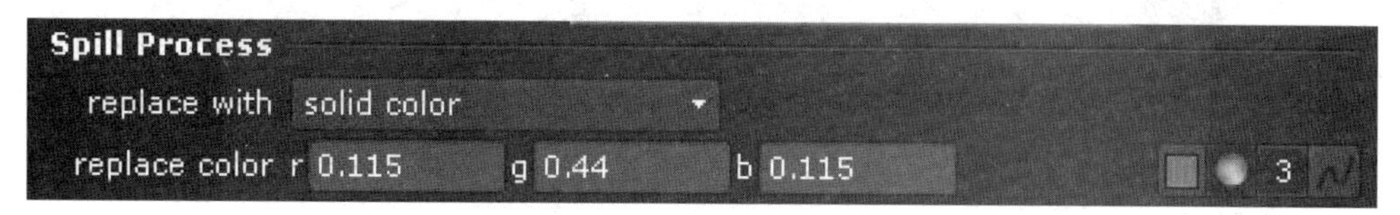

图 9-98　单击 Replace Color 面板后的圆形按钮

图 9-99　调色板

3）Defocus Replacement Mode

当抠取出一个半透明的前景物体之后，将其与背景图像合成的时候，采用 Complemental Replacement 模式（见图 9-100（d））或 Solid Color Replacement 模式（见图

9-100（e），采用黄色做替换）往往都不能获取自然的效果。这主要是因为这两种模式并没有体现出背景色彩通过半透明物体之后会虚化的效果。Defocus Replacement 模式很好地解决了这个问题，如图 9-100（f）所示。

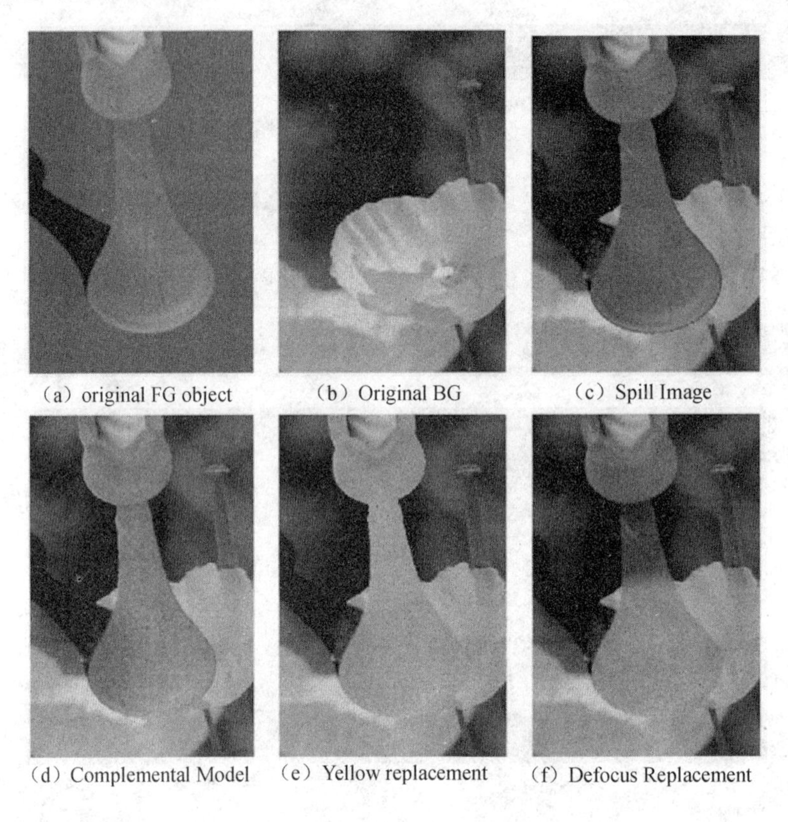

图 9-100　半透明物体抠像合成几种模式的效果对比

9.5.8　粒子特效与光效

1. 粒子效果

粒子运动场效果的基本原理是使用高级的基于特技效果的粒子系统，这种粒子系统能够简化此类粒子的运动动画。利用粒子运动场效果所产生的粒子动画效果，可以逼真地模拟现实世界中不同粒子对象之间的相互物理作用。例如，若是需要建立下雪的效果，而且还希望使在每个素材层运动路径上的运动都是逼真的，这样在普通版本的数字编辑合成软件中，通常必须人工使许多单独的雪片素材层动起来才能够制作出效果满意的动画，这样做的代价是需要人力和时间。如果使用粒子运动场效果，可以将单一的雪片素材层转化为许多的雪片，而且这些变化出来的雪花，每个雪片的运动方式都是完全不同的，并且所有的雪片又都是十分逼真地飘落在地。

粒子运动场依靠一些内建的物理学原理，包括重力、排斥吸引力以及屏障等，来保证生成极为逼真的动画运动效果。由于有许多的选项参数需要调整确定，因此粒子运动场效果的使用也就相对比较困难一些，通过使用粒子运动场效果的详细控制，可以模仿出极为复杂的粒子群体运动的效果。

2．Particle Illusion软件

Particle Illusion 是一套粒子效果系统及影像特效合成工具，能够快速、方便地制作出有趣而多样化的效果。现已广泛地应用在电影制作、电影特效上，它的 2D 工作接口非常的容易操作，可以直接从粒子发生器（Emitter）数据库中选择任何的效果并放入工作区中。并且大多数的粒子发生器效果的属性都可以在其属性对话框中找到，从工作区中改变参数并立即显示出其结果。Illusion 支持多层及其相关功能，可以整合其效果到 3D 环境或影片中。Illusion 还可以建立带有 Alpha 通道的影像，从而方便跟其他的软件进行影像合成。一般 3D 软件在产生火焰、云雾或烟等效果时需要大量的运算时间，而 Illusion 在产生相同的效果时，利用一个粒子影像来仿真大量的粒子，如此一来可节省大量计算及着色的时间，例如利用一只小鸟来产生一大群小鸟的动画。或是使用公司的标志来产生各种分子的运动，如图 9-101 所示。

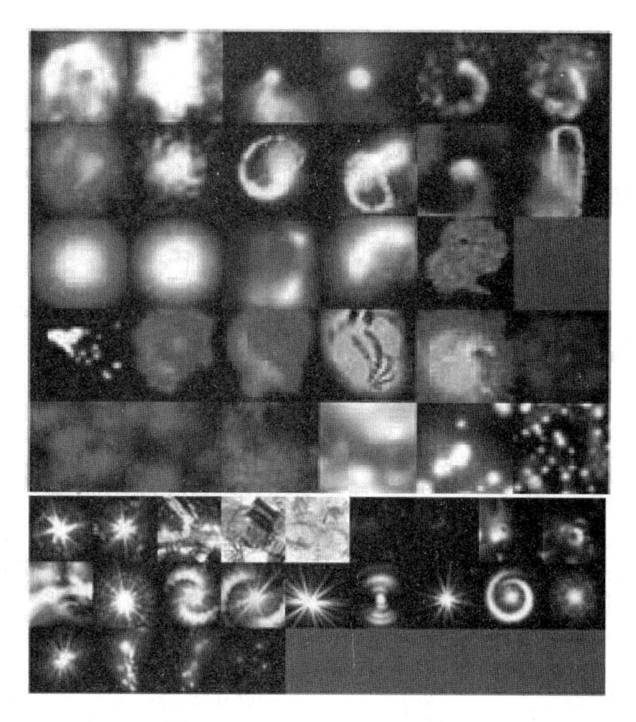

图 9-101　Particle Illusion 效果

9.5.9　运动跟踪

运动跟踪或称为动态跟踪技术，主要是运用在影视合成中。该技术的效果在某种意义上类似于视频合成编辑中的动态抠像，或者说利用动态跟踪技术可以实现传统的特技跟踪键的功能，因此它是进行高级视频编辑时经常要使用的一项技术。比如说有时在进行影视合成中，可能需要为某个运动的物体或者人物附加上一些东西，就像为某些人或动物附加

上光环或者翅膀等事物，而这些附加的事物可以通过绘画或图像处理程序来制作。由此可以使合成后的影视片段产生更加强烈的视觉效果。

1．运动跟踪的原理

实现运动跟踪的基本原理是在一个运动视频素材中定义一个需要进行运动跟踪的时间段，在时间段中定义一个需要跟踪的区域，通过将该指定区域中的像素与整个时间段中每个后续帧的像素相匹配来实现运动跟踪。

举例具体说明。假如在如图 9-102 所示的视频素材中，内容是一艘船在航行，如果需要在此船的船头（见图 9-103）上增加一杆旗帜，就可以将这个船的船头上的特征点定义为跟踪区域，同时将该素材作为一个层，并且在此层中跟踪船头的运动，然后为合成过程增加一个静态图像层，该静态图像层是一顶旗帜图像，把它作为第二层。这时就可以利用 After Effects 软件的运动跟踪器来实现运动跟踪，也就是将一个静态的旗帜图像与运动的船头结合在一起，使观众感觉不到这个旗帜是在后期制作时加上的，而好像是拍摄时就有的。

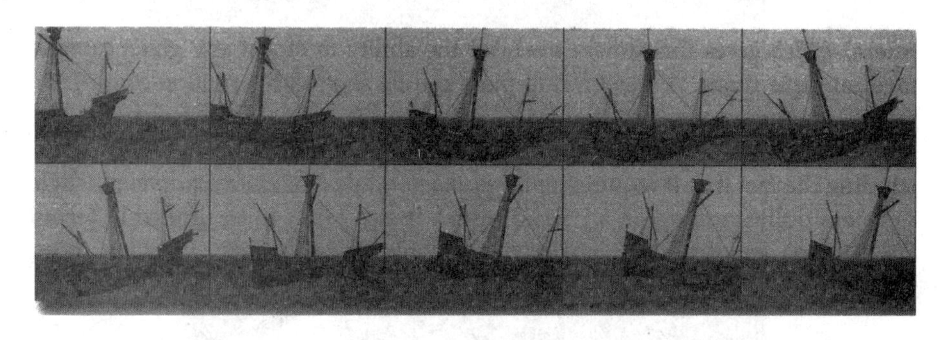

图 9-102　运动的船的素材

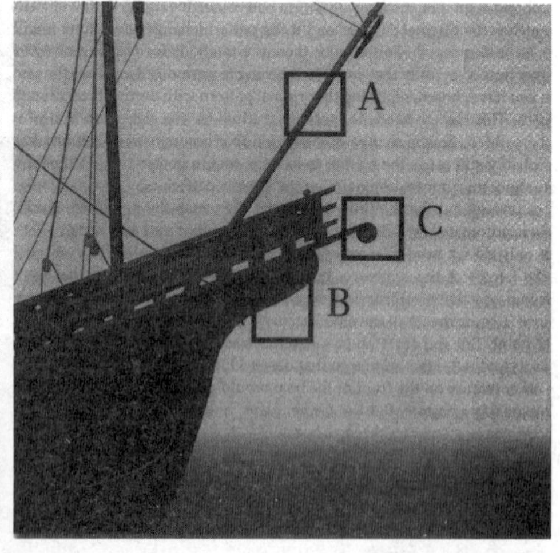

图 9-103　将船头的特征点定义为跟踪点

同样，其他的运动跟踪效果的使用也大致上与此相同，但是不同公司提供的运动跟踪特技效果，其跟踪的具体方式可能有所不同，这同样需要去研究它的使用方法，如果能够熟练地掌握其具体使用方法，运用起来才能达到熟中生巧的境界。

图 9-104　跟踪用图片系列中的一张

2. NUKE运动跟踪制作

AE、Shake 和 NUKE 等软件都具有运动跟踪的功能，此处以 NUKE 为例介绍运动跟踪的制作方法。

首先按下 R 键，打开用于进行跟踪的图片系列，如图 9-104 所示。然后按下 S 键，打开合成设置选项框，在full size format下拉列表中选择 New，在弹出的对话框中进行合成分辨率的设置，如图 9-105 所示。设置好之后，在 name 文本框中输入当前设置的名称，保存即可。

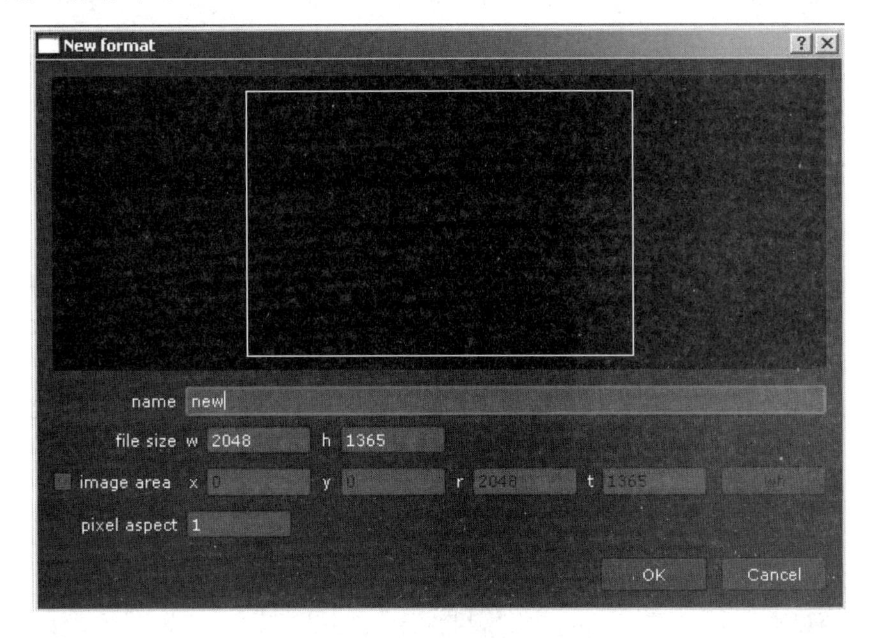

图 9-105　合成分辨率设置

然后单击 Transform 组下面的 Tracker 按钮，为当前图片系列增加一个运动跟踪节点。之后双击 Tracker 节点，打开其属性面板，选中 Tracker1 后面的 enable use to calculate：和 T 复选框。此处，T 代表进行位置的移动跟踪。如果要跟踪的点有随镜头旋转及缩放的情况，则需要选中 R（旋转）或 S（缩放）复选框，这时画面上出现一个跟踪区域，如图 9-106 所示，可拖动边角调整其大小。

图 9-106　跟踪区域

为图片中计算机屏幕的 4 个角中的一个添加一个跟踪点，把一张图片合成到计算机屏幕中，并且使之看起来就像是本来就存在于屏幕里一样，并且跟随屏幕而运动。

添加好跟踪点之后，单击 Tracker 属性面板中的 Track the next frame 按钮，进行逐帧的跟踪，此时会生成几个跟踪点的运动曲线，如图 9-107 所示。完成一个点的跟踪制作之后，再以相同的方法对其他的三个跟踪点进行跟踪制作。当然也可以同时跟踪 4 个点，但是这样几个跟踪点之间容易互相干扰。

图 9-107　跟踪点的运动曲线

注意到左上角的一个跟踪点在某个帧的位置会运动到画面之外，此时这个点的跟踪会停止下来，这时在当前帧按住 Ctrl 键，将这个跟踪点拖动到最近的另外一个跟踪点上，然后松开鼠标，这时会在两个点之间出现一条黄线，如图 9-108 所示，这时建立了关联，然后继续单击 Tracker 属性面板中的 Track the next frame 按钮，进行逐帧的跟踪直到跟踪完成。

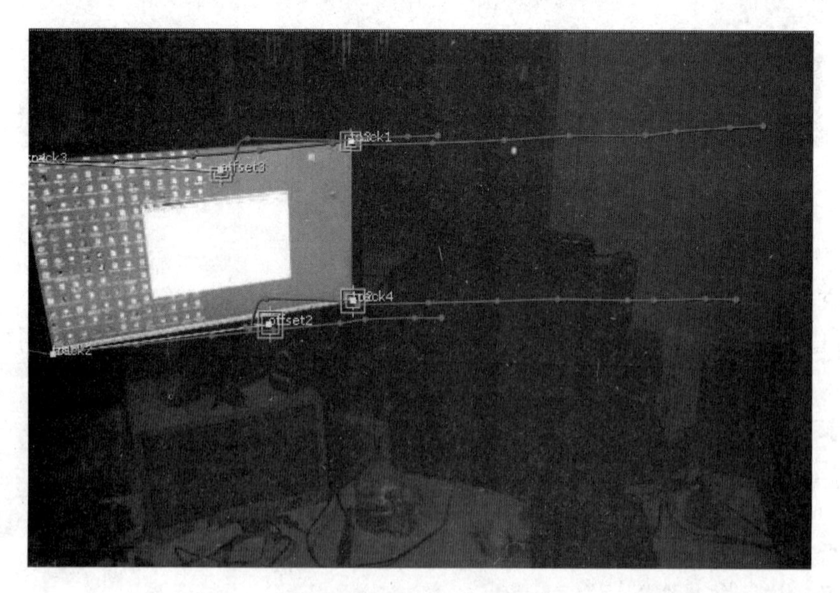

图 9-108　超出画面之外的跟踪点

然后按下 R 键，读入要合成到屏幕中的画面，如图 9-109 所示，并单击 Transform 组

图 9-109　要合成到屏幕中的画面

下面的 CornerPin 按钮，双击 CornerPin2D1 节点图标，打开其属性面板，此时要将 4 个跟踪点与 CornerPin2D1 节点的 4 个角点进行关联。

需要注意的是，4 个跟踪点与 CornerPin2D1 节点的 4 个角点的编号并不是对应的，需要根据实际对应情况进行关联。双击 Tracker 节点，打开其属性面板，然后根据其跟踪点与 CornerPin2D1 节点的 4 个角点的对应关系，按住 Ctrl 键，将 4 个跟踪点的参数按钮依次拖动到CornerPin2D1 节点相应角点的参数按钮上，如图 9-110 所示。

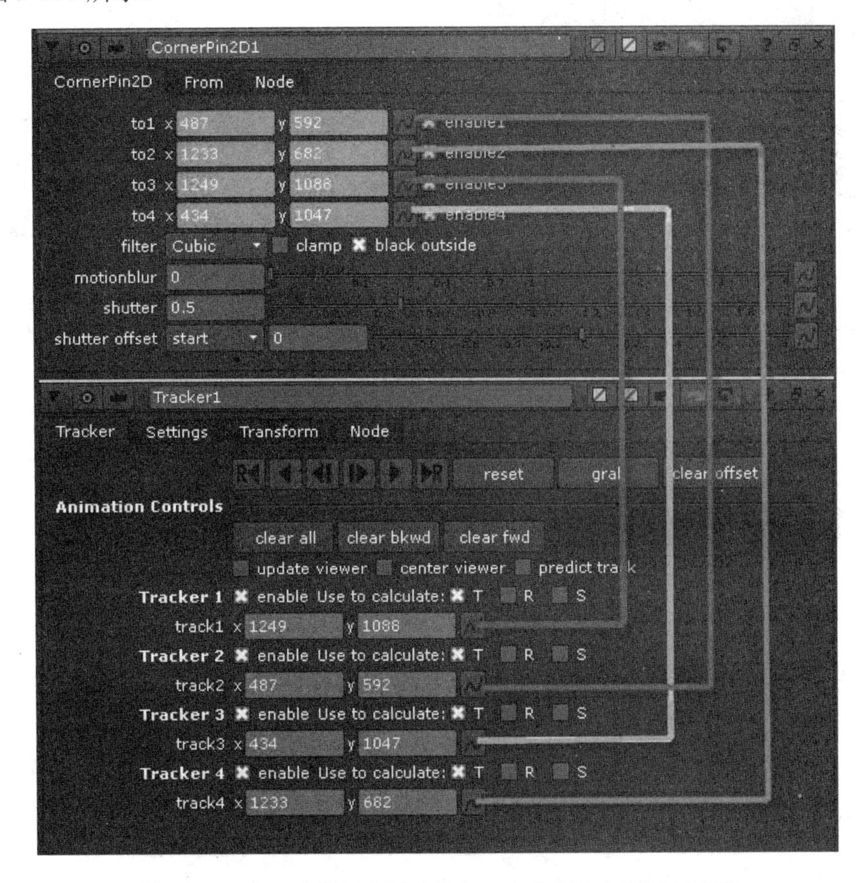

图 9-110　将 4 个跟踪点的参数与 4 个角点的参数进行关联

建立关联之后，CornerPin2D1 节点和 Tracker 节点之间会出现一条蓝线，如图 9-111 所示。

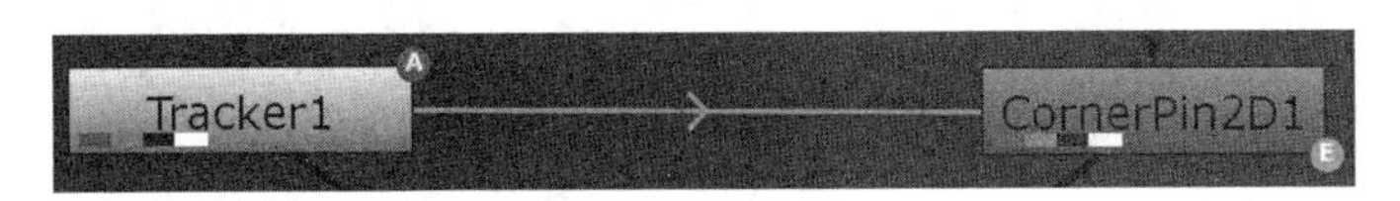

图 9-111　CornerPin2D1 节点和 Tracker 节点之间出现一条蓝线

此时要将图片合成到屏幕里还需要选择Merges组下面的Merges节点里的Plus子节点，Merges ▶ Plus。Plus 节点有 A、B 两个输入，将它们分别与 CornerPin2D1 节点和跟踪相连接，并且调整好对应关系，图片就合成到屏幕之上，此时节点图如图 9-112 所示。

为了调整合成的叠加方式，可双击 Plus 节点，打开其属性面板，此处需要的是简单的叠加遮挡效果，所以将 operation 选项设置为 atop，如图 9-113 所示。

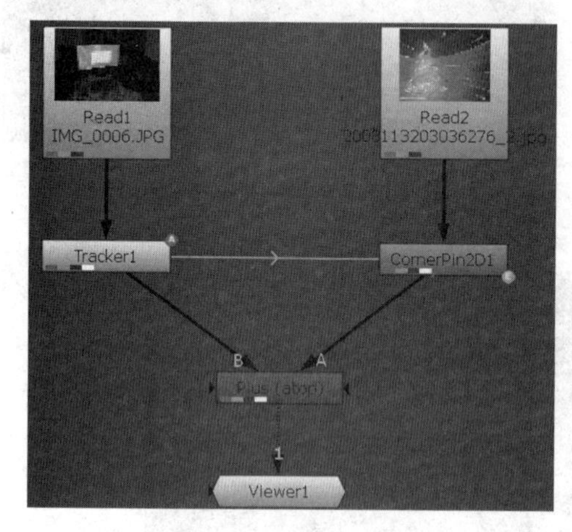

图 9-112　完成后的节点图

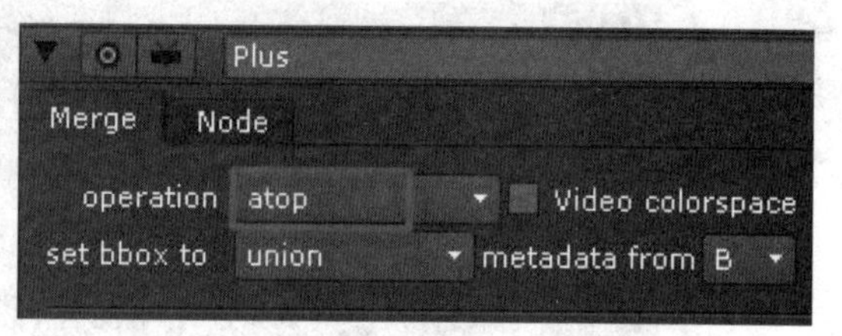

图 9-113　Plus 节点的属性面板

最终合成效果如图 9-114 所示。

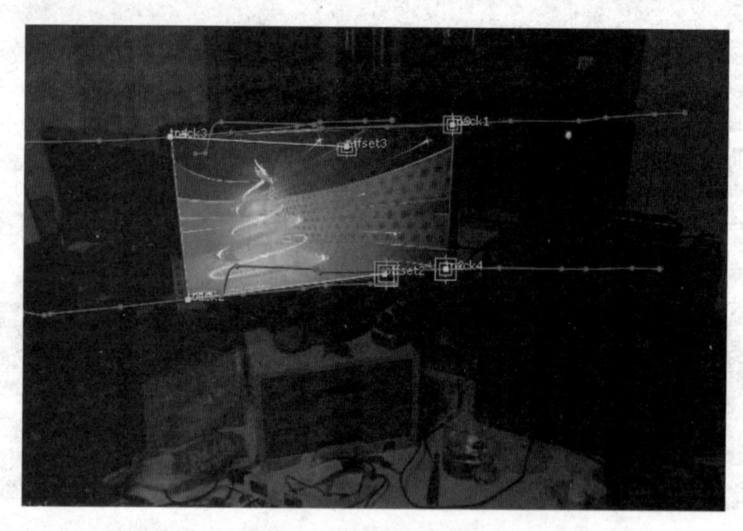

图 9-114　完成后的效果图

3. 运动跟踪作品案例

在如图 9-115 所示的作品中，许多篮球运动员在球场上奋力追逐，并且做出投篮、防守等动作，但是在这部片子中，自始至终没有看到篮球的存在，这真是一个没有篮球的篮球赛吗？其实不然，在这个片子中，篮球被定义为跟踪物体，并且使用背景图像内容将跟踪所得到的区域覆盖了，从而形成我们看到的幽默效果。

KAJERA
21
44
2nd
TEMP 0
15
MISS 0 1st
MSU 0 5:06
MISS 0 1st
MSU 0 5:05
30

图 9-115 没有篮球的篮球赛

9.5.10 动画合成

大多数数字编辑合成软件可以给视频画面增加光线照射的效果。像 Inferno、Flame、Flint、Nuke 和 Shake 等软件，可以在真正的三维空间内操纵画面，这有点类似于三维软件。它们和三维软件一样，也可以设置各种灯光，照射各个画面，产生光照效果。

另外，在合成软件中，虽然灯光打在平面画面上时不会产生像在三维软件中看到的那样真实的阴影和高光。但是，如果用位移的方式在画面上制造出凹凸效果，就可以发现它们对光线的反应和真正的三维物体一样。这些就是在合成中运用光照的结果。还有很多其他有趣的光线效果，像眩光（Lens Flare）就是最常用（也许是过于常用）的一种。当镜头正对太阳等强光源时，画面上就会出现眩光，合成师经常利用这种效果来增加真实感或画面形式感。此外，光晕、光束和闪电等光线效果也很常用。

9.5.11 三维环境里的视频合成

1．三维合成软件Nuke

Nuke 是一个曾经获得学院奖（Academy Award）的数码合成软件。Nuke 无需专门的硬件平台，却能为艺术家提供组合和操作扫描照片、视频板以及计算机自动生成的图像等多种功能。Nuke 合成软件参与制作的著名影视作品有《后天》、《机械公敌》、《极限特工》、《泰坦尼克号》、《阿波罗 13》、《真实的谎言》、《X 战警》和《金刚》等。

Nuke 软件是为数不多的几个携带三维空间的特效合成软件，可以很好地引入 OBJ、DXF 等三维软件的场景格式。在导入模型时，Nuke 可以很好地识别三维软件中的贴图和贴图坐标，除了导入模型外，Nuke 软件还可以创建自己的模型、摄像机和灯光，并可以快速地在三维场景模式和 2D 合成模式中自由切换，也可以把合成场景作为贴图附在模型上。Nuke 在三维场景内可以创建多个摄像机和灯光，并设置物体的投影和摄像机的景深，如图 9-116 所示。

图 9-116　Nuke 三维合成示意

2．作品鉴赏

图 9-117 为 Sarosi Anita 的三维合成作品。在这个作品中，视频素材中房子的各个部分被抠取出来，然后在三维空间中重新组织安排，形成一间概念化的房屋，而演员则在这个概念化房屋的虚拟空间里行走及表演。所有素材都来自真实世界的视频画面，经过三维合成之后呈现出一种超现实的美感。

图 9-117　Sarosi Anita 作品

3. 电影《魔戒》中的视频三维合成

Dylan Cole 为电影《魔戒》创作了大量精彩的视频三维合成效果，如图 9-118 所示。

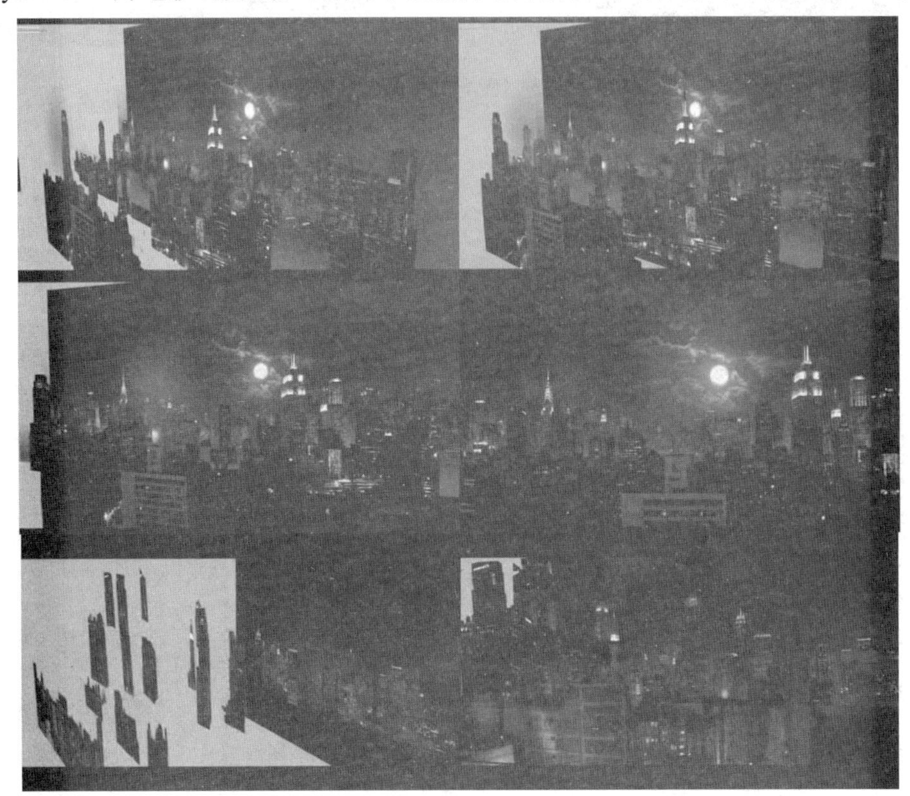

图 9-118 电影《魔戒》中的视频三维合成

4. NUKE三维合成制作

首先按下 R 键，或单击 Read 按钮，读入素材，如图 9-119 所示，此时首先读入一张已经经过 Photoshop 抠像得到的大楼的 PSD 文件。

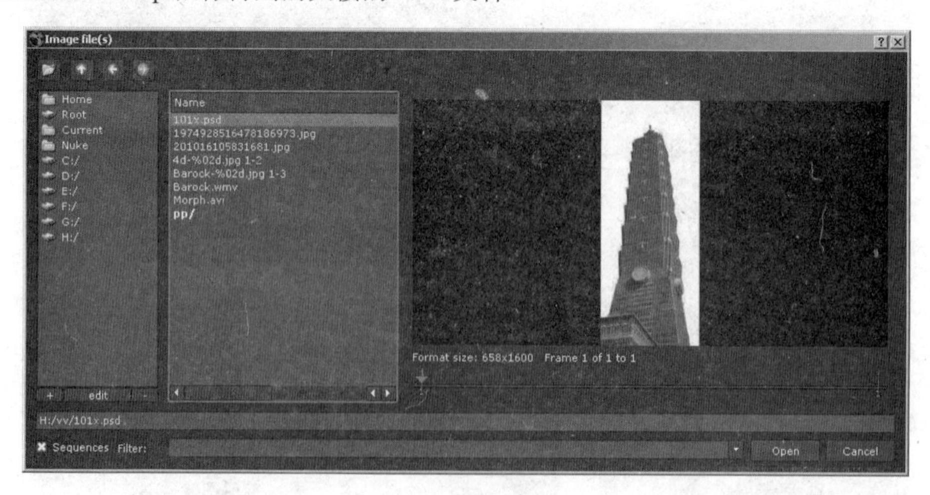

图 9-119 读入素材

然后在选中所读图像的时候单击 Shuffle 按钮，再单击 Merge 组里的 Premult 按钮，对 PSD 里的图层进行读取。读取图层的时候双击工作区中的 Shuffle 图标，在其属性栏中选择 PSD 文件中相应图层的名称，如图 9-120 所示。

之后双击 Premult 图标，在其属性栏 multiply 中选择 all，如图 9-121 所示。

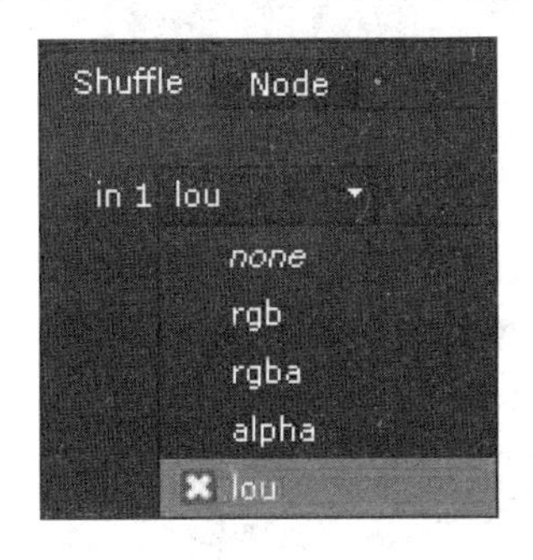

图 9-120　选择 PSD 文件中相应图层的名称

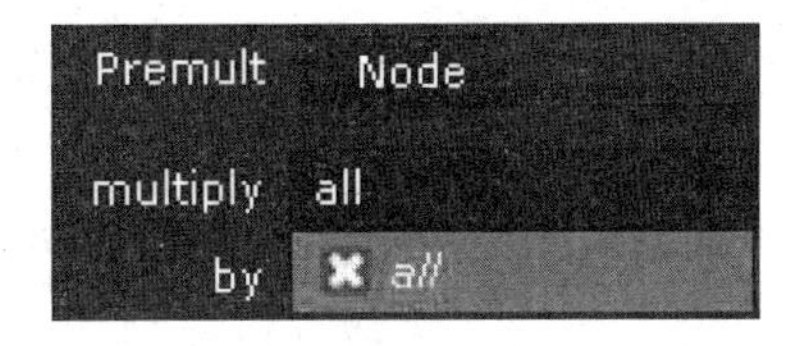

图 9-121　在属性栏 multiply 中选择 all

之后在 Transform 组中找到并且单击 Card3D 节点，如图 9-122 所示，此时 Premult 节点将连接到 Card3D 节点，然后将 Card3D 节点连接到 Viewer 节点，同时在预览窗口上方切换到 3D 场景模式，如图 9-123 所示。

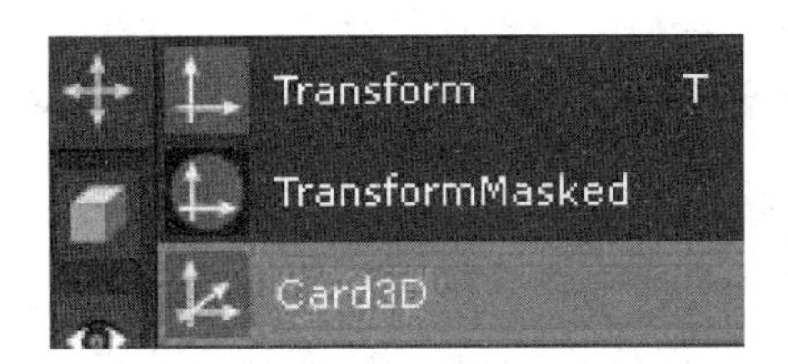

图 9-122　单击 Card3D 节点

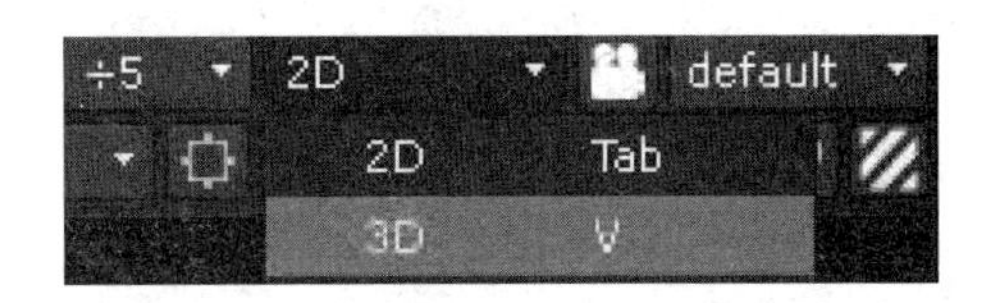

图 9-123　切换到 3D 场景模式

此时大楼将会出现在 3D 模式的预览窗口中，如图 9-124 所示。

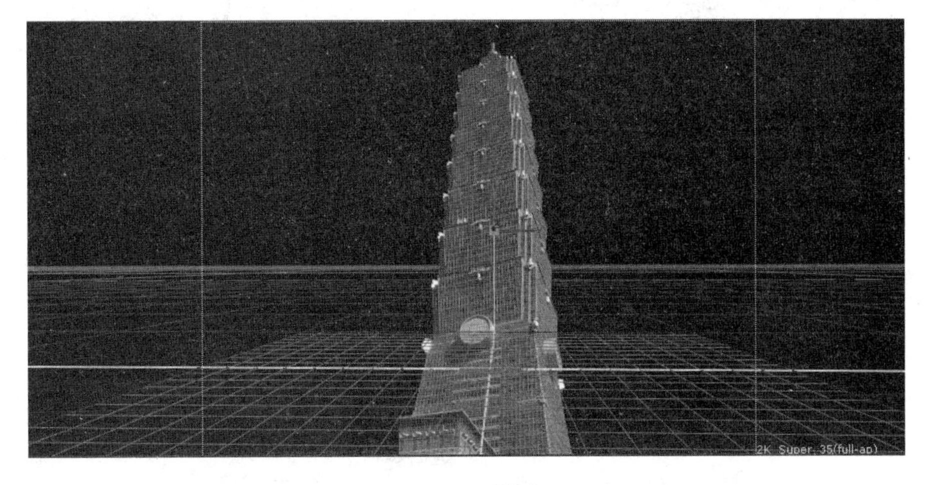

图 9-124　预览窗口

继续按 R 键，读入背景云的素材，然后在云的素材处于选中状态时单击 Transform 组中的 Transform 节点，并且利用此节点对云的背景素材进行变换，将其放到大楼之后，调整其大小及位置。

为了调整云素材的大小及位置，可以双击 Transform 节点以及 Card3D 节点，在其属性栏中进行调整，如图 9-125 和图 9-126 所示。

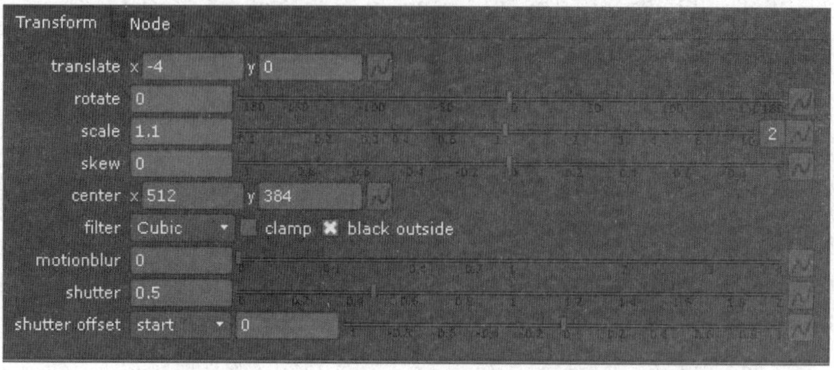

图 9-125　Transform 节点属性栏

此时可以得到初步的合成效果，如图 9-127 所示，而图 9-128 则为完成后的节点连接图。为了获得更丰富的三维层次，用上述方法可以添加更多的素材。

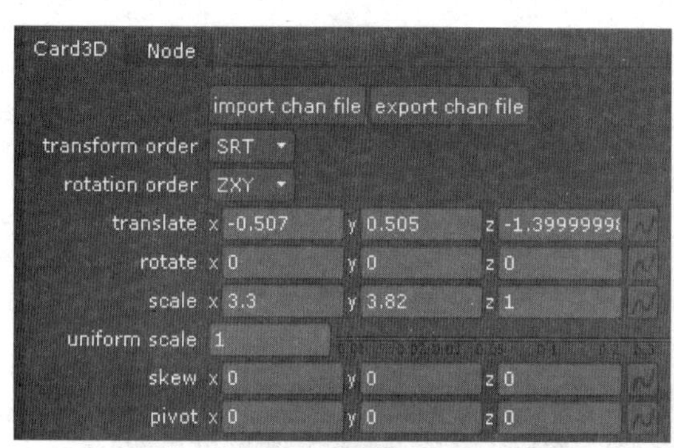

图 9-126　Card3D 节点属性栏

图 9-127　初步合成效果

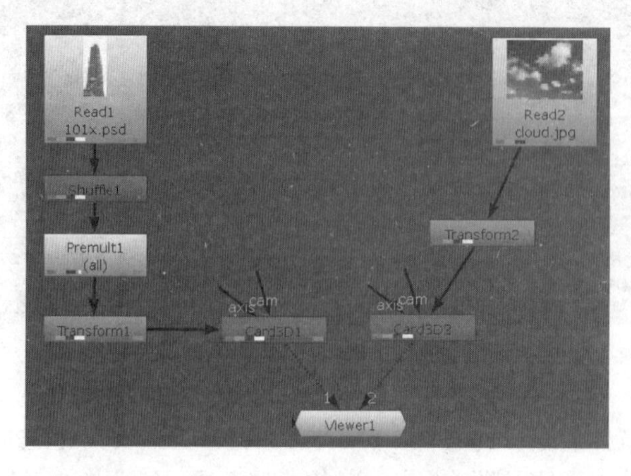

图 9-128　完成后的节点连接图

5．作品：Discovery片头

在如图 9-129 所示的 Discovery 片头中，各种运动场景的视频片段及相关视觉形象抠像之后被放在一个三维的空间里进行组合与构造，经过这样的合成之后，视觉符号高度浓缩，形成强有力的表达。

图 9-129　Discovery 片头

9.5.12 基于照片的特效动画

1．面部动画

通过软件 CrazyTalk（见图 9-130），只需要一张普通的照片就能制作出人物说话时的口形动画。在生成的动画中，除了嘴巴会跟着语音开合之外，眼睛、面部肌肉等也都会非常自然地跟着动。CrazyTalk 支持 TTS（文字转语音技术），只要输入文字，软件即可自己生成语音和口形。

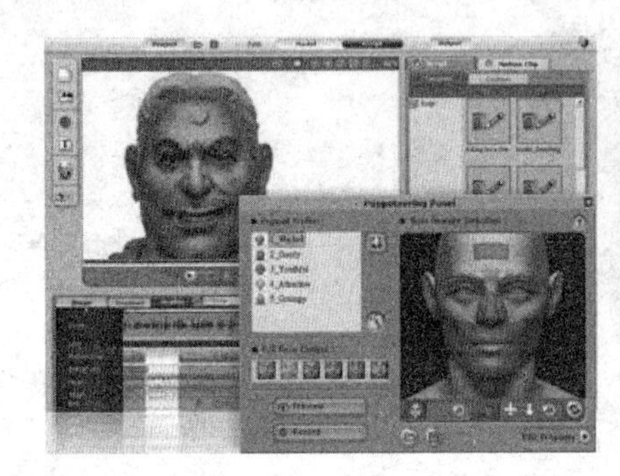
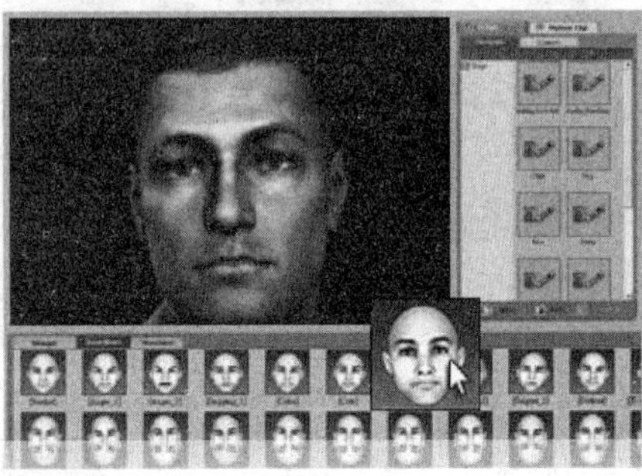

图 9-130 CrazyTalk

2．Morph动画

Morph 动画允许在两个图像之间进行自然的变换，如某些特效中野兽的面孔变为美女的脸蛋，使用如 Fanta Morph 等一些简单的软件可以快速实现这种动画，如图 9-131 所示，当然，也可以使用 Nuke 这样的专业工具来制作这种效果。

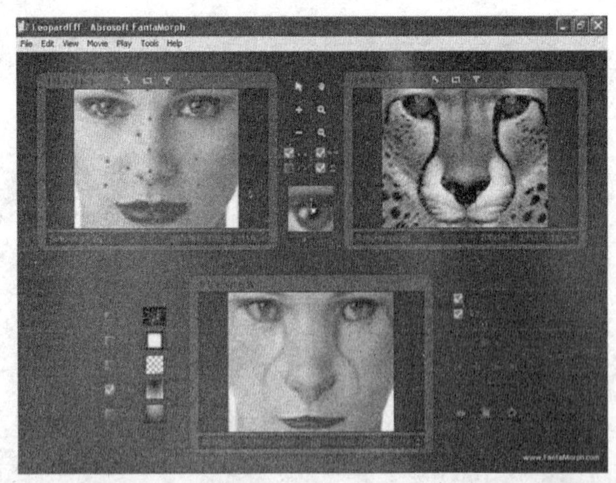

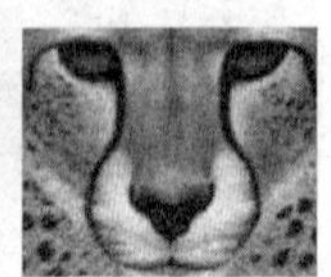

图 9-131 Fanta Morph 软件界面及其生成的效果

3．作品：《一个世纪》

David Djindjikhachvili 的《一个世纪》（见图 9-132）采用 Morph 动画对 100 年前城市景观的老照片以及这些景观现在的照片进行了变换，直观生动地展现了城市面貌的巨大变革。

图 9-132 《一个世纪》

9.5.13 常用视频特效插件及其效果预览

表 9-1 产生光效的视频特效插件

插件名	子模块	功能介绍
SAPPHIRE	S_Zap、S_ZapForm	闪电
Aurorix	Spotlights	聚灯光
	Color Spotlights	RGB 色散灯光
	LightZoom	光线缩放
	3D Lighting	3D 灯光，带色浮雕
berserk	Laster	光电射击
Delerium	DE Nexus	线性光幕
	DE FireWorks	激光射击
	DE Glower	发光
	DE Schematic Grids	光线栅格
	DE Lens Flares	自然光线
	DE Specular Lighting	模拟光线彩色浮雕
FE	LightBurst	光线缩放，与 DigiEffects 同名工具各有特色
	LightRays	光线
	LightSweep	光线扫过，与 BORIS 同名工具略差
	Spotlight	聚光灯
Knoll Lighting Factory	Lfez	内置 30 种光线
	Lfle	模拟太阳光
Boris	Alpha Spotlight	ALPHA 通道探照灯
	edge lighting	照亮素材边缘、ALPHA、浮雕效果
	Light Sweep	光线扫过
	Reverse Spotlight	反向探照灯
	Spotlight	探照灯
Frischluft Flair		光影效果滤镜
Final FX	SE:blobbylize	光线
	SE:LightWipe	强光过渡
SE	Spotlight	探照灯

表 9-2 产生 3D 效果的视频特效插件

插件名	子模块	功能介绍
Canopus	Xplode	三维视频效果软件包，200 种可自定的 3D 转场特效等。 可以利用 Xplode 将影片拼贴在各式的 3D 物件表面上，如 3D 书页、3D 画框、3D 瓶子，并且能够导入 3D StudioMAX 模型
Boris	Cube	使素材位于立方体 6 个面上，3D 空间旋转
	Cylider	使素材位于圆筒上，3D 空间旋转
	DVE	类似于系统 BASIC 3D 工具，更强大
	Page Turn	真实翻页工具
	Sphere	使素材位于球体面上，3D 空间旋转

续表

插　件　名	子　模　块	功 能 介 绍
Hollywood FX		可以创造惊人的 3D 视觉效果
Aurorix	interferix	万花筒
	interpheron	万花筒
Final FX	NE:Advanced 3d	3D 空间
	NE:Bendit	弯曲 DVE
	NE:Cylineder	类似于 BORIS 同名工具 Cylineder
Final FX	SE:Bender	弯曲
	SE:GridWipe	网格过渡
	SE:Jaws	锯齿过渡
	SE:Bendit	弯曲 DVE
	SE:Cylineder	类似于 BORIS 同名工具 Cylineder
	SE:Page Turn	翻页过渡，效果比 BORIS 同名工具 Page Turn 略差
Final FX	FE:Sphere	球面镜，类似于 BORIS 同名工具 Sphere
	FE:Lens	鱼眼镜头
Trapcode	3D Stroke	3D 飘带
Zaxwerks	3D_Invigorator	三维标题或标识制作插件，把很多原先必须依靠三维才能完成的任务移植到了合成软件中

表 9-3　产生自然效果的视频特效插件

插　件　名	子　模　块	功 能 介 绍
SAPPHIRE	S_Cloud	乌云
Maya Paint Effect for AE		提供了星空、闪电、动植物、海底世界、食物和器物等现实世界事物的绘笔工具
Aurorix	strangenedbulae 2	飞动星云
	agedfilm	老电影
	earthquake	地震
	turbuletflow	波动
	videolook	模拟电视机像素块
cinelook filmres	DE cinelook	调整胶片工具
	DE filmdamage	老电影
berserk	Blizzard	雪
	crystallizer	晶格化
	OilPaint	油画
	Pearls	液态气泡、细胞运动
Video Gogh		油、水、粉效果
Atmorex Fluids		水波
Eye Candy of AE		烟雾火焰内外倒角
RE Vision Plugins	ReelSmart Motion blur	模拟真实运动模糊
Boris	distortion	类似 wave，ripple 水波
Final FX	SE:burnfilm	火烧胶片效果

续表

插件名	子模块	功能介绍
Final FX	SE:Glass	玻璃浮雕
	SE:GlassWipe	玻璃 WELL 过渡
	SE:GlueGun	玻璃圆钮过渡
	SE:MR Mercury	水银变形
	NE:Drizzle	水泡
	FE:Ball Action	小球
	FE:Bubbles	复制素材为泡沫并飞动
	FE:Rain	雨
	FE:Snow	雪
Boris	Clouds	云
Pan Lens flare pro	PAN Scale	可以放大像素 2～10 倍
	PAN Custom Lense	正圆透镜
	PAN Diamond	钻石
	PAN Droplet	水滴
	PAN Ellips Lens	椭圆
	PAN Quad Lens	方形
	PAN SterLensPro	星形
	PAN Tor Leanse	块状
Panopticum fire		火，有多种模板
Panopticum Water		水
Psunami		制作现实照片质感的水波动画
Digieffects Delerium	DE Bubbles	泡沫
	DE Camera Shake	镜头摇动
	DE Channel Delay	RGB 通道移位
	DE COP Blur	设定位置模糊
	DE Electrical Arcs	闪电
	DE Fairy Dust	星光闪烁
	DE Film Flash	照亮胶片
	DE Fire	火焰
	DE Flicker and Strobe	设定胶片明暗闪动
	DE Flow Motion	自动扭曲画面
	DE Fog Factory	雾
	DE Framing Gradients	电视屏幕
	DE Grayscaler	变为灰度图
	DE HLS Displace	HLS 色位移
	DE Hyper Harmoninizer	原子曲线
	DE Loose Sprockets	胶片自然抖动
	DE Multigraient	彩虹过渡
	DE Muzzle Flash	枪炮发射的烟火

续表

插　件　名	子　模　块	功 能 介 绍
	DE Puffy Coulds	乌云
	DE Rain Fall	雨
	DE Show Channels	显示某通道百分比
	DE Sketchist	添加腐蚀痕迹
	DE Smoke	烟
	DE Snow Storm	雪
	DE Solarize	曝光为黑白负片
	DE Sparks	火星、焰花
	DE Thermogragh	热感仪效果
	DE Turbulent Noise	杂色 map
	DE Video Malfunction	视频故障
	DE Visual Harmonizer	原子曲线
DE Wave Displace		波形变形
Frischluft Lenscare	out of focus	用来模仿镜头模糊
	depth of field	用来创建复杂的景深效果
Frischluft Lenscare		汇聚

表 9-4　产生其他各种效果的视频特效插件

插　件　名	子　模　块	功 能 介 绍
Aurorix	infinityzone	分形图像
	electrofield	二维彩虹扩散
	flitter	与程序自带 Scatter 相同
	fractalnoise	RGB 杂色
	infinitywarp	快速万花筒
Boris	blur	可实现系统无法实现的个别模糊
	directonal blur	可形成特殊的多重模糊
	gaussian blur	可实现系统无法实现的个别模糊
	unsharp mask	锐化，类似 Photoshop 中同名工具
CONOA EASYTINTER		可以给视频文件上色。兼容 16 位色彩
Anarchy Toolbox		模糊、扭曲变形、发光、渐变、贝塞尔曲线和图像阵列等 9 种特效
DigitalFilmTools 55MM		模仿了流行的照相机滤光镜、专业镜头、光学试验过程、胶片的颗粒、颜色修正等效果，还模仿了自然光和摄影特效。这套插件包括烟雾、去焦、扩散、双色调、模糊、红外和薄雾等多种特效
ObviousFX	Inverse Telecine	自动从交错的影片中恢复出原始的图像
	Milky Way	可以根据音轨生成高质量的视觉效果
RevisionFX	Twixtor	用来加快或减慢帧率
	Reflex	能产生变体和弯曲效果、剥落字体特效
	ReFill	用来自动补偿画面中丢失或污损的部分

续表

插 件 名	子 模 块	功 能 介 绍
	VideoGogh	可以在电影上制作出类似于油画的效果
	smoothkit	将肖像变得平滑，使制成品更精细
	ReelSmart MotionBlur	强大的运动模糊滤镜插件，它可以自动在视频序列中添加自然的运动模糊效果
Realviz Retimer		用于慢速回放图像的广播级工具。可以无限制的放慢素材的回放速度，而不损失图像质量
Panopticum AnimaText		方便且非常强大的文字特效可以实现非常复杂的特殊效果

第 10 章　成片的喜悦

本章介绍 DV 作品制作完成之后作品发布的相关技术及各种压缩编码技术的特点，使读者可以有针对性地选择作品发表的方式及采用正确的参数对 DV 作品进行压缩，以获取最理想的画面质量。

10.1　视频压缩编码

数字视频文件往往会很大，这将占用大量硬盘空间。视频经过压缩后，存储时会更方便。数字视频压缩以后并不影响作品的最终视觉效果，视频压缩实质上是去掉在视频信息中我们感觉不到的那些东西的数据。标准的数字摄像机的压缩率为 5∶1，有的格式可使视频的压缩率达到 100∶1。但过分压缩也不是一件好事。因为压缩的越多，丢失的数据就越多。如果丢弃的数据太多，产生的影响就显而易见了。过分压缩的视频会导致无法辨认。

1．MPEG

MPEG（Moving Picture Expert Group）是在 1988 年由国际标准化组织（ISO）和国际电工委员会（IEC）联合成立的专家组，负责开发电视图像数据和声音数据的编码、解码和它们的同步等标准。

MPEG-1 处理的是标准图像交换格式（Standard Interchange Format，SIF）的电视，即 NTSC 制为 352 像素，240 行/帧，30 帧/秒；PAL 制为 352 像素，288 行/帧，25 帧/秒，压缩的输出速率定义在 1.5 Mb/s 以下。MPEG-1 在 VCD 和 MP3 中大量使用。使用该编码压缩的视频比典型的 VCR 视频质量稍低。

MPEG-2 是转换率在大约每秒 400 万位的隔行图像编码方式。MPEG-2 是用于 DVD 影像资料的保存、电视节目的非线性编辑系统、电视节目播出数字卫星广播、数字电缆和高清晰度电视（HDTV）的压缩格式。在 MPEG-2 播放器上可以播放 MPEG-1 格式的信号。

MPEG-4 被设计为能够以更低的数据传输速度、更小的文件，提供 DVD（MPEG-2）级的视频质量。MPEG-4 的压缩率可以超过 100 倍，而仍保有极佳的音质和画质。它可利用最少的数据获取最佳的图像质量，满足低码率应用的需求。它更适合于交互式 AV 服务及远程监控。MPEG-4 主要应用于因特网多媒体应用；广播电视；交互式视频游戏；实时可视通信；交互式存储媒体应用；演播室技术及电视后期制作；采用面部动画技术的虚拟会议；多媒体邮件；移动通信条件下的多媒体应用；远程视频监控；通过 ATM 网络等进行的远程数据库业务等。

2．H.263

H.263 是国际电联（ITU-T）的一个标准草案，是为低码流通信而设计的。但实际上这个标准可用在很宽的码流范围，而非只用于低码流应用。

3．H.264

H.264标准也称为MPEG-4 Part 10（高级视频编码）。在相同的重建图像质量下，H.264比H.263节约50%左右的码率。因其更高的压缩比、更好的IP和无线网络信道的适应性，在数字视频通信和存储领域得到越来越广泛的应用。

H.264/MPEG-4可满足多种应用的需求，目前主要应用在以下领域：基于电缆、卫星、Modem和DST等信道的广播，视频数据在光学或磁性设备上的存储，基于ISDN、以太网、DSL无线及移动网络的公话服务、视频流服务和彩信服务等。

4．M-JPEG

M-JPEG技术即运动静止图像（或逐帧）压缩技术，广泛应用于非线性编辑领域，可精确到帧编辑和多层图像处理，把运动的视频序列作为连续的静止图像来处理，这种压缩方式单独完整地压缩每一帧，在编辑过程中可随机存储每一帧，可进行精确到帧的编辑，设备比较成熟。此外，M-JPEG的压缩和解压缩是对称的，可由相同的硬件和软件实现。但M-JPEG只对帧内的空间冗余进行压缩，不对帧间的时间冗余进行压缩，故压缩效率不高。采用M-JPEG数字压缩格式，当压缩比为7∶1时，可提供相当于Betecam SP质量图像的节目。

5．Cinepak

Cinepak Codec by Radius编码最初发布的时候是用于在使用386处理器的机器上看小电影，在较高数据压缩率下，有很高的播放速度。与其他压缩程序相比，利用这种压缩方案可以取得较高的压缩比和更快的回放速度，但是它的压缩时间相对较长。

6．Sorenson Video 3

这是QuickTime播放器专用的压缩格式，这种格式压缩的文件相当小。可放大性相当好，因此在放大观看时可保持高质量。

7．DivX与Xvid

DivX是一项由DivXNetworks公司在OpenDivX基础上开发的一种高效率的视频压缩技术。DivX基于MPEG-4标准，可以把MPEG-2格式的多媒体文件压缩至原来的10%，更可把VHS格式录像带格式的文件压至原来的1%，并且无论是声音还是画质都可以和DVD相媲美。与其他压缩技术相比较，DivX的压缩速度极高，而且压缩之后可以获得极佳的画质。

DivXNetworks目前已经将DivX压缩器商业化，而另外一个同样由OpenDivX发展而来的压缩器Xvid目前仍然是开源免费的，并且其效率与压缩后画质跟DivX相比较不相上下，因此在网络上非常流行，被用作DVD备份的重要手段。

8．Real Video

Real Video是Real Networks公司开发的在窄带（主要是因特网）上进行多媒体传输的

压缩技术。可以使用 RealProducer 把其他视频格式转换为 Real 视频格式。

9. FLV

FLV 是一种全新的流媒体视频格式，它利用了网页上广泛使用的 Flash Player 平台，将视频整合到 Flash 动画中，因此访问者只要能看 Flash 动画，就能看 FLV 格式视频，而无需再额外安装其他视频插件。由于 Flash Player 的普及率非常高，FLV 视频技术为视频传播带来了极大便利。

同时使用 Flash 制作的流媒体播放器还有一个巨大的优势，就是可以在播放流媒体视频的同时将 Flash 本身极强的互动性整合进来，因此目前许多在线视频网站均采用 FLV 视频格式。如新浪播客、56、优酷、土豆、酷 6 和 youtube 等，可见 FLV 已经成为当前视频文件的主流格式。

10. Windows Media Technology

WMT 是微软公司开发的在因特网上进行媒体传输的视频和音频编码压缩技术，该技术已与 WMT 服务器和客户端体系结构结合为一个整体，使用 MPEG-4 标准的一些原理。

10.1.1　视频的压缩与转换工具

1. CANOPUS PROCODER

可以完成不同音视频编码格式之间的转换，支持目前流行的各种媒体格式，包括 Windows Media、Real Video、Apple QuickTime、Microsoft DirectShow、Microsoft Video for Windows、Microsoft DV、Canopus DV、Canopus MPEG-1 和 MPEG-2 编码。ProCoder 预设多种格式的常用压缩设置，可方便用户提高工作效率，如图 10-1 所示。

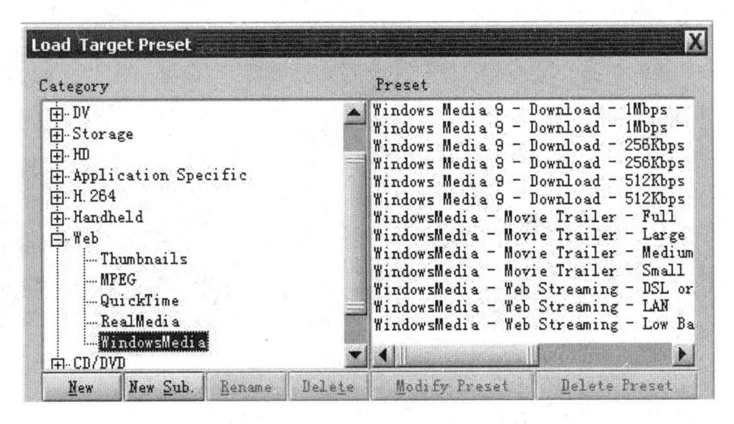

图 10-1　ProCoder 的预设选项

ProCoder 能够以惊人的速度在不同格式的媒体文件间轻易转换，并可以让用户一次转换单个或多个视频文件，并能同时以不同格式输出到多个文件。ProCoder 应用两次扫描的可变比特率编码，使它可以在实际编码前进行视频传输编码分析，这将创造更高的视频质量。ProCoder 支持批处理、滤镜等高级功能，可以通过这些滤镜实现颜色亮度校正、添加

Logo 等创作，如图 10-2 所示。

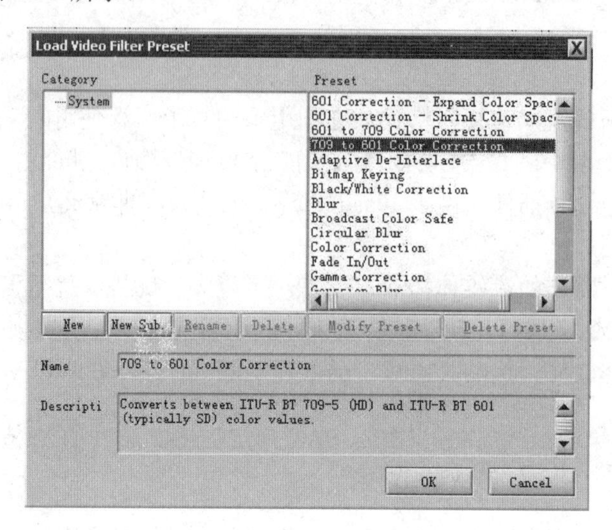

图 10-2 ProCoder 支持的滤镜

2. Sorenson Squeeze

Sorenson Squeeze 是一套面向 Web 的视频压缩编码解决方案，可以将视频或者音频文件重新编码压缩转换为 Flash 动画格式、QuickTime 格式、MPEG-4 格式、MPEG1 和 MPEG2 格式、Real Media 格式和 Windows Media 格式等常用的多媒体文件格式。程序非常友好，容易操作的用户界面，如图 10-3 所示，不需要具有高深的视频压缩编码知识就可以轻松制作出具有专业效果的非常漂亮的视频文件。Squeeze 同时还支持实时采集压缩。

图 10-3 Squeeze

3. Apple Compressor

Compressor 是苹果计算机平台上优秀的视频转换及压缩工具，为多种行业标准格式快速设定编码工作，包括 MPEG-2、H.264 和 QuickTime 等。或编码为 ProRes，以超小的文件容量呈现令人惊艳的画质。

分布式编码能利用计算机的其他内核和其他计算机的可用容量，从而使编码工作进行的更快速。先在自己的计算机或网络中的其他计算机上安装 Compressor，然后将它作为分布式编码节点激活即可。

4. Adobe Media Encoder

Adobe Media Encoder（见图 10-4）是一个音视频和压缩程序，可用于在各种常见格式之间进行转码和压缩，如 FLV、F4V、MPEG-2、H.264 和 WMV 等。对 Flash 视频格式可支持复杂的设置，同时支持 MPEG-2 Blue-Ray 和 H.264 Blue-Ray 高清格式的压缩，并且增加蓝光光盘特有的弹出式菜单的设计制作。可以按适合多种设备的格式导出视频，范围从 DVD 播放器、网站、手机到便携式媒体播放器和标清及高清电视。

图 10-4　Adobe Media Encoder

5. Virtual dub

Virtual Dub 是一个免费的视频剪辑与压缩软件（见图 10-5），配合 XviD 或 DivX 编解码器可以实现高效率及高画质的视频剪辑、压缩处理、影像画面调整、字幕压制和 DVDRip 制作等诸多方面。当需要从一段现成的视频中截取片段的时候，使用其 Direct stream copy 功能（见图 10-6），可以以直接复制数据流的方式实现高速截取，而无需对视频进行再次压缩。

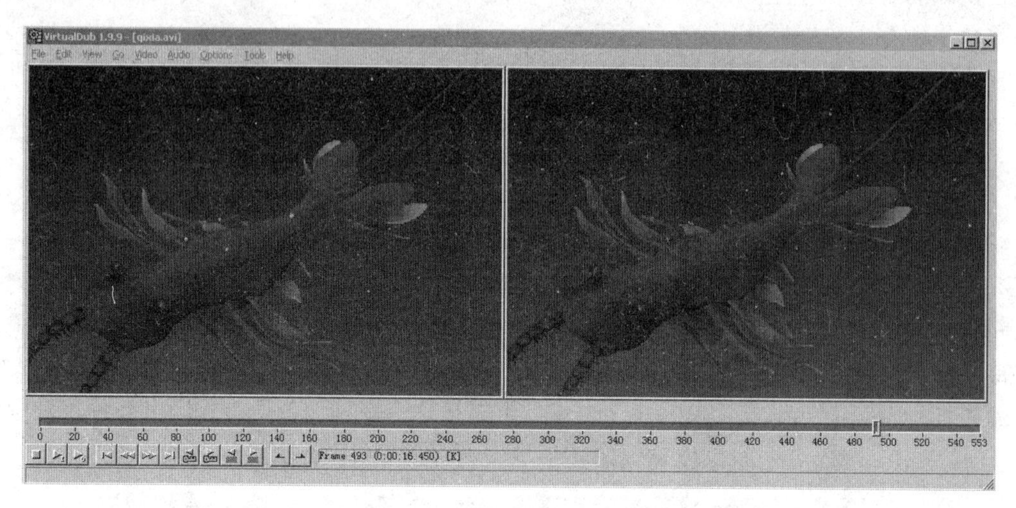

图 10-5 Virtual Dub

10.1.2 数字视频播放器

1. Real Player

Real Networks 公司出品的 RealOne Player 软件（见图 10-7（a））是目前流媒体的主要播放器之一。RM 视频的压缩比表现非常出色，而且对画质损失也可以很好地控制，并提供了灵活的选择方式。由于 RM 在这方面的出色表现，很多人甚至将其作为存储视频的格式，因为只要适当地控制压缩比就可以获得类似 VCD 的画面质量，而此时占用的空间却很小。

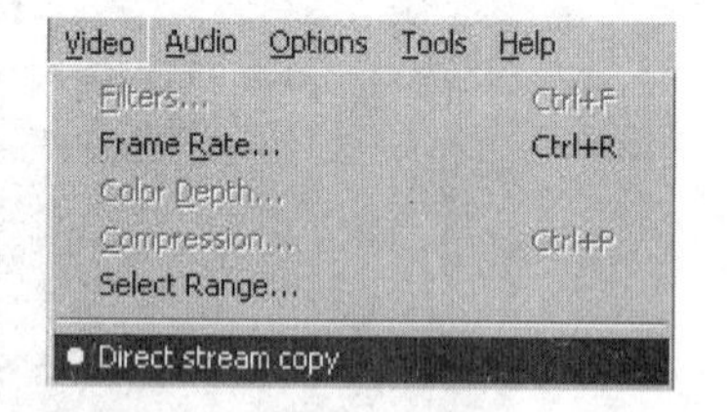

图 10-6 Direct stream copy

2. Windows Media Player

Windows Media Player（见图 10-7（b））是 Windows 操作系统自带的视频播放器，它支持的视频格式主要是微软自己开发的 ASF 与 WMV，这两者的编码技术比较先进，对网络带宽的要求比较低，同时对主机性能也没有很高的要求。

3. Flash

Flash 作为目前最流行的网络多媒体播放器，除了在互动式动画方面的优势之外，还能够通过 Flash Media Server 的支持实现 FLV 或 F4V 视频的流媒体播放。但是 Flash 本身不能直接打开 FLV 或 F4V 视频进行播放，而是需要在 Flash 软件里使用 Flash Video 组件进行加载，然后再生成可以调用 FLV 或 F4V 视频的 swf 文件。

4. QuickTime

出身于苹果计算机的 QuickTime Player（见图 10-7（c））是最早的视频工业标准，其格式为 MOV。MOV 的视频压缩部分采用 Sorenson Video、MPEG-4 以及 H.264 视频压缩技术，支持 VBR（Variable Bit Rate），也就是动态码率，它可以动态地分配带宽，以尽可能小的文件获得最好的播放效果，并能在解压缩时获得平滑流畅的画面。

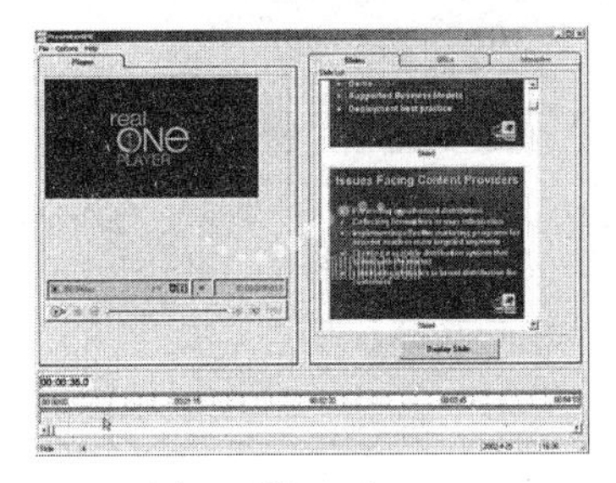

（a）RealOne Player

（b）Windows Media Player

（c）QuickTime Player

图 10-7　数字视频播放器

10.2　视频内容发布

Adobe Encore 是一个专业的视频发布设计软件，能够将制作好的视频设计成为带有菜单导航界面的内容，并且可以发布为 DVD、蓝光 DVD 以及 Flash 格式。

10.2.1　视频 DVD 制作与发布

首先新建一个项目，同时需要根据视频的制式和格式选择相关参数以及项目存储目录等，如图 10-8 所示。

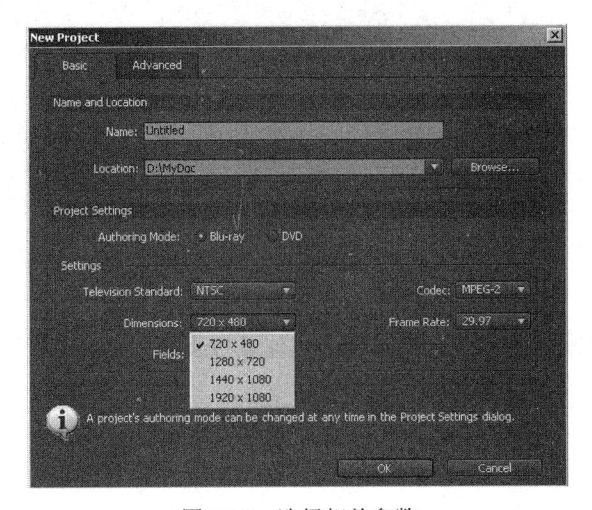

图 10-8　选择相关参数

然后在项目窗口双击，选择及导入已经制作好的视频，如图 10-9 所示。

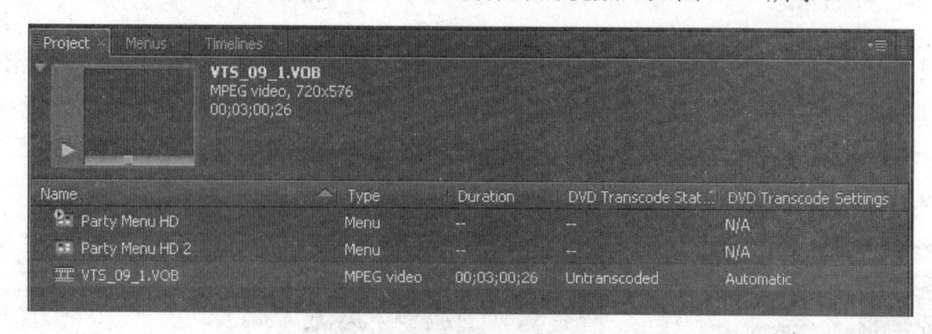

图 10-9　选择及导入已经制作好的视频

之后在项目窗口单击右键，从弹出的快捷菜单中选择 Timeline 命令，为当前项目增加一个新的时间线，如图 10-10 所示。此时已经导入的视频出现在时间线上，如图 10-11 所示。

图 10-10　在弹出的快捷菜单中选择 Timeline 命令

图 10-11　已经导入的视频出现在时间线上

接下来在时间线上播放视频，根据内容的层次为其设置章节，以便于后期观看时方便跳转。找到相应的位置后右击，从弹出的快捷菜单中选择 Add Chapter Point 命令，在当前位置添加章节，如图 10-12 所示。

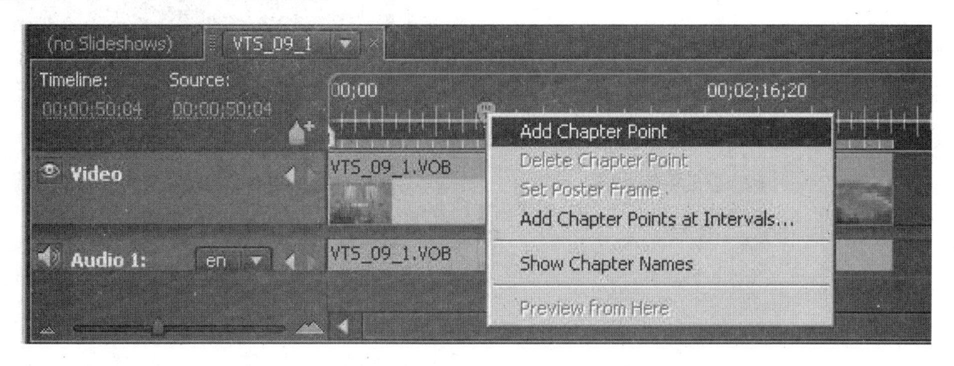

图 10-12　在当前位置添加章节

之后在项目窗口单击右键，从弹出的快捷菜单中选择 Menu 命令，为当前项目增加一个新的菜单导航，如图 10-13 所示。

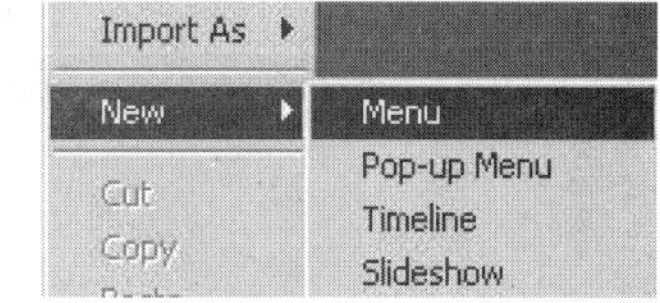

图 10-13　在弹出的快捷菜单中选择 Menu 命令

若在此处选择 Slideshow 的话，可以使用静态的图片创建幻灯片，可以导入 BMP、GIF、JPEG、PNG、PSD、PICT 和 TIFF 等格式的图片文件。

创建菜单之后，还需要单击时间线上所创建的章节，并且在 Properities 属性面板中单击 End Action 项目后面的三角形按钮，选择菜单项目的动作，如图 10-14 所示，即单击该菜单后跳转到相应的章节或播放操作等。

同时在 Properities 属性面板的 Disc 属性中可以设置该 DVD 光盘的初始动作，如图 10-15 所示。

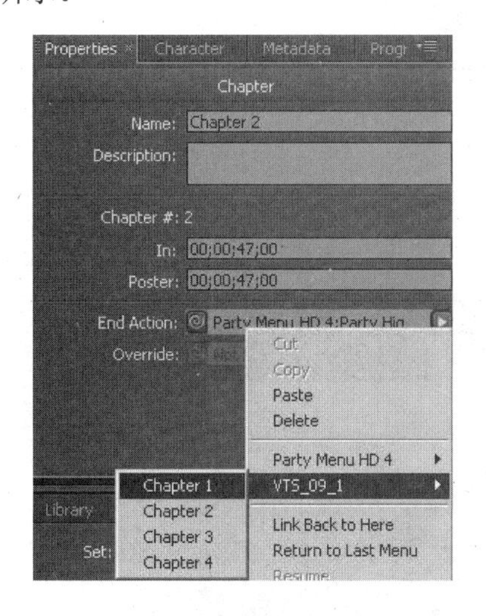

图 10-14　选择菜单项目的动作

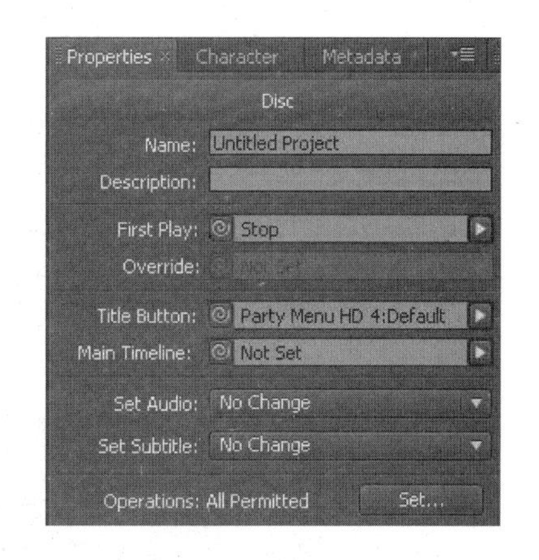

图 10-15　Disc 属性

而单击工作区中 DVD 的菜单项目（见图 10-16）之后，可以对其样式进行设置，方法是在选中某菜单项目之后，在 Style 样式面板中选择满意的样式并且双击，即可将当前样式应用到选中的菜单项目上，如图 10-17 所示。

图 10-16　DVD 的菜单项目

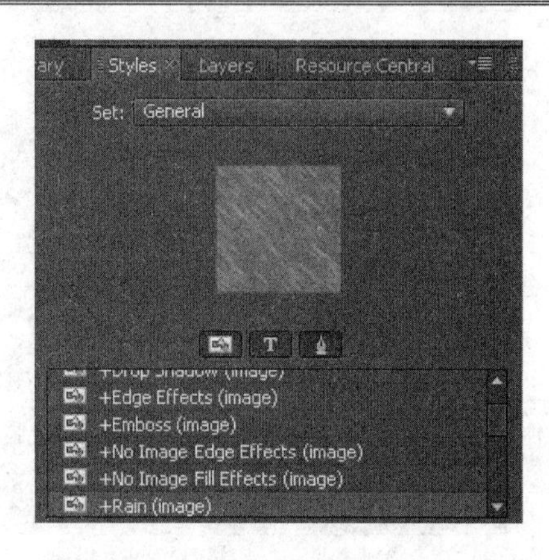

图 10-17　DVD 的菜单样式设置

当 DVD 界面制作完成之后，就可以使用 Build 命令（见图 10-18）将其刻录为 DVD 光盘或转换为可以用于刻录 DVD 光盘的目录或镜像文件。

图 10-18　Build 命令

执行 Build 命令之后，会出现一个 Build 属性面板，在这个面板里可以更改输出的设置，如选择输出类型为 DVD、蓝光 DVD、Flash，如图 10-19 所示。

图 10-19　输出类型选项

在这个面板的 Destination 选项区域中，可以设置输出之后内容的保存目录，如图 10-20 所示。还可以根据 DVD 刻录盘的类型选择为单面或双面，如图 10-21 所示。

图 10-20　设置输出内容的保存目录

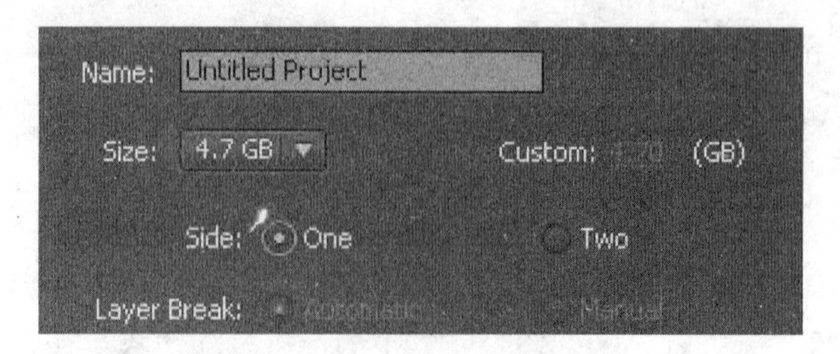

图 10-21　设置 DVD 刻录盘的类型

DVD 盘的另外一个方面就是保护措施，可以在 Copy Protection 选项区域中设置防复制措施，如图 10-22 所示。而 DVD 光盘的另外一种保护措施则是区位码，这种设置可以使得制作出来的 DVD 只能在某些国家和地区播放。要实现这种保护，可以在如图 10-23 所示的面板中设置。一般情况下，把 DVD 设置为 All Regions 可以使得这个 DVD 在各个国家地区都能正常播放。

图 10-22　保护措施设置

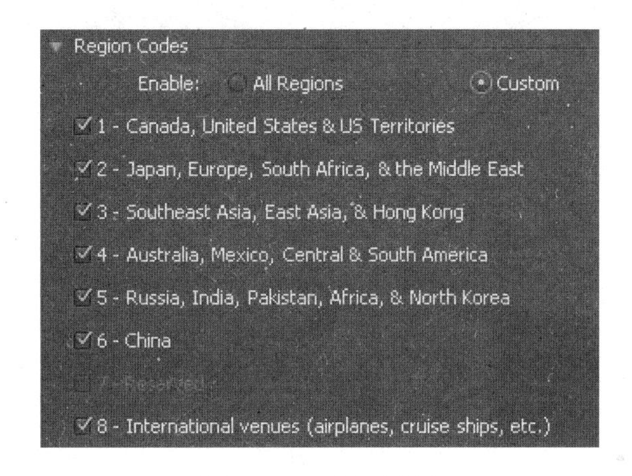

图 10-23　区位码设置

10.2.2　创建图片幻灯 DVD

若在 10.2.1 节图 10-13 所示弹出菜单中选择 SlideShow 的话，可以使用静态的图片创建幻灯片，可以导入 BMP、GIF、JPEG、PNG、PSD、PICT 和 TIFF 等格式的图片文件。

每个幻灯可以包含 99 个静态图片，创建了幻灯之后可以在幻灯浏览窗口（见图 10-24）中对幻灯的属性进行设置。这个窗口包含三个部分：A 为幻灯区域，这个区域可以设置幻灯的图片内容；B 为图片配音区域，这个区域中可以为图片设置背景音乐；C 为图片属性区域，在这里可以设置每张图片停留的时间，以及过渡转场效果等。

选中幻灯浏览窗口，然后单击监视器窗口中的播放按钮，即可预览幻灯的效果。执行 File→Render→Slideshows 命令，可以将幻灯片渲染成为可以用于刻录 DVD 光盘的文件。

需要指出的是，如果要将大量图片制作成能够在 DVD 播放机上播放的幻灯片的话，使用这种方式能够在一张 DVD 碟片上装载近万张的图片，这是因为这种方式使用的是 DVD 格式中的 Segment 模式，而不是 Video 模式。而如果将图片及背景音乐先转换为视频再用来制作 DVD 的话，能够装载的图片数量会少很多，而且画质会有所降低。

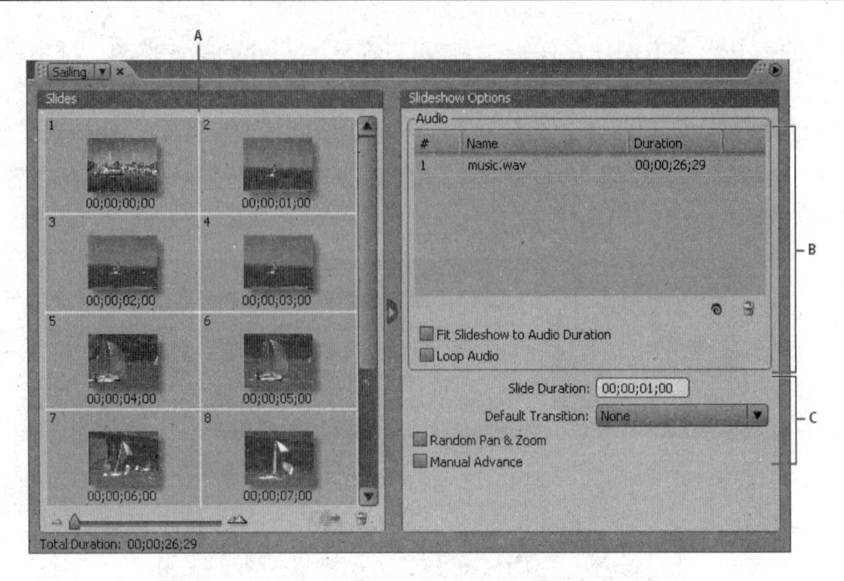

图 10-24 幻灯预览窗口

10.2.3 为 DVD 制作封面

为了让制作出来的 DVD 能够给人一个良好的第一印象，往往需要为它设计制作一个漂亮的封面，虽然也可以简单省事地使用油性记号笔在光盘背面写字做标记。

在 DVD 背面制作封面有几种方式：直接打印、打印后粘贴或光刻打印。

直接打印是采用可以打印的 DVD 光盘，这种光盘的背面有一层白色的涂层，使用带有光盘托架的打印机就可以将设计好的图案打印在上面，目前能够打印光盘的打印机主要有专业型光盘打印机和带有光盘打印功能的普通喷墨打印机。一些专业型的打印机能够高速地打印光盘，如美赛思、派美雅等品牌，但是价格昂贵，一般适合于出版机构进行大批量的制作。而像 EPSON R230、EPSON 1400 等型号的喷墨打印机，本身主要是作为普通打印机使用，加装光盘托架之后可以少量地进行光盘打印。

打印后粘贴的方式适合于任意的 DVD 光盘，采用带有背胶的光盘打印纸进行打印，之后将打印好的图案揭下来贴到光盘背面。这种方式需要一定的技巧，但是效果最好。

光刻打印的方式仅仅适合于带有光雕（LightScribe）功能的光盘刻录机配合 LightScribe 光盘使用，这种技术通过激光蚀刻直接将标签刻录在光盘的背面。这种方法得到的光盘图案是单色的，但是图案与光盘高度一体化，整体感强，并且不需要借助打印机，直接使用刻录机就可以完成，方便省事。

10.2.4 基于 SMIL 的网络视频

随着宽带的迅猛发展、数字影像设备的普及以及个人计算机性能的大幅度提升，视频点播、网络直播和视频会议等网络视频手段已经广泛应用。

但是多媒体在 Web 上使用仍然面临一个麻烦的问题，这就是传统的 HTML 只能在一个平面的空间里安排媒体元素，而大量的音频视频动画媒体本身还具有一个重要的属性——时间，HTML 在面对如何协调安排这些多样的媒体素材时就显得有些力不从心。如果想在网络上实现多种媒体的集成和整合播放，要么借助复杂的 Java Script 脚本，要么利用专门的多媒体写作工具如 Director 等制作网络发布的版本，而这就限制了人们在网络上开发各种多媒体应用。

由于 HTML 语言对多媒体信息的处理能力不足，W3C 于 1998 年推荐了 SMIL。SMIL 是 XML 的一种具体应用。SMIL 规范定义了一种描述多媒体信息的单一格式，这种格式可以对多媒体的时间空间同步做出指示。例如，它可以指定在屏幕上的任何一块区域来显示某个媒体对象，还可以规定该媒体对象应该何时出现，何时消失，与其他媒体对象之间有何同步关系。而这种多媒体信息又能够被多种多样的浏览器和播放器阅读和执行。

SMIL（Synchronized Multimedia Integration Language，同步多媒体合成语言）的发音为“Smile”。SMIL 是一种类似 HTML 的跨平台标记语言，它通过在时间和空间上对声音、影像、文字及图形文件进行安排和协调来设计出多媒体效果丰富的网页。

1. SMIL规范

W3C 于 1998 年提出的 SMIL1.0 是由 XML 定义并与其完全兼容的标记语言。它可把文本、静止图像、音频和视频等媒体内容组合在一起。SMIL1.0 规范对描述同步多媒体演示文档作了详细的规定，主要包括三个方面：

（1）描述媒体元素的空间布局。

（2）描述媒体元素的时间行为（如同步）。

（3）如何为各个媒体元素添加超链接。

SMIL1.0 的主要元素如下：

（1）SMIL 的头元素 Head：用于描述演示中的空间布局。子元素 Layout 描述媒体元素的空间布局，Switch 选择不同的布局语言，Meta 定义文档的各种属性。

（2）文档体元素 Body：包含了 SMIL 演示的时间和链接行为的信息，显示图片或播放声音开始时间，哪段媒体对应于哪个链接。

（3）同步元素 Par、Seq：用来同步各种媒体对象。Par 元素的所有子元素都以并行形式播放，而 Seq 元素则以顺序形式播放。

（4）超链接元素 A、Anchor：如同 HTML 中的超链接，使得用户可以由一段媒体链接访问到其他对象。

（5）媒体对象元素：以 URL 的形式包含在 SMIL 文档中，有 Video（视频）、Audio（音频）、Text（文本）、Textstream（文本流）、Img（图片）、Animation（动画）和 Ref（通用媒体元素）。

下面为一个 SMIL 的例子：

```
< smil>
< head>
< /head>
< body>
     < seq>
```

```
    <video src=" video01.rm" clip-begin="5s" clip-end="10s"/>
        < par>
            < img src="/image2.jpg" dur="5s"/>
            < img src="/image3.jpg" dur="5s"/>
        < /par>
    < vedio src="video02.rm" begin="2" dur="10s" repeat="2" fill=
    "freeze"/>
    < /seq>
< /body>
< /smil>
```

播放时的效果：播放器先从 video01.rm 文件的第 5s 开始播放，到第 10s 结束，接下来同时显示 image2.jpg 和 image3.jpg，持续 5s，然后过 2s 后播放 video02.rm，持续 10s 重复播放两次，最后播放器将播放结束时 video02.rm 的最后画面冻结在播放界面上，避免全部内容播放结束后出现黑屏。

2. SMIL在网络视频设计中的优势

（1）避免使用统一的包容文件格式。

如果想在本地机器上直接播放或者在网络上用流式播放的方式播放若干个格式不一样的文件，并且要求多个片段同时播放，那么以前唯一可行的办法就是用对媒体的编辑软件把这些多媒体文件整合成一个文件。如果用 SMIL 来组织这些多媒体文件，那么可以在不对源文件进行任何修改的情形下获得想要的效果。

（2）同时播放在不同地方（服务器上）的多媒体片段。

借助 SMIL 可以实现在一个播放器内同步整合播放多个来自不同网站的媒体流，而不需要将所有媒体放在同一台服务器上。

（3）时间控制与媒体布局控制。

有时候只想播放某个视频文件中的某一部分，传统的方法就是对其进行剪辑，而借助 SMIL，只需对需要的部分写一段简单的脚本即可。

同时，还可以对音频、视频等媒体元素以及文本进行版面的设计安排，从而获得最佳的视觉效果。

（4）多语言选择支持。

如果要制作一个多媒体演示，向多种语言使用对象发布，那么传统的方式将是制作不同语言的版本。这将是一件工作量很大的事情，而借助于 SMIL，它将根据具体的语言设置来播放相应版本的演示。

3. SMIL的应用

SMIL 规范诞生后得到了三大播放器 Internet Explore、Realplayer 和 QuickTime Player 的支持，并且在网络流媒体获得重要的应用，成为网络多媒体艺术与基于流媒体的艺术设计中重要的技术手段和工具。Realplayer 可以直接播放 smi 格式的文件，而 Internet Explore 则通过 XHTML 格式将 smil 标签嵌入网页中使用。

4. 基于SMIL的电影漫画

日本电气通信大学兼子研究室提出并开发的“电影漫画”（Movie Comics）是一种全新的视觉影像形式，它基于 SMIL 脚本将电影、漫画和因特网整合在一起，如图 10-25 所示。近些年，因特网上出现了大量的影像内容，但是极少内容充分地利用了因特网在视觉表现方面的潜力。电影漫画利用了流媒体、视频点播、定时控制、互动性和布局等，通过 SMIL 将电影和漫画统一起来，将电影的摄像剪辑与漫画的框架表现形式融为一体，从而成为讲故事的协同效应的新的表现形式。

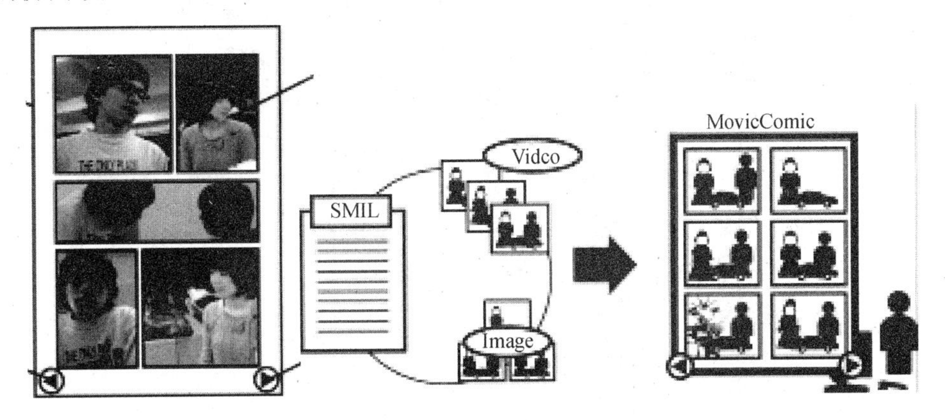

图 10-25　电影漫画示意图及原理

5. 基于SMIL的手机彩信

SMIL 正被应用于手持设备，并因此产生了一个被称作 MMS（Multimedia Messaging Service，多媒体消息服务，俗称彩信）的子集。MMS 和手机短信（SMS）相当，但可以包含视频、音频和图片，如图 10-26 所示。

MMS 系统能够支持多种媒体格式，如 Internet 大量字符集的文本信息，JPEG、GIF87a 和 GIF89a 等图像格式，AMR、MP3、MIDI 和 WAV 等音频格式，H.263、MPEG4 和 Quicktime 等视频格式，并且支持上述元素通过 SMIL 语言进行集成实现的任意组合。

图 10-26　手机彩信

10.2.5　发布视频内容到网页

可以通过 Dreamweaver 软件将 flv、wmv、avi 等格式的视频文件插入到网页中进行发布。

1. 发布FLV视频

如图 10-27 所示，在 Dreamweaver 里首先保存网页文件，并且执行 Insert→Media→FLV，

然后打开对话框，在其中选择 FLV 文件及播放设置，最后保存即可，如图 10-28 所示。

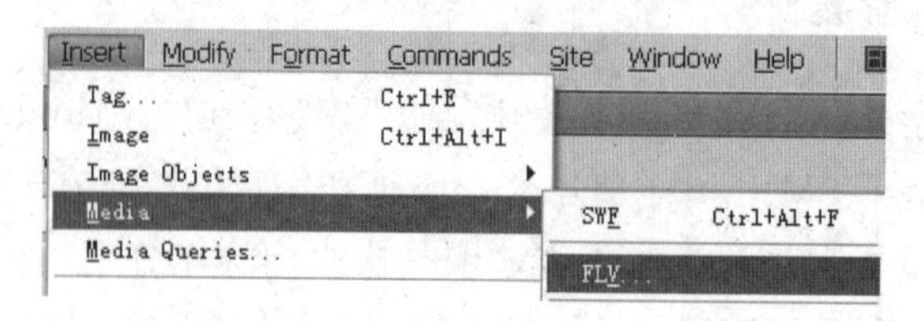

图 10-27　执行 Insert→Media→FLV

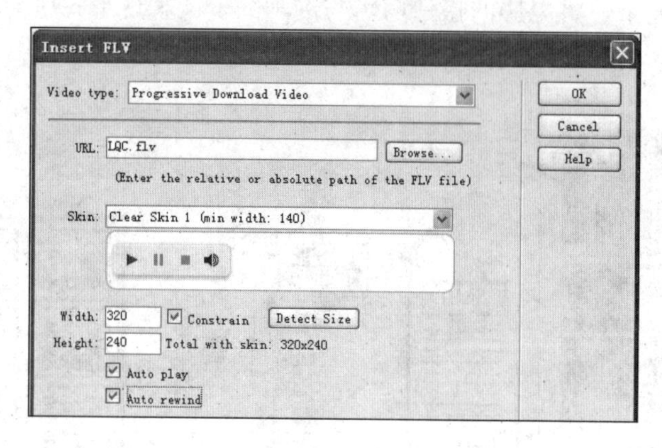

图 10-28　插入 FLV 视频到网页

2．发布WMV及其他格式的视频

如图 10-29 所示，在 Dreamweaver 里首先保存网页文件，并且执行 Insert→Media → Plugin 命令，在打开的对话框中选择 WMV 文件，并且在属性栏中设置宽度和高度，最后保存即可。

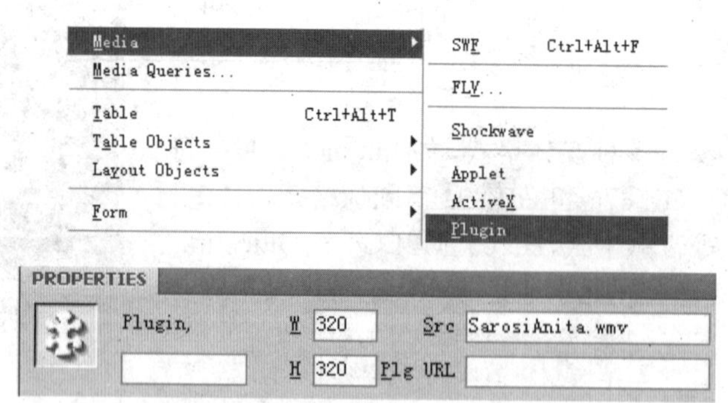

图 10-29　插入 WMV 视频到网页

附录 A　快捷键功能

A1　Premiere 的快捷键功能

表 A1　编辑快捷键

键　　名	功　　能
Ctrl+Z	撤销
Ctrl+Shift+Z	重做
Ctrl+X	剪切
Ctrl+C	复制
Ctrl+V	粘贴
Ctrl+Shift+V	粘贴插入
Ctrl+Alt+V	粘贴属性
Delete	清除
Shift+Delete	波纹删除
Ctrl+Shift+/	项目窗口中为选择的素材新建副本
Ctrl+A	全选
Ctrl+Shift+A	取消全选
Ctrl+F	项目窗口中查找
Ctrl+E	编辑原始素材

表 A2　字幕编辑快捷键

键　　名	功　　能
Ctrl+J	打开字幕模板
Ctrl+Shift+T	打开跳格停止
Ctrl+Shift+L	左对齐
Ctrl+Shift+C	居中
Ctrl+Shift+R	右对齐
Ctrl+Alt+]	选择下一个对象之上
Ctrl+Alt+[	选择下一个对象之下
Ctrl+Shift+]	排列到最前
Ctrl+]	提前一层
Ctrl+Shift+[	排列到最后
Ctrl+]	退后一层

表 A3　窗口快捷键

键　　名	功　　能
Shift+7	效果窗口
Shift+3	时间线窗口
Shift+5	特效控制台
Shift+2	素材源监视器
Shift+4	节目监视器
Shift+6	调音台
Shift+1	项目窗口
Shift+8	媒体浏览
T	修整监视器
Shift+Right	前进 5 帧
Shift+Left	退后 5 帧
M	匹配帧
L	右穿梭
J	左穿梭
K	停止穿梭
Shift+L	慢速右穿梭
Shift+J	慢速左穿梭
Alt+Shift+（1～9）	工作区（1～9）
Space	播放-停止切换
Shift+T	显示嵌套序列
`	最大化面板窗口
Right	步进
Left	步退
D	清除入点
G	清除入点和出点
F	清除出点
\	缩放到序列
Shift+Num*	标记对话框
I	设置入点
O	设置出点
Num*	设置未编号标记
Page Down	跳转到下一编辑点
Page Up	跳转到前一编辑点
Q	跳转到入点
W	跳转到出点
End	跳转到序列-素材结束点
Home	跳转到序列-素材开始点
Shift+End	跳转到所选择素材结束点
Shift+Home	跳转到所选择素材开始点
Ctrl+Shift+.	选择下一面板
Ctrl+Shift+,	选择前一面板

续表

键　　名	功　　能
Shift+Space	通过预卷/后卷播放入点导出点
Shift+F	在项目窗口选择查找框
Ctrl+Shift+H	查看选择素材的属性
Ctrl+I	导入
Ctrl+Alt+I	从媒体浏览窗口导入
Ctrl+O	打开项目文件
Ctrl+Shift+W	关闭项目
Ctrl+W	关闭
Ctrl+S	保存
Ctrl+Shift+S	项目另存为
Ctrl+Alt+S	保存项目副本

表 A4　标记快捷键

键　　名	功　　能
Ctrl+Right	跳转到下一个序列标记
Ctrl+Left	跳转到前一个序列标记
Ctrl+0	清除当前序列标记
Alt+0	清除全部序列标记
/	设置入点和出点围绕所选择片段的序列标记
Shift+/	设置入点和出点围绕素材的序列标记

表 A5　素材快捷键

键　　名	功　　能
'	插入素材
.	覆盖素材
Ctrl+G	素材编组
Ctrl+Shift+G	取消素材编组
Ctrl+R	速度/持续时间对话框

表 A6　序列快捷键

键　　名	功　　能
Enter	渲染工作区内的效果
Ctrl+K	应用剃刀于当前时间标示点
;	在节目窗口中设置入点和出点后，提升
'	在节目窗口中设置入点和出点后，提取
=	放大序列
-	缩小序列
S	吸附
Ctrl+D	应用视频切换效果
Ctrl+Shift+D	应用音频切换效果

表 A7 工具快捷键

键 名	功 能
V	选择工具
A	轨道选择工具
B	波纹编辑工具
N	流动编辑工具
X	速率伸缩工具
C	剃刀工具
P	钢笔工具
H	手形把握工具
Z	缩放工具
重复 Shift+3	循环切换时间线序列

A2 After Effects 的快捷键功能

表 A8 编辑快捷键

键 名	功 能
按住 Shift 键	打开项目时只打开项目窗口
\	激活最近激活的合成图像
Ctrl+/	增加选择的子项到最近激活的合成图像中
Ctrl+Alt+/	利用选择的项目替换合成中被选择的层项目
Ctrl+H	替换素材文件
Ctrl+Alt+Shift+Q	搜索更改的项目
Ctrl+Alt+N	新项目
Ctrl+Alt+Shift+N	新目录
Ctrl+Alt+C	记录素材解释方法
Ctrl+Alt+V	应用素材解释方法
Ctrl+Alt+P	设置代理文件
Ctrl+Alt+Shift+H	项目设定

表 A9 合成图像、层和素材窗口

键 名	功 能
Ctrl+Tab	在合成图像、层和素材窗口中循环
'（单引号）	显示/隐藏标题安全区域和动作安全区域
Ctrl+'（单引号）	显示/隐藏网格
Alt+'（单引号）	显示/隐藏对称网格
Ctrl+Alt+\	居中激活窗口
Shift+	在当前窗口的标签间循环
Ctrl+F5，F6，F7，F8	快照（最多 4 个）
F5，F6，F7，F8	显示快照
Ctrl+Alt+F5，F6，F7，F8	清除快照
Alt+1，2，3，4	显示通道（RGBA）

续表

键　名	功　能
Alt+Shift+1，2，3，4	带颜色显示通道（RGBA）
Shift+单击 Alpha 通道图标	带颜色显示遮罩通道
Shift+单击通道图标	带颜色显示通道（RGBA）
Flowchart	显示 Project
Ctrl+F11	View
Tab	显示/隐藏工具面板
Ctrl+Shift+W	关闭除项目窗口外的所有窗口/面板
Ctrl+W	关闭激活的窗口/面板

表 A10　时间线窗口的移动

键　名	功　能
主键盘上的 0～9	到合成图像时间标记
X	滚动选择的层到时间布局窗口的顶部
D	滚动当前时间标记到窗口中心

表 A11　合成图像、时间布局、素材和层窗口中的移动

键　名	功　能
Home 或 Ctrl+Alt+左箭头	到开始处
End 或 Ctrl+Alt+右箭头	到结束处
Page Down 或左箭头	向前一帧
Shift+Page Down 或 Ctrl+Shift+左箭头	向前 10 帧
Page Up 或右箭头	向后一帧
Shift+Page Up 或 Ctrl+Shift+右箭头	向后 10 帧
Shift+拖动子项	逼近子项到关键帧、时间标记、入点和出点

表 A12　预览

键　名	功　能
0（数字键盘）	RAM 预视
Shift+0（数字键盘）	每隔一帧的 RAM 预视
Ctrl+0（数字键盘）	保存 RAM 预视
Alt+拖动当前时间标记	快速视频
Ctrl+拖动当前时间标记	快速音频
Alt+0（数字键盘）	线框预视
Ctrl+Alt+0（数字键盘）	线框预视时用矩形替代 Alpha 轮廓
Shift+Alt+0（数字键盘）	线框预视时保留窗口内容
Ctrl+Shift+Alt+0	矩形预视时保留窗口内容

表 A13　合成和时间线窗口的层操作

键　名	功　能
Ctrl+下箭头	选择下一层
Ctrl+上箭头	选择上一层
1～9（数字键盘）	通过层号选择层
Ctrl+L	锁定所选层

续表

键　　名	功　　能
Ctrl+Shift+L	释放所有层的锁定
Ctrl+Shift+D	分裂所选层
\	激活合成图像窗口
Enter（数字键盘）	在层窗口中显示选择的层
Ctrl+Alt+Shift+V	显示隐藏视频
Ctrl+Shift+V	隐藏其他视频
Ctrl+Shift+T 或 F3	显示选择层的效果控制窗口
\	在合成图像窗口和时间布局窗口中转换
Alt++双击层	打开源层
Alt+拖动层	在合成图像窗口中不拖动句柄缩放层
Ctrl+Shift+拖动层（先拖动后按键）	在合成图像窗口中逼近层到框架边或中心
Shift＋拖动层	保持层水平或者垂直移动
Ctrl+Alt+F	拉伸层适合合成图像窗口
Ctrl+Alt+R	层的反向播放
Ctrl+Alt+Shift+H	保持像素比同时在水平方向合成
Ctrl+Alt+Shift+G	保持像素比同时在垂直方向合成
[（左中括号）	设置入点
]（右中括号）	设置出点
Alt+[（左中括号）	剪辑层的入点
Alt+]（右中括号）	剪辑层的出点
Ctrl+Alt+Shift+Y	创建新的 Null Objects 虚拟物体
Alt+单击属性记时器图标	添加/删除 Expression
Ctrl+Shift+，（逗号）	通过时间延伸设置入点
Ctrl+Alt+，（逗号）	通过时间延伸设置出点
Alt+Home	设置入点到合成初始时刻
Alt+End	设置出点到合成结束时刻
Shift+拖动旋转工具	约束旋转的度数为 45°
双击旋转工具	复位旋转角度为 0°
双击缩放工具	复位缩放率为 100%

表 A14　缩放

键　　名	功　　能
，（逗号）或者 Ctrl+Alt+-（连字符）	缩小图像显示比例
.（小数点）或者 Ctrl+Alt+=	放大图像显示比例
Alt+，（逗号）	缩小同时调整合成窗口大小
Alt+.（小数点）	放大同时调整合成窗口大小
主键盘上的/或双击缩放工具	缩放至 100%
Alt+主键盘上的/	缩放至 100%并调整合成窗口
Ctrl+\	缩放窗口
Ctrl+Shift+\	缩放窗口至满屏

表 A15　时间线窗口层属性

键　　名	功　　能
L	音频级别
LL	音频波形
EE	Expression
F	遮罩羽化
M	遮罩形状（Mask Shape）
TT	遮罩透明度（Mask Opacity）
MM	遮罩属性
Options（3D）AA	Material
RR	Time Remapping
Ctrl+Shift+属性快捷键	在对话框中设置层属性值（与 P，S，R，F，M 一起）
Alt+Shift+单击属性名	隐藏属性
Shift+F4	显示/隐藏 Parent 面板
Shift+属性快捷键	增加/移除属性
F4	switches/modes 模式转换
Ctrl+Shift+O	打开不透明对话框
Ctrl+Shift+Alt+A	打开定位点对话框
；（分号）	切换到（回）Frame（帧）模式
主键盘＝	放大时间图表
主键盘－（连字符）	缩小时间图表

表 A16　合成窗口操作

键　　名	功　　能
Ctrl+ Alt+J	设置合成图像精度为 Custom
Ctrl+ J	设置合成图像解析度为 full
Ctrl+ Shift+J	设置合成图像解析度为 Half
Ctrl+Alt+Shift+J	设置合成图像解析度为 Quarter
Ctrl+Shift+F11	Composition Flowchart View

表 A17　工具箱操作

键　　名	功　　能
V	选择工具（选择、移动、缩放层等）
W	旋转工具
C（连续按下在工具间切换）	三维摄像机工具
Q（连续按下在工具间切换）	矩形遮罩工具
G	钢笔工具（编辑遮罩、运动路径和速率曲线）
Y	后移动工具（Pan Behind）
H	手工具
（使用 Alt 缩小）Z	缩放工具
按住 Ctrl	从选择工具转换为笔工具
按住 Ctrl	从笔工具转换为选择工具
Ctrl+Alt+E	在信息面板显示文件名

表 A18　时间线窗口中帧操作

键　　名	功　　能
Alt+Shift+属性快捷键	添加删除关键帧（激活关闭记时器图标）
单击属性名称	选择所有关键帧
Shift+拖动关键帧	逼近关键帧到指定时间
Ctrl+Alt+A	选择窗口内所有可见关键帧
Ctrl+单击关键帧	在线性关键帧和自动 Bezer 关键帧间转换
拖动关键帧句柄	改变自动 Bezer 关键帧为连续 Bezer 关键帧
F9	Easy ease 关键帧助理
Shift+F9	Easy ease 入点
Ctrl+Shift+F9	Easy ease 出点

表 A19　合成图像和时间布局窗口中层的精确操作

键　　名	功　　能
Alt+Page Up	将层在时间标尺中向前移动一帧
Alt+Page Down	将层在时间标尺中向后移动一帧
数字键盘上的+	将层精确旋转 1°
数字键盘上的–	将层精确旋转–1°
Ctrl+ +（数字键盘）	放大层 1%
Ctrl+ –（数字键盘）	缩小层 1%